바쁜 친구들이 즐거워지는 빠른 학습법 — 바빠 초등 수학 시리즈

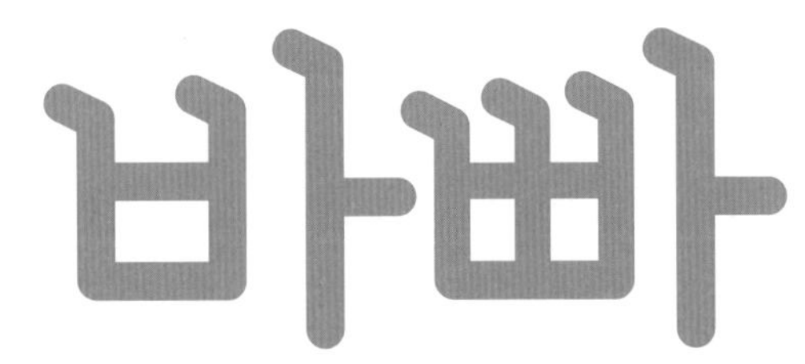

징검다리 교육연구소 지음

중학 수학으로 연결되는

초등 수학 총정리

13일 완성

이지스에듀

지은이 | **징검다리 교육연구소**

징검다리 교육연구소는 바쁜 친구들을 위한 빠른 학습법을 연구하는 이지스에듀의 공부 연구소입니다.
아이들이 기계적으로 공부하지 않도록, 두뇌가 활성화되는 과학적 학습 설계가 적용된 책을 만듭니다.

바쁜 친구들이 즐거워지는 **빠**른 학습법 — 바빠 초등 수학 시리즈

바빠 중학 수학으로 ∞ 연결되는 초등 수학 총정리

초판 발행 2023년 6월 30일
초판 4쇄 2024년 9월 20일
지은이 징검다리 교육연구소
발행인 이지연
펴낸곳 이지스퍼블리싱(주)
출판사 등록번호 제313-2010-123호
주소 서울시 마포구 잔다리로 109 이지스빌딩 5층(우편번호 04003)
대표전화 02-325-1722 팩스 02-326-1723
이지스퍼블리싱 홈페이지 www.easyspub.com 이지스에듀 카페 www.easysedu.co.kr
바빠 아지트 블로그 blog.naver.com/easyspub 인스타그램 @easys_edu
페이스북 www.facebook.com/easyspub2014 이메일 service@easyspub.co.kr

본부장 조은미 기획 및 책임 편집 김현주 | 박지연, 정지연, 이지혜 원고 구성 권민휘 교정 교열 방혜영, 김해경
표지 및 내지 디자인 손한나 그림 김학수 전산편집 이츠북스 인쇄 SJ프린팅 독자지원 박애림, 김수경
영업 및 문의 이주동, 김요한(support@easyspub.co.kr) 마케팅 라혜주

ISBN 979-11-6303-474-2 63410
가격 15,000원

• **이지스에듀**는 이지스퍼블리싱(주)의 교육 브랜드입니다.
(이지스에듀는 학생들을 탈락시키지 않고 모두 목적지까지 데려가는 책을 만듭니다!)

추천의 글

"전국의 명강사들이 박수 치며 추천한 책!"

바쁜 예비 중1을 위한 최고의 교재!

'바빠 중학 수학으로 연결되는 초등 수학 총정리'

아이의 실력을 빠르게 확인할 수 있는 부담 없는 분량과, 차시별 통과 문제 구성으로 아이가 중등 진도를 나가도 좋을지 파악이 가능한 책입니다! 핵심 개념을 한눈에 이해하도록 재미있는 삽화나 캐릭터로 시각화시켜 보여 주는 꿀팁 또한 돋보입니다.

목동 진주쌤_이상숙 저자 | 내 아이 수학 약점을 찾아라

이 책은 단순한 초등 수학 4~6학년 모음집이 아닌 중학 수학 과정에 쓰이는 내용만 콕 짚어 담은 책입니다. '바빠 초등 수학 총정리'로 공부한다면 중등 심화 과정의 기초가 탄탄해져서 수학 자신감이 생기고 성적도 쑥쑥 오를 것입니다.

박지현 원장 | 대치동 현수학학원

이 책은 중학 수학 입문 직전, 초등 수학 과정의 핵심 개념들을 영역별로 총정리하여, 학생들 스스로 자신의 실력을 빠르게 다지도록 구성된 점이 매우 좋습니다. 중1 과정의 기초가 되는 초등 수학 과정의 핵심 개념들을 '바빠 초등 수학 총정리'로 빠르게 점검하세요!

정경이 원장 | 꿈이있는뜰 문래학원

중학 수학을 시작할 때 큰 벽과 마주친 느낌이 든다면, 그 원인은 중학 수학의 기본이 되는 초등 개념이 정확하지 않아서입니다. 중학 수학의 벽을 넘는 튼튼한 연결 다리처럼 꼭 필요한 초등 개념만 정리해 둔 책이라, 중학 수학을 선행하기 전 필수 교재로 추천합니다.

김민경 원장 | 동탄 더원수학

'바빠 초등 수학 총정리'는 중학 수학을 공부하는 데 꼭 필요한 내용이 빠짐없이 있으면서도 두껍지 않은 책입니다. 중학 수학 시작 전, 빠르고 효과적인 워밍업 과정으로 적극 추천합니다!

김종명 원장 | 분당 GTG수학 본원

이 책은 중학 수학에 중요하지 않은 내용은 적게, 중요한 내용은 더 많이 공부할 수 있다는 점에서 시중 교재들과 차별화되어 있습니다. 특히 혼합 계산과 분수의 계산이 다른 책보다 훨씬 많은 것이 눈에 띄네요. 바쁜 예비 중1에게 '강추'합니다!

김승태 저자 | 수학자가 들려주는 수학 이야기

초등 수학은 중학 수학의 기초!

중학 수학에서 필요한 내용만 콕 짚어 빠르게 끝내자!

초등 수학 총정리, 왜 필요할까?

수학은 계통성이 강한 과목으로, 초등 수학부터 중학 수학 과정까지 많은 단원이 연계되어 있습니다. 그런데 중학 수학은 수의 범위가 확장되고 학습량이 많기 때문에, 학습 결손이 발생할 때마다 초등 수학을 복습할 시간이 부족합니다. 따라서 중학 수학을 공부하기 전에, 초등 수학 먼저 정리하고 넘어가는 것이 중요합니다.

중학 수학에서 안 쓰는 내용까지 복습할 여유는 없다!

대치동에서 15년이 넘게 초·중·고생을 지도한 '바빠 중학 수학'의 저자, 임미연 선생님은 "시중의 초등 총정리 문제집은 초등 수학 전체 내용을 포함하고 있어 양이 너무 방대합니다. 두꺼운 총정리 문제집은 사전처럼 찾는 용으로 쓸 수는 있지만 바쁜 예비 중1에게는 많은 개념과 문제가 버거울 수 있습니다."라고 말합니다. 그래서 잘 가르치기로 소문난 학원에서는 총정리 문제집에서 중학 수학에서 필요한 부분만 따로 뽑아 훈련합니다.

중학 수학에서 필요한 것만 빠르게 정리하자!

바쁜 예비 중1이라면 초등학교 수학 내용을 모두 훑는 것보다 중학 수학으로 연결되는 내용만 압축하여 빠르게 정리하고 넘어가세요!

'바빠 초등 수학 총정리'는 바쁜 예비 중1을 위해 잘 가르치는 학원의 비법대로, 중학 수학으로 연결되는 초등 수학만 골라 구성한 책입니다. 중학 수학을 공부하는데 필요 없는 초등 수학 내용은 과감하게 생략하고, 덜 중요한 부분은 압축하여 빠르게 훑고 넘어갑니다. 하지만 중학 수학에서 써먹는 중요한 부분은 더욱 강화하여 많이 공부할 수 있게 구성했습니다!

중학 수학으로 어떻게 이어지는지 알고 공부한다!

이 책은 학년 구분 없이 4개 영역(수와 연산, 도형과 측정, 변화와 관계, 자료와 가능성)별로 구성했습니다. 그리고 각 단원마다 초등학교에서 배운 내용이 중학 수학으로 어떻게 연결되는지 알려줍니다. 지금 하는 공부가 중학 수학에서 얼마나 중요한지 알면 스스로 개념을 정리하는 힘과 문제 해결 방법도 터득하게 될 것입니다!

책 속의 선생님! '바빠 꿀팁'과 빠독이의 힌트

초등 수학이 어려웠어도 괜찮아! 지금 이 책으로 정리하면 되니까!

기존의 총정리 책은 한 권의 책에 방대한 지식을 모아 놓기만 할 뿐, 그것을 공부할 방법은 알려주지 않았습니다. 그래서 선생님께 의존하는 경우가 많았죠. 그러나 이 책은 선생님이 얼굴을 맞대고 알려주시는 것처럼 세세한 공부 팁까지 책 속에 담았습니다. 각 단계의 개념마다 친절한 설명과 함께 명강사의 노하우가 담긴 '꿀팁'을 수록, 혼자 공부해도 쉽게 이해할 수 있습니다. 또한 책 곳곳에서 알려주는 빠독이의 힌트로 문제를 쉽게 풀 수 있고 계산 실수도 줄일 수 있습니다.

'통과 문제'를 풀 수 있다면 중학 수학 공부 준비 끝!

각 단원의 마지막에는 '통과 문제'와 맞힌 개수에 따른 복습 방법을 제시했습니다. 문제를 풀어 보고, 내 실력에 맞게 효과적으로 초등 수학을 복습하세요. 만약 통과 문제들을 다 풀 수 있다면 중학 수학을 공부할 준비는 끝난 것입니다.

중학교 수학, 생각만 해도 불안하죠? 하지만 초등학교에서 배운 수학의 기초가 튼튼하다면 중학교 수학도 얼마든지 잘할 수 있으니 걱정하지 마세요.
'바빠 초등 수학 총정리'가 바쁜 예비 중1 여러분을 도와드리겠습니다.
이 책으로 초등 수학 필수 개념을 총정리하고 넘어가 보세요!

징검다리 교육연구소

1단계 | 필수 개념 정리 — 초등 수학 전 과정 핵심 개념만 총정리!

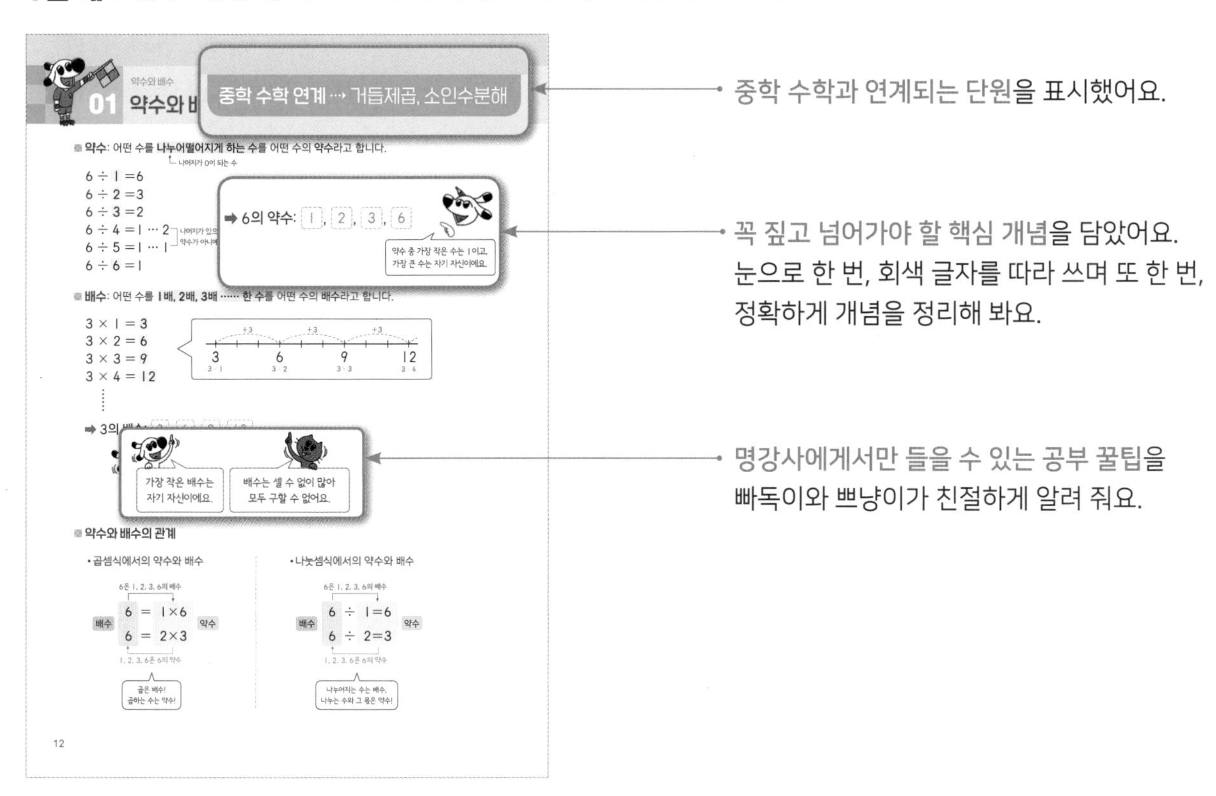

중학 수학과 연계되는 단원을 표시했어요.

꼭 짚고 넘어가야 할 핵심 개념을 담았어요. 눈으로 한 번, 회색 글자를 따라 쓰며 또 한 번, 정확하게 개념을 정리해 봐요.

명강사에게서만 들을 수 있는 공부 꿀팁을 빠독이와 쁘냥이가 친절하게 알려 줘요.

2단계 | 개념 확인 문제 — 실전 문제로 확인해 봐요!

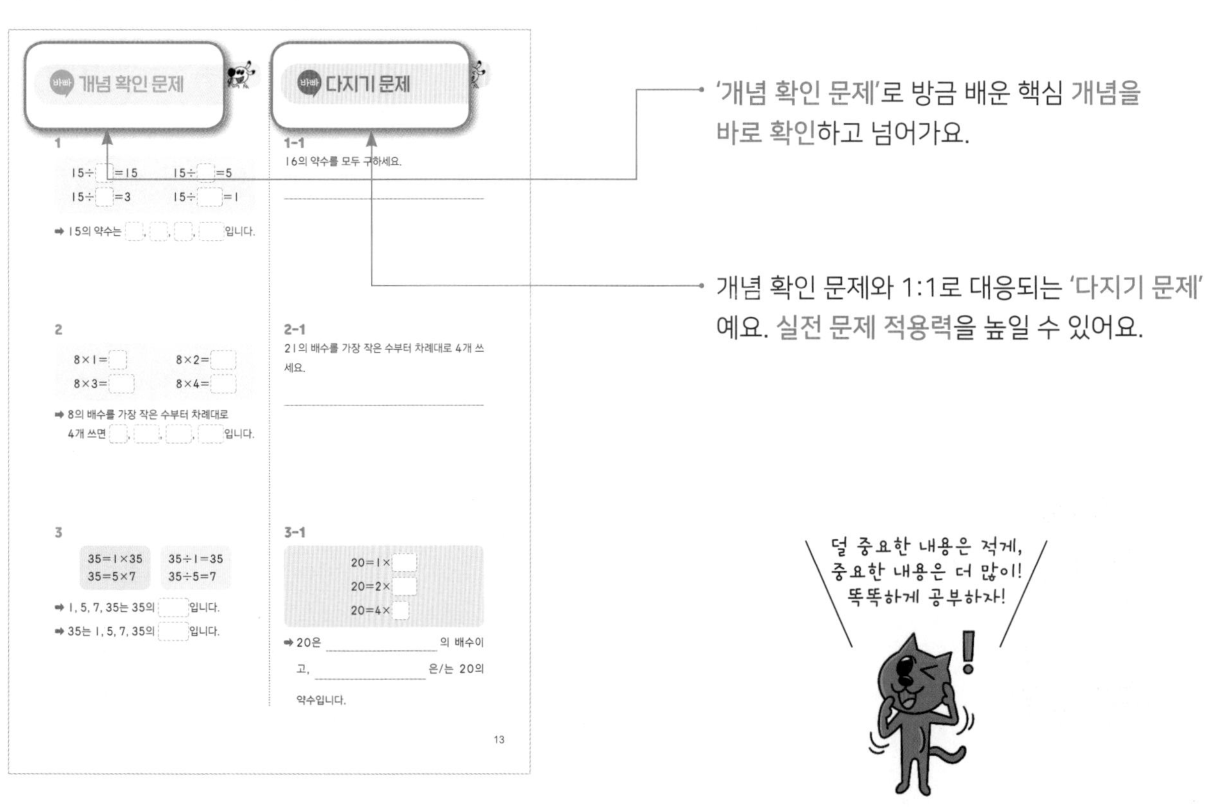

'개념 확인 문제'로 방금 배운 핵심 개념을 바로 확인하고 넘어가요.

개념 확인 문제와 1:1로 대응되는 '다지기 문제'예요. 실전 문제 적용력을 높일 수 있어요.

덜 중요한 내용은 적게, 중요한 내용은 더 많이! 똑똑하게 공부하자!

3단계 | 단원별 대표 문장제 — 문장으로 이해하면 응용력도 자신감도 생겨요!

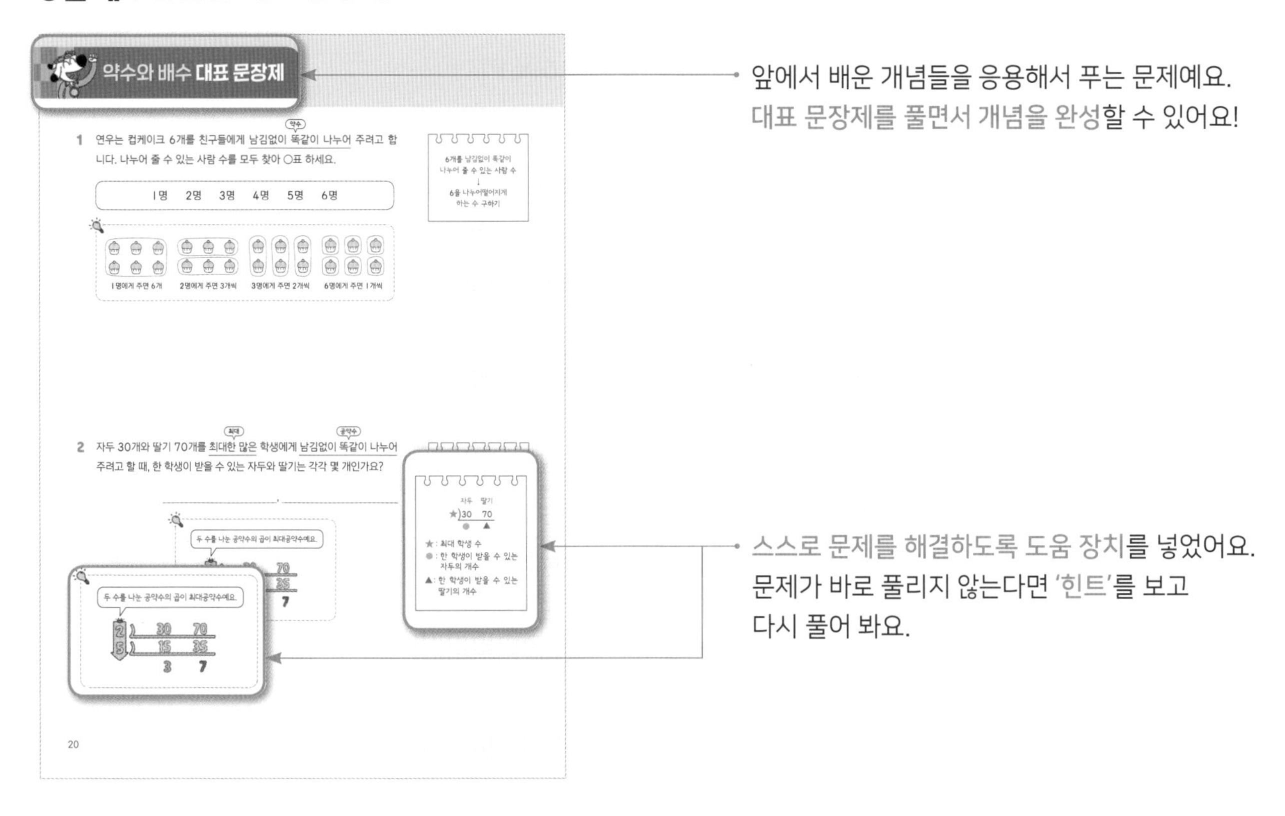

앞에서 배운 개념들을 응용해서 푸는 문제예요.
대표 문장제를 풀면서 개념을 완성할 수 있어요!

스스로 문제를 해결하도록 도움 장치를 넣었어요.
문제가 바로 풀리지 않는다면 '힌트'를 보고
다시 풀어 봐요.

4단계 | 단원별 통과 문제 — 이 문제들을 풀 수 있다면 중학 수학 공부 준비 끝!

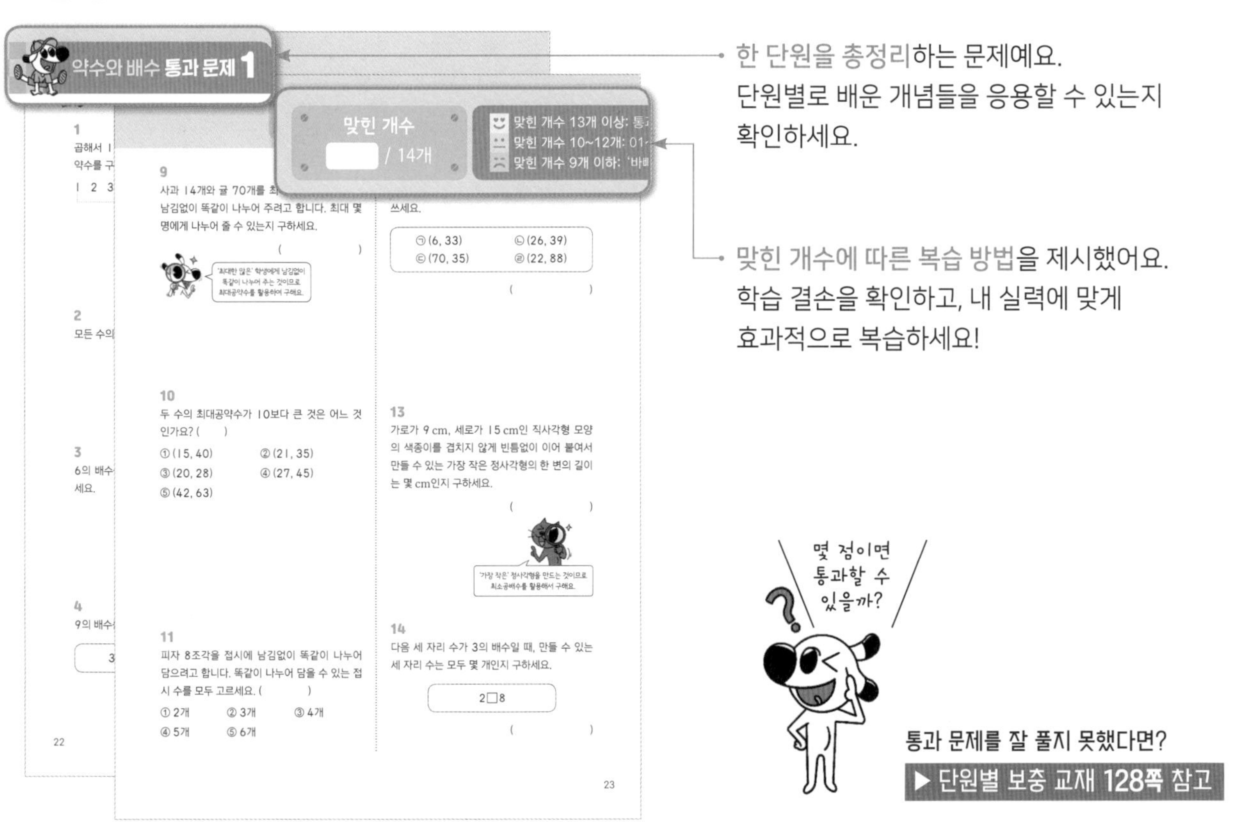

한 단원을 총정리하는 문제예요.
단원별로 배운 개념들을 응용할 수 있는지
확인하세요.

맞힌 개수에 따른 복습 방법을 제시했어요.
학습 결손을 확인하고, 내 실력에 맞게
효과적으로 복습하세요!

통과 문제를 잘 풀지 못했다면?
▶ 단원별 보충 교재 128쪽 참고

바빠 중학 수학으로 연결되는 초등 수학 총정리

초등 수학을 잘하는 학생이라면 13일 진도로 빠르게,
기초가 부족한 학생이라면 25일 진도로 차근차근 공부하세요!

✪ 2022 개정 교육과정부터 초등 수학 교과서 '도형', '측정' 영역이 '도형과 측정' 영역으로 합쳐집니다.
이 책에서는 개정 교육과정에 맞추어 4개 영역으로 구성했습니다.

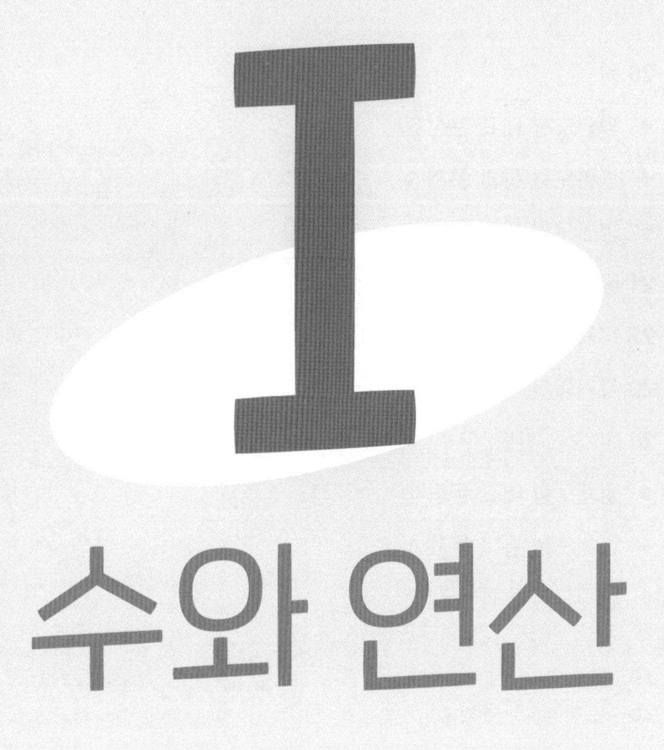

수와 연산

초등 수학에서는 자연수를 바탕으로 분수와 소수까지 배우고, 모르는 수를 □라 하고 식을 세워 문제를 해결해요. 중학 수학에서는 정수와 유리수, 실수까지 수를 확장해서 배우고, □ 대신 기호 x를 사용한 식을 세워 문제를 풀게 되지요.

하지만 수의 범위가 커질 뿐 연산의 성질과 기본 원리는 다르지 않답니다! '약수와 배수'는 중1 수학의 첫 번째 단원인 '소인수분해'의 기초이고, '자연수의 혼합 계산'과 '분수의 계산'은 중1 수학에서 가장 어려운 '정수와 유리수의 혼합 계산'의 기초예요.

구구단을 알아야 곱셈을 할 수 있듯이, 중학 수학을 시작하기 전에 꼭 알아야 할 것만 압축해서 정리했어요! 개념 먼저 확인한 다음 능숙하게 계산할 수 있는지 점검해 보세요!

단원명	공부할 내용	중학 수학 연계
약수와 배수	01 약수와 배수의 뜻과 성질	거듭제곱, 소인수분해
	02 공약수와 최대공약수	최대공약수, 소인수분해
	03 공배수와 최소공배수	최소공배수
	04 배수 판정법	자연수의 성질
자연수의 혼합 계산	05 덧셈과 뺄셈/곱셈과 나눗셈이 섞여 있는 식의 계산	정수와 유리수
	06 덧셈, 뺄셈, 곱셈, 나눗셈이 섞여 있는 식의 계산	정수와 유리수
분수의 계산	07 약분과 통분	정수와 유리수
	08 분수의 덧셈과 뺄셈	정수와 유리수
	09 분수의 곱셈	정수와 유리수
	10 분수의 나눗셈	정수와 유리수
	11 분수와 소수의 관계	정수와 유리수

약수와 배수

01 약수와 배수의 뜻과 성질

약수: 어떤 수를 **나누어떨어지게 하는 수**를 어떤 수의 **약수**라고 합니다.

(나머지가 0이 되는 수)

$6 \div 1 = 6$
$6 \div 2 = 3$
$6 \div 3 = 2$
$6 \div 4 = 1 \cdots 2$
$6 \div 5 = 1 \cdots 1$
$6 \div 6 = 1$

나머지가 있으면 약수가 아니예요.

➡ 6의 약수: 1, 2, 3, 6

약수 중 가장 작은 수는 1이고, 가장 큰 수는 자기 자신이에요.

배수: 어떤 수를 **1배, 2배, 3배 …… 한 수**를 어떤 수의 **배수**라고 합니다.

$3 \times 1 = 3$
$3 \times 2 = 6$
$3 \times 3 = 9$
$3 \times 4 = 12$
⋮

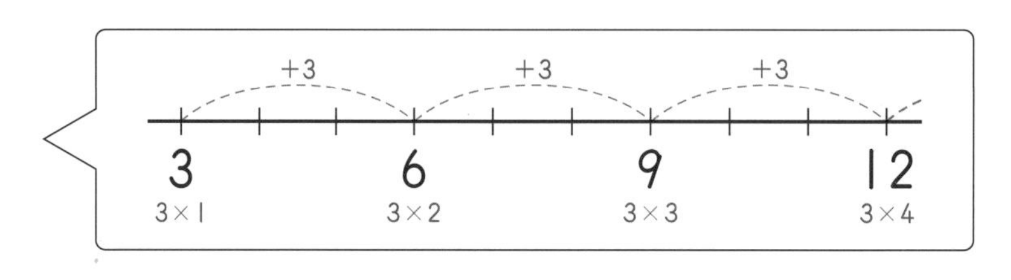

➡ 3의 배수: 3, 6, 9, 12 ……

가장 작은 배수는 자기 자신이에요.

배수는 셀 수 없이 많아 모두 구할 수 없어요.

약수와 배수의 관계

• 곱셈식에서의 약수와 배수

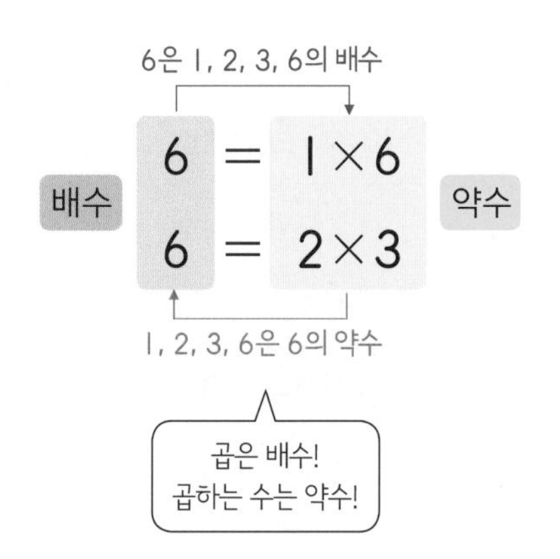

• 나눗셈식에서의 약수와 배수

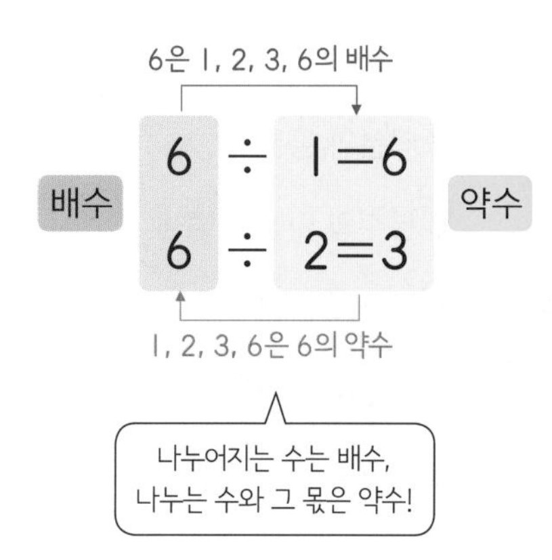

✔ 다음을 구하세요.

1

$15 \div \square = 15$　　$15 \div \square = 5$

$15 \div \square = 3$　　$15 \div \square = 1$

➡ 15의 약수는 □, □, □, □입니다.

2

$8 \times 1 = \square$　　$8 \times 2 = \square$

$8 \times 3 = \square$　　$8 \times 4 = \square$

➡ 8의 배수를 가장 작은 수부터 차례대로 4개 쓰면 □, □, □, □입니다.

3

$35 = 1 \times 35$	$35 \div 1 = 35$
$35 = 5 \times 7$	$35 \div 5 = 7$

➡ 1, 5, 7, 35는 35의 □입니다.

➡ 35는 1, 5, 7, 35의 □입니다.

바빠 다지기 문제

✔ 다음을 구하세요.

1-1

16의 약수를 모두 구하세요.

____

2-1

21의 배수를 가장 작은 수부터 차례대로 4개 쓰세요.

____

3-1

$20 = 1 \times \square$

$20 = 2 \times \square$

$20 = 4 \times \square$

➡ 20은 ______________ 의 배수이고, ______________ 은/는 20의 약수입니다.

02 공약수와 최대공약수

공약수: 어떤 두 수의 공통된 약수

• 8과 12의 공약수 구하기

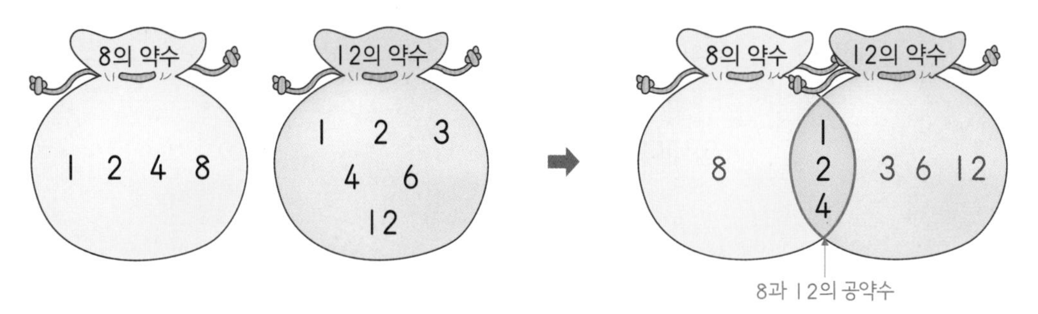

➡ 8과 12의 공약수: 1, 2, 4

최대공약수: 공약수(공통된 약수) 중 가장 큰 수

(大)

• 8과 12의 최대공약수 구하기

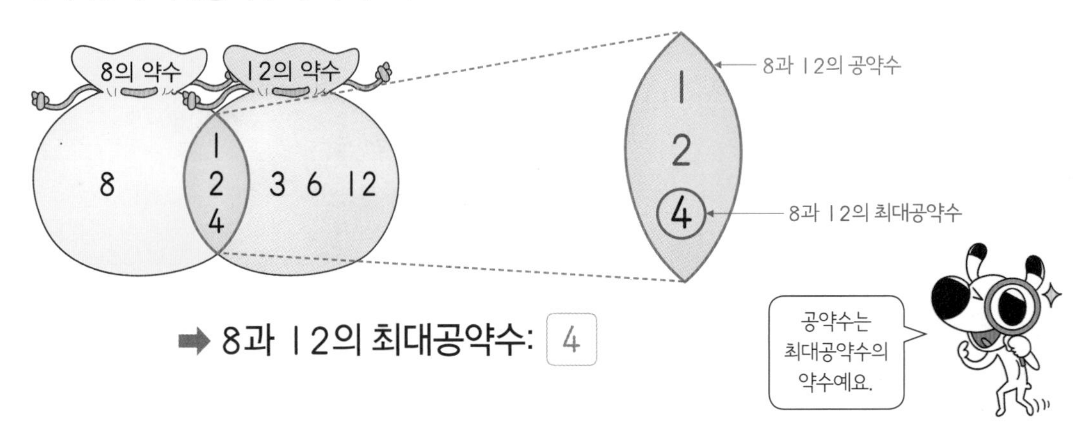

➡ 8과 12의 최대공약수: 4

공약수는 최대공약수의 약수예요.

최대공약수 구하는 방법

방법 1 곱셈식으로 구하기

$$12 = 2 \times 2 \times 3$$
$$20 = 2 \times 2 \times 5$$

➡ 최대공약수: 2×2

공통된 수

방법 2 나눗셈식으로 구하기

$$\begin{array}{r|rr} 2 & 12 & 20 \\ \hline 2 & 6 & 10 \\ \hline & 3 & 5 \end{array}$$

➡ 최대공약수: 2×2

✓ 다음을 구하세요.

1

14의 약수: 1, 2, 7, 14
21의 약수: 1, 3, 7, 21

➡ 14와 21의 공약수: □, □

2

26의 약수: 1, 2, 13, 26
39의 약수: 1, 3, 13, 39

➡ 26과 39의 공약수: □, □
➡ 26과 39의 최대공약수: □

3

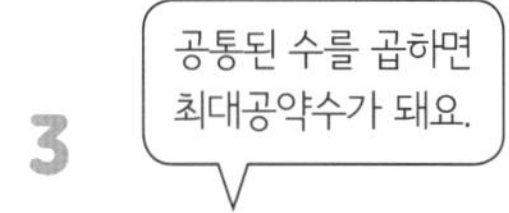
공통된 수를 곱하면
최대공약수가 돼요.

$30 = 2 \times \square \times \square$

$42 = 2 \times \square \times \square$

➡ 30과 42의 최대공약수: □ 

4

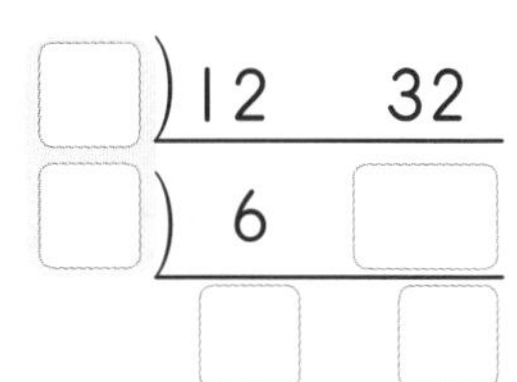
12 32
6

➡ 12와 32의 최대공약수: □ × □ = □

바빠 다지기 문제

✓ 다음을 구하세요.

1-1

12의 약수: ______________

20의 약수: ______________

➡ 12와 20의 공약수: ______________

2-1

35와 40의 공약수: ______________

➡ 35와 40의 최대공약수: ______________

3-1

$27 = 3 \times \square \times \square$

$45 = 3 \times \square \times \square$

➡ 27과 45의 최대공약수는 □입니다.

4-1

) 30 45

최대공약수는 두 수를 나누어떨어지게 하는 수 중 가장 큰 수예요.

➡ 30과 45의 최대공약수: ______________

약수와 배수

03 공배수와 최소공배수

■ **공배수**: 어떤 두 수의 **공**통된 **배수**

• 2와 3의 공배수 구하기

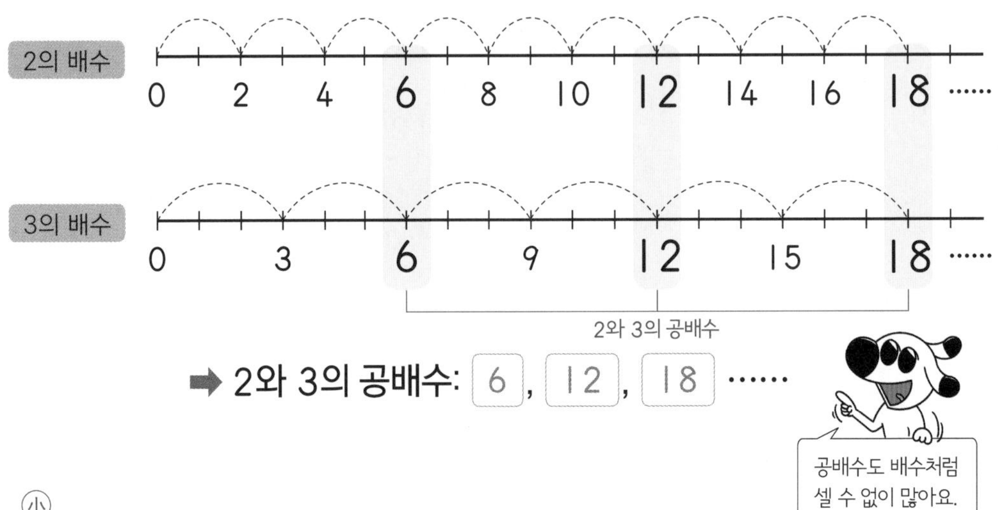

➡ 2와 3의 공배수: 6, 12, 18 ……

공배수도 배수처럼 셀 수 없이 많아요.

■ **최소공배수**(小): 공배수(공통된 배수) 중 가장 작은 수

• 2와 3의 최소공배수 구하기

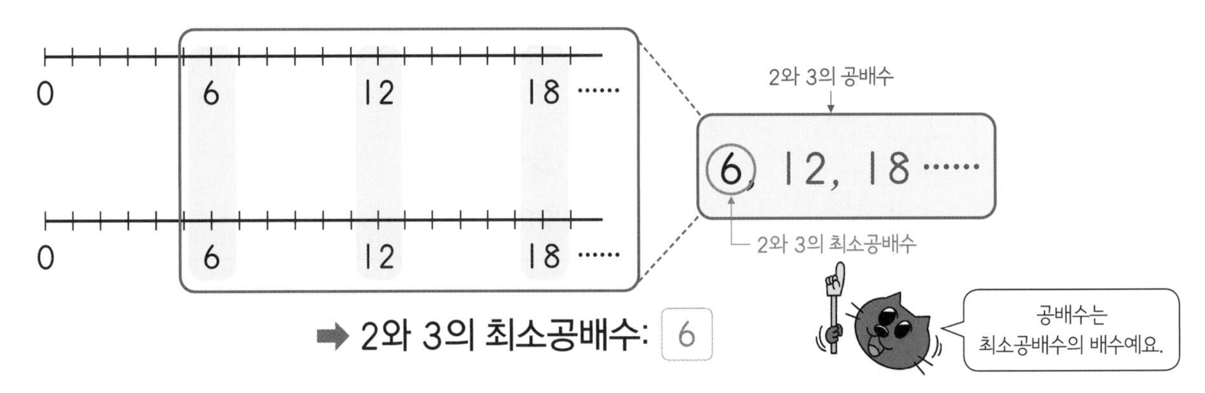

➡ 2와 3의 최소공배수: 6

공배수는 최소공배수의 배수예요.

■ **최소공배수 구하는 방법**

방법 1 곱셈식으로 구하기

$8=2\times2\times2$

$20=2\times2\times5$

➡ 최소공배수: $2\times2\times2\times5$

공통된 수 × 남은 수

방법 2 나눗셈식으로 구하기

$$\begin{array}{r|rr} 2 & 8 & 20 \\ 2 & 4 & 10 \\ \hline & 2 & 5 \end{array}$$

➡ 최소공배수: $2\times2\times2\times5$

✔ 다음을 구하세요.

1

9의 배수: 9, 18, 27, 36 ……
3의 배수: 3, 6, 9, 12, 15, 18 ……

➡ 9와 3의 공배수: □, □ ……

2

10의 배수: 10, 20, 30, 40, 50, 60 ……
15의 배수: 15, 30, 45, 60 ……

➡ 10과 15의 최소공배수: □

3

공통된 수와 남은 수를 모두 곱하면 최소공배수가 돼요.

8=2×□×□
12=2×□×□

➡ 8과 12의 최소공배수:

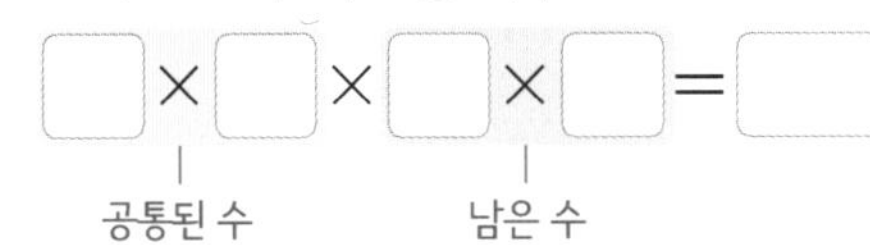

4

□) 16　20
□) 8　□
　□　□

➡ 16과 20의 최소공배수:
□×□×□×□=□

바빠 다지기 문제

✔ 다음을 구하세요.

1-1

4의 배수: 4, 8, □, 16, 20, □ ……
6의 배수: 6, □, 18, □, 30 ……

➡ 4와 6의 공배수: □, □ ……

2-1

24의 배수: 24, 48, □, 96 ……
36의 배수: 36, □, 108 ……

➡ 24와 36의 최소공배수: □

3-1

18=2×□×□
45=3×□×□

➡ 18과 45의 최소공배수는 □ 입니다.

4-1

) 14　42

➡ 14와 42의 최소공배수: ______

약수와 배수

04 배수 판정법

2의 배수: 일의 자리 숫자가 0이거나 2의 배수

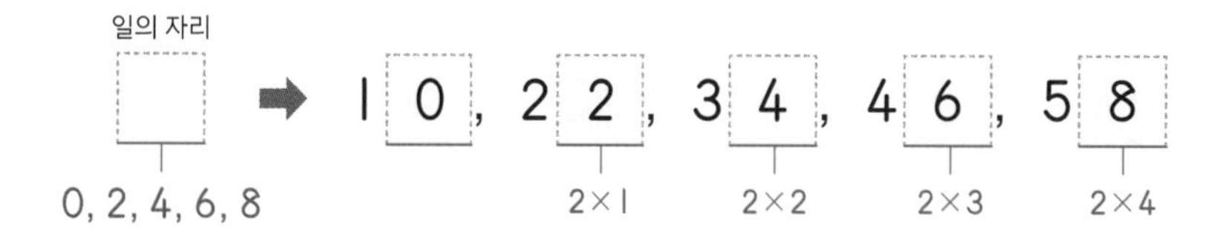

일의 자리 숫자가 0이면
2의 배수도 되고 5의 배수도 돼요.
0

5의 배수: 일의 자리 숫자가 0 또는 5

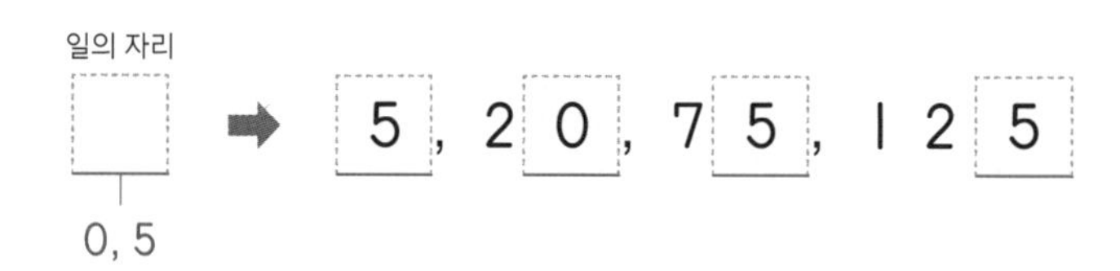

3의 배수: 각 자리 숫자의 합이 3의 배수

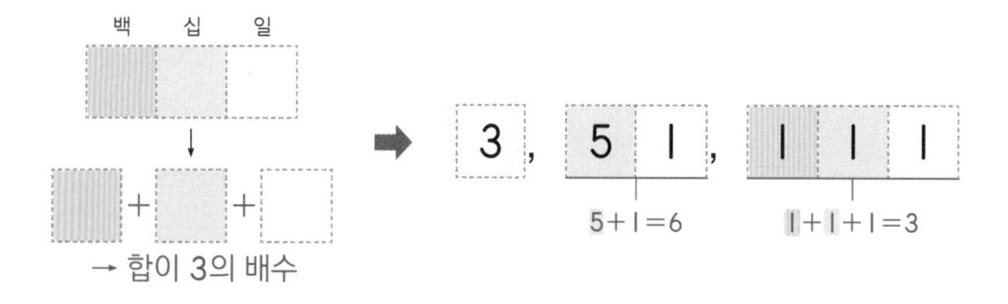

9의 배수: 각 자리 숫자의 합이 9의 배수

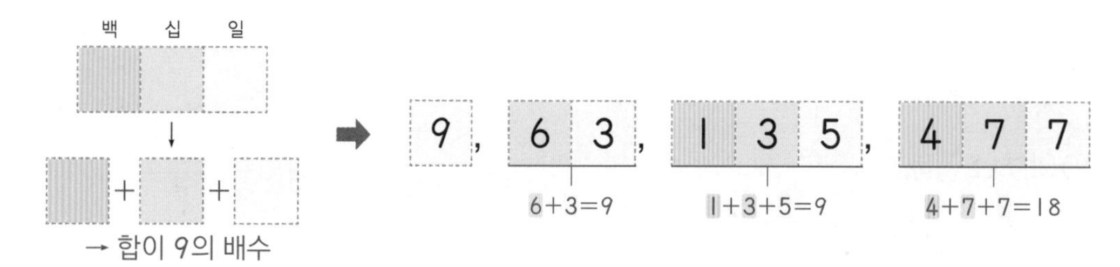

✔ 다음을 구하세요.

1

26　54　37

➡ 2의 배수: ☐, ☐

2

35　63　70

➡ 5의 배수: ☐, ☐

3

64　132　153

➡ 3의 배수: ☐, ☐

4

18　39　126

➡ 9의 배수: ☐, ☐

✔ 다음을 구하세요.

1-1

2의 배수이면서 십의 자리 숫자가 6인 두 자리 수

➡ ☐, ☐, ☐, ☐, ☐

2-1

5의 배수이면서 십의 자리 숫자가 9인 두 자리 수

➡ ☐, ☐

3-1

3의 배수이면서 백의 자리 숫자가 1, 십의 자리 숫자가 6인 세 자리 수

➡ ☐, ☐, ☐

1+6+☐의 값이 3의 배수가 되는 ☐를 찾아요.

4-1

9의 배수이면서 백의 자리 숫자가 2, 십의 자리 숫자가 1인 세 자리 수

➡ ☐

1 연우는 컵케이크 6개를 친구들에게 남김없이 똑같이(약수) 나누어 주려고 합니다. 나누어 줄 수 있는 사람 수를 모두 찾아 ○표 하세요.

1명	2명	3명	4명	5명	6명

1명에게 주면 6개
2명에게 주면 3개씩
3명에게 주면 2개씩
6명에게 주면 1개씩

6개를 남김없이 똑같이 나누어 줄 수 있는 사람 수
↓
6을 나누어떨어지게 하는 수 구하기

2 자두 30개와 딸기 70개를 최대한 많은(최대) 학생에게 남김없이 똑같이(공약수) 나누어 주려고 할 때, 한 학생이 받을 수 있는 자두와 딸기는 각각 몇 개인가요?

__________, __________

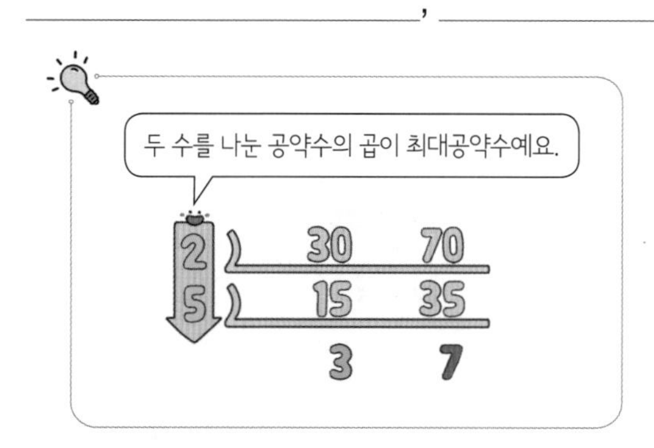

두 수를 나눈 공약수의 곱이 최대공약수예요.
2) 30 70
5) 15 35
3 7

자두 딸기
★) 30 70
● ▲

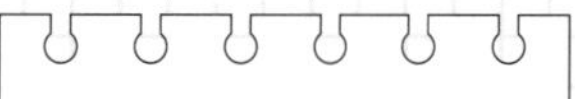

★: 최대 학생 수
●: 한 학생이 받을 수 있는 자두의 개수
▲: 한 학생이 받을 수 있는 딸기의 개수

3 어떤 수를 15로 나누어도 나누어떨어지고 18로 나누어도 나누어떨어집니다. 어떤 수 중에서 가장 작은 수를 구하세요.

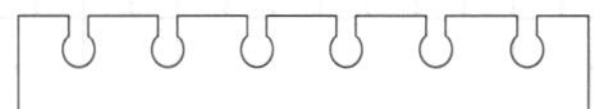

●가 어떤 수일 때

●÷15
●÷18 이 나누어떨어지면

●는 15와 18의 공배수예요.

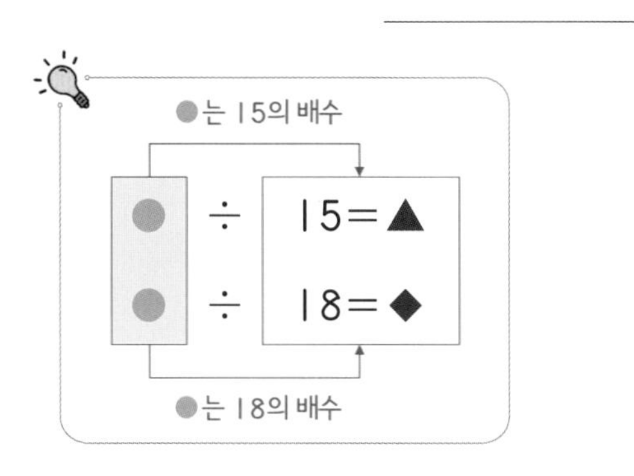

4 가로가 12 cm, 세로가 8 cm인 직사각형 모양의 색종이를 겹치지 않게 빈틈없이 이어 붙여서 만들 수 있는 가장 작은 정사각형의 한 변의 길이는 몇 cm인지 구하세요.

(공배수) (최소)

최소공배수의 활용
'가장 작은(적은)', '다음번에', '동시에', '일정한 간격(시간) 찾기'와 같은 말이 들어가면 최소공배수를 이용해요.

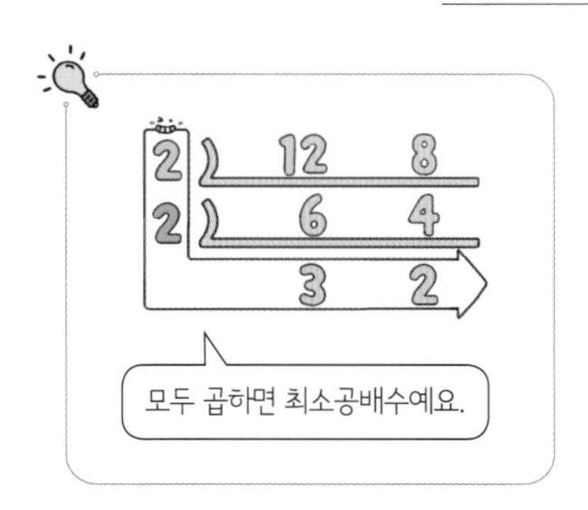

약수와 배수 통과 문제 1

1

곱해서 12가 되는 두 수를 선으로 잇고, 12의 약수를 구하세요.

1　2　3　4　5　6　7　8　9　10　11　12

(　　　　　　　　　　)

2

모든 수의 약수가 되는 수를 구하세요.

(　　　　　)

3

6의 배수를 가장 작은 수부터 차례대로 4개 쓰세요.

(　　　　　　　　　　)

4

9의 배수를 모두 찾아 쓰세요.

36　6　63　84　62

(　　　　　　　　　　)

5

두 수가 약수와 배수의 관계인 것에 ○표 하세요.

(　　)　　　　(　　)

6

두 수를 여러 수의 곱으로 나타낸 곱셈식을 보고 두 수의 최소공배수를 구하세요.

$16=2\times2\times2\times2$
$12=2\times2\times3$

(　　　　　)

7

27과 63의 공약수 중 가장 큰 수를 구하세요.

(　　　　　)

8

15와 약수와 배수의 관계인 수를 모두 찾아 쓰세요.

45　25　3　90　6

(　　　　　　　　　　)

9

사과 14개와 귤 70개를 최대한 많은 학생에게 남김없이 똑같이 나누어 주려고 합니다. 최대 몇 명에게 나누어 줄 수 있는지 구하세요.

( )

'최대한 많은' 학생에게 남김없이 똑같이 나누어 주는 것이므로 최대공약수를 활용하여 구해요.

10

두 수의 최대공약수가 10보다 큰 것은 어느 것인가요? ( )

① (15, 40) ② (21, 35)
③ (20, 28) ④ (27, 45)
⑤ (42, 63)

11

피자 8조각을 접시에 남김없이 똑같이 나누어 담으려고 합니다. 똑같이 나누어 담을 수 있는 접시 수를 모두 고르세요. ( )

① 2개 ② 3개 ③ 4개
④ 5개 ⑤ 6개

12

두 수의 최소공배수가 가장 큰 것을 찾아 기호를 쓰세요.

㉠ (6, 33)	㉡ (26, 39)
㉢ (70, 35)	㉣ (22, 88)

( )

13

가로가 9 cm, 세로가 15 cm인 직사각형 모양의 색종이를 겹치지 않게 빈틈없이 이어 붙여서 만들 수 있는 가장 작은 정사각형의 한 변의 길이는 몇 cm인지 구하세요.

( )

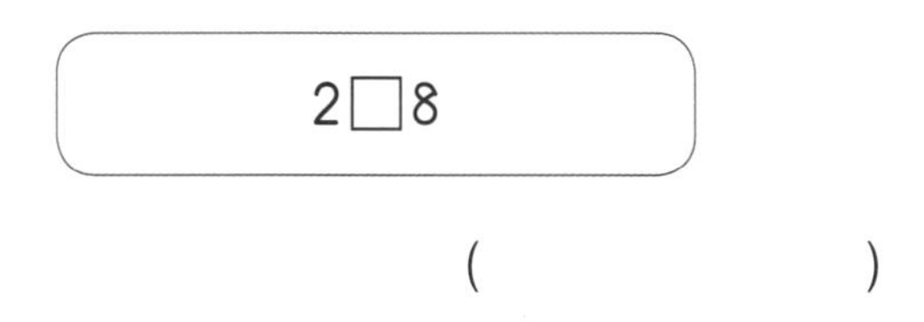

'가장 작은' 정사각형을 만드는 것이므로 최소공배수를 활용해서 구해요.

14

다음 세 자리 수가 3의 배수일 때, 만들 수 있는 세 자리 수는 모두 몇 개인지 구하세요.

2□8

( )

약수와 배수 통과 문제 2

1

20의 약수가 아닌 수는 어느 것인가요? (　　)

① 2　　② 4　　③ 5

④ 8　　⑤ 10

2

26의 배수 중에서 가장 작은 수를 쓰세요.

(　　　　　)

3

수 배열표를 보고 4의 배수에는 ○표, 7의 배수에는 △표 하세요.

20	21	22	23	24	25	26
27	28	29	30	31	32	33
34	35	36	37	38	39	40
41	42	43	44	45	46	47

4

어떤 두 수의 최대공약수가 9일 때 두 수의 공약수를 모두 구하세요.

(　　　　　)

5

다음 식에 대한 설명으로 옳은 것을 찾아 기호를 쓰세요.

$$42=6\times7$$

㉠ 42는 6의 약수입니다.
㉡ 7은 42의 약수입니다.
㉢ 6과 7은 42의 배수입니다.

(　　　　　)

6

33의 모든 약수의 합을 구하세요.

(　　　　　)

7

색칠한 부분에 들어갈 수를 모두 구하세요.

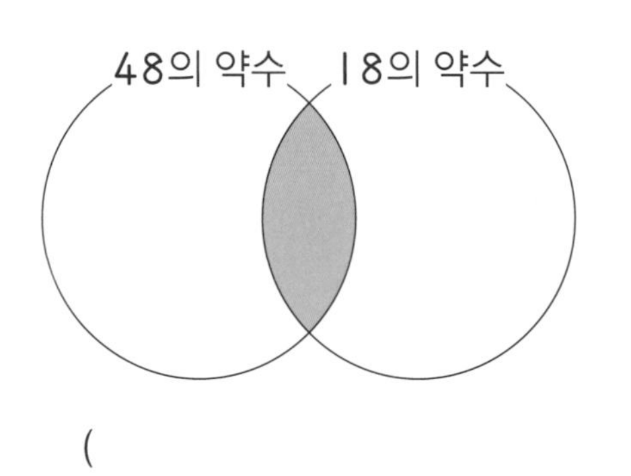

(　　　　　)

8

두 수의 최대공약수의 크기를 비교하여 ○ 안에 >, =, <를 알맞게 써넣으세요.

(45, 60) 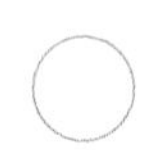 (36, 90)

9

두 수의 최소공배수를 찾아 선으로 이어 보세요.

(30, 12) •	• 54
(14, 21) •	• 60
(18, 27) •	• 42

10

가로가 42 cm, 세로가 30 cm인 직사각형 모양의 종이를 남는 부분없이 잘라서 가장 큰 정사각형 모양의 종이를 여러 장 만들려고 합니다. 정사각형의 한 변의 길이는 몇 cm로 해야 되는지 구하세요.

( )

11

채이는 3월 한 달 동안 5의 배수인 날마다 피아노를 배우기로 했습니다. 채이가 3월 한 달 동안 피아노를 배우는 날은 모두 며칠인지 구하세요.

( )

12

진호는 1부터 60까지의 수를 차례대로 말하면서 4와 10의 배수에서 각각 박수를 한 번씩 치려고 합니다. 박수를 동시에 두 번 치게 되는 경우는 몇 번인지 구하세요.

( )

13

으뜸이와 이룸이가 운동장을 일정한 빠르기로 걷고 있습니다. 으뜸이는 4분마다, 이룸이는 6분마다 운동장을 한 바퀴 돕니다. 오후 3시에 두 사람이 출발점에서 같은 방향으로 동시에 출발했다면 첫 번째로 다시 만나는 시각은 오후 몇 시 몇 분인지 구하세요.

( )

14

다음 네 자리 수가 9의 배수일 때, □ 안에 들어갈 숫자를 구하세요.

4□73

( )

자연수의 혼합 계산

05 덧셈과 뺄셈/곱셈과 나눗셈이 섞여 있는 식의 계산

덧셈과 뺄셈이 섞여 있는 식 계산하기

덧셈과 뺄셈이 섞여 있는 식은 앞에서부터 차례로 계산합니다.

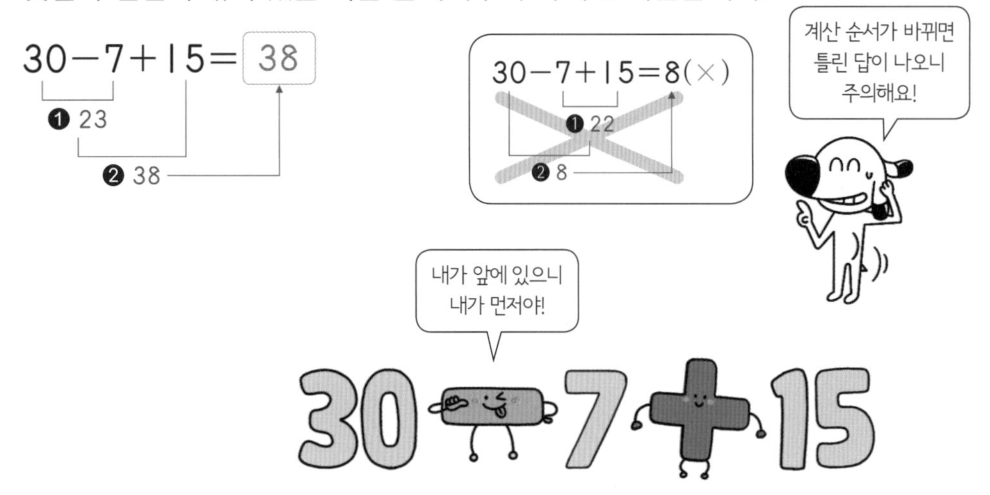

30−7+15= 38
❶ 23
❷ 38
30−7+15=8(×)
❶ 22
❷ 8
계산 순서가 바뀌면
틀린 답이 나오니
주의해요!
내가 앞에 있으니
내가 먼저야!
30 − 7 + 15

곱셈과 나눗셈이 섞여 있는 식 계산하기

곱셈과 나눗셈이 섞여 있는 식은 앞에서부터 차례로 계산합니다.

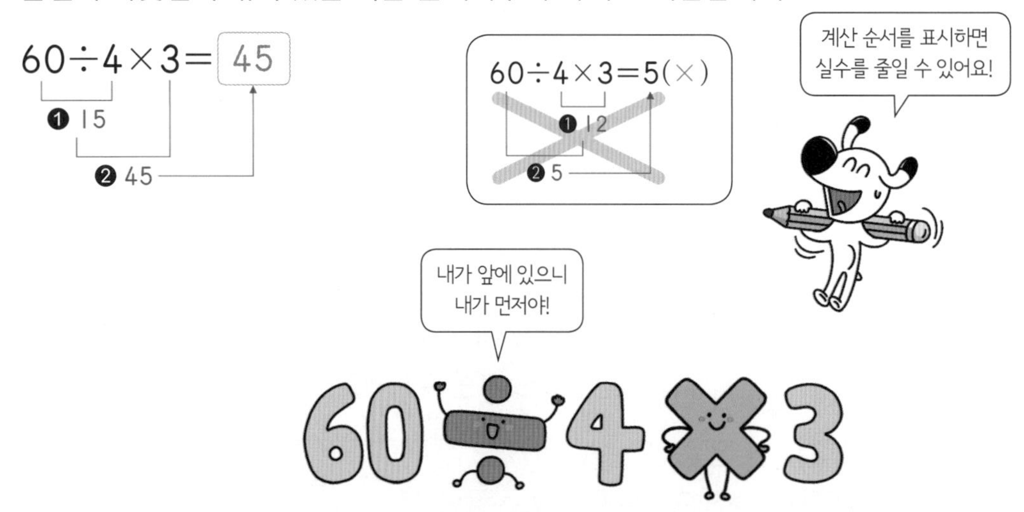

60÷4×3= 45
❶ 15
❷ 45
60÷4×3=5(×)
❶ 12
❷ 5
계산 순서를 표시하면
실수를 줄일 수 있어요!
내가 앞에 있으니
내가 먼저야!
60 ÷ 4 × 3

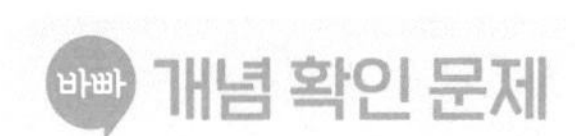

바빠 개념 확인 문제

✔ 계산하세요.

1

$17+2-8=$ ☐

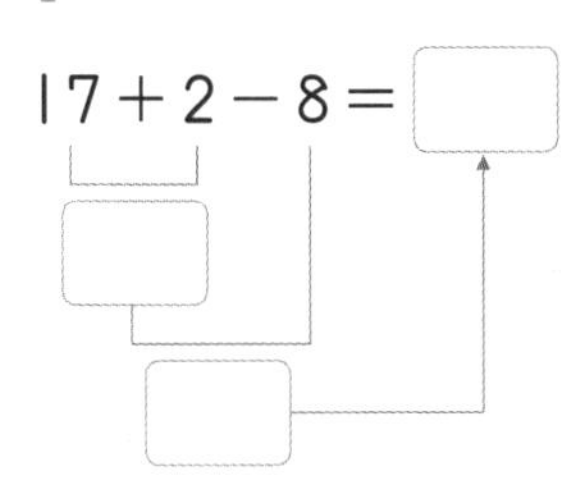

2

$20-13-4+9=$ ☐

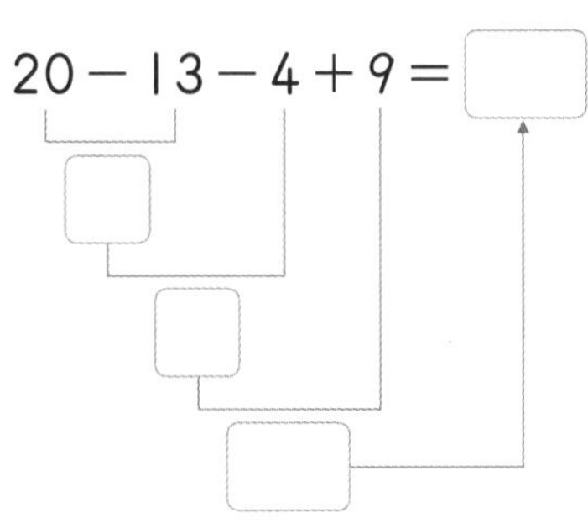

3

$32\div 8\times 6=$ ☐

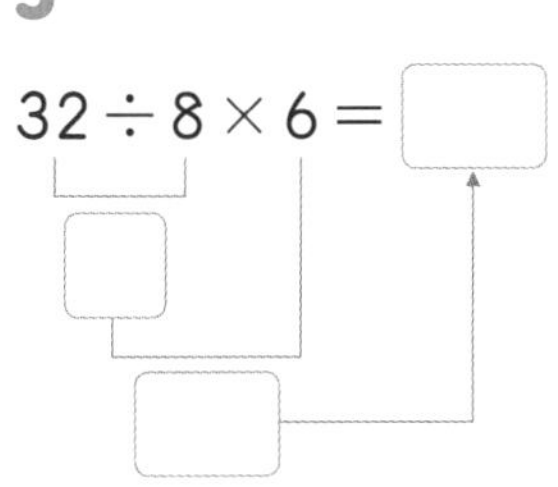

4

$4\times 12\div 2\div 3=$ ☐

바빠 다지기 문제

✔ 계산 순서를 표시하며 계산하세요.

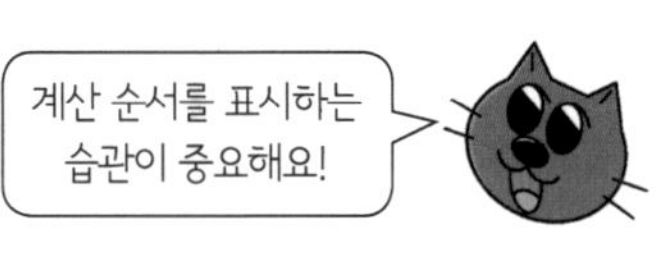

계산 순서를 표시하는
습관이 중요해요!

1-1

$20-4+9=$

2-1

$6+14-11+5=$

3-1

$5\times 20\div 25=$

4-1

$12\div 6\times 3\times 7=$

자연수의 혼합 계산

06 덧셈, 뺄셈, 곱셈, 나눗셈이 섞여 있는 식의 계산

덧셈, 뺄셈, 곱셈, 나눗셈이 섞여 있는 식 계산하기

덧셈, 뺄셈, 곱셈, 나눗셈이 섞여 있는 식은 곱셈과 나눗셈을 먼저 계산합니다.

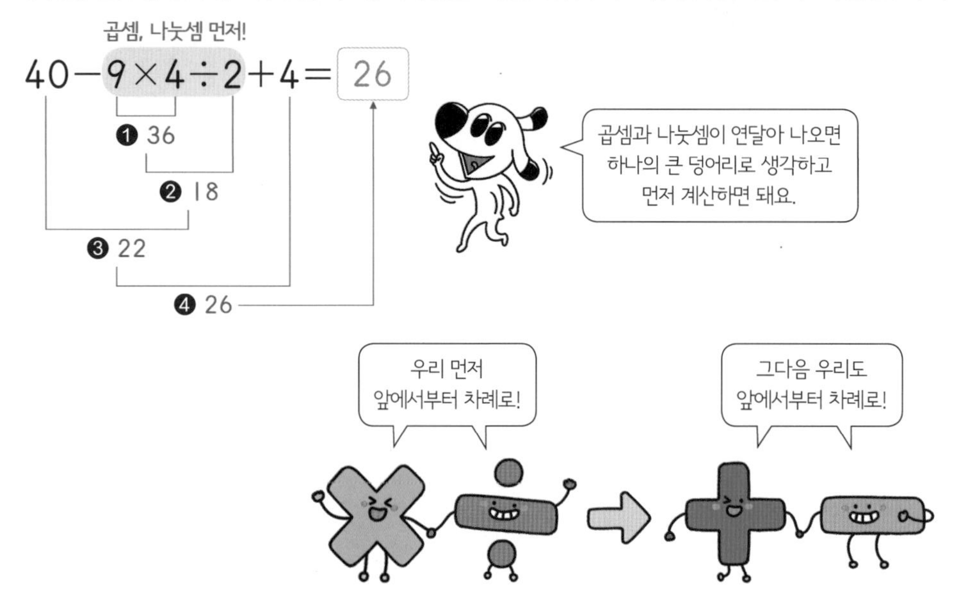

곱셈, 나눗셈 먼저!
40−9×4÷2+4=26
❶ 36
❷ 18
❸ 22
❹ 26
곱셈과 나눗셈이 연달아 나오면 하나의 큰 덩어리로 생각하고 먼저 계산하면 돼요.
우리 먼저 앞에서부터 차례로!
그다음 우리도 앞에서부터 차례로!

덧셈, 뺄셈, 곱셈, 나눗셈, ( )가 섞여 있는 식 계산하기

덧셈, 뺄셈, 곱셈, 나눗셈이 섞여 있고 ( )가 있는 식에서는 ( ) 안 ➡ 곱셈, 나눗셈 ➡ 덧셈, 뺄셈의 순서로 계산합니다.

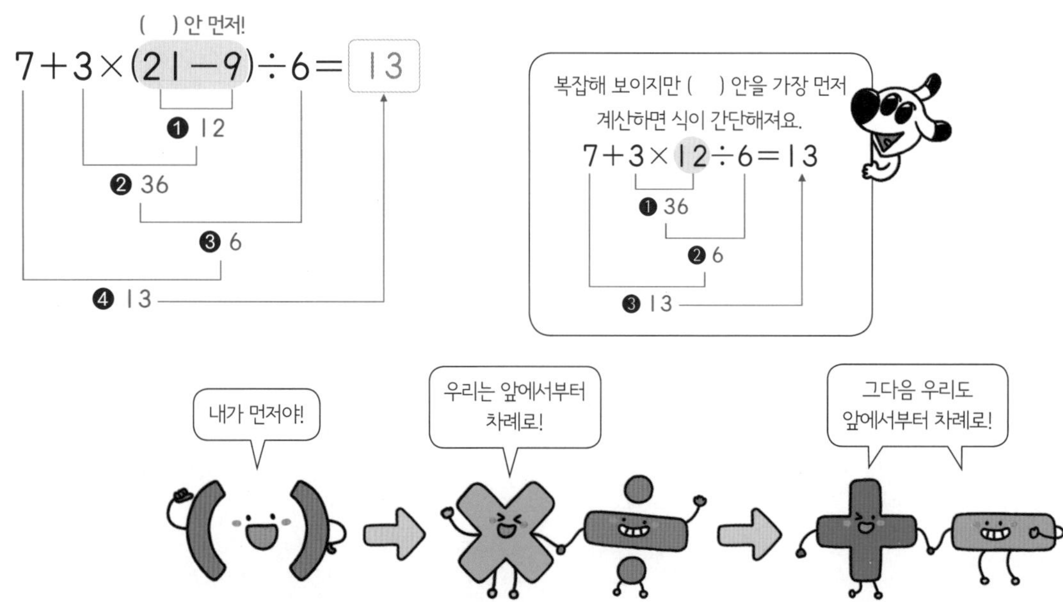

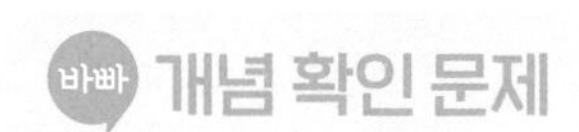

✔ 계산하세요.

1

$15+(2\times5)-7=$ ☐

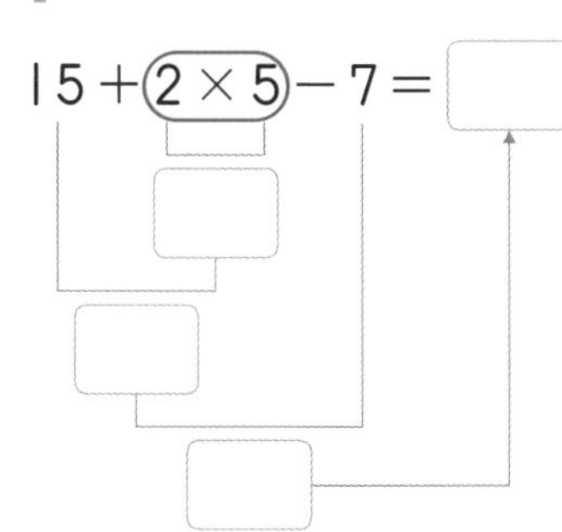

곱셈, 나눗셈을 덩어리로 묶으면 덧셈과 뺄셈이 섞여 있는 간단한 식이 돼요.

2

$(5\times7)-(42\div6)=$ ☐

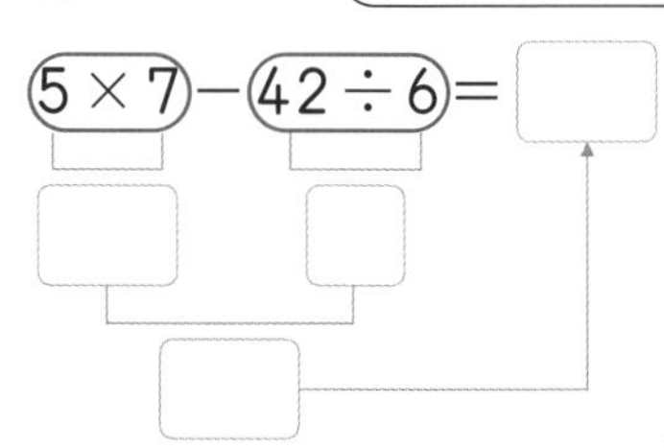

( ) 안을 가장 먼저 계산해요!

3

$20-(32+7)\div3=$ ☐

4

$50-(6+8)\div2\times3=$ ☐

바빠 다지기 문제

✔ 계산 순서를 표시하며 계산하세요.

1-1

$39-28\div4+10=$

①

2-1

$3+15\times2-36\div9=$

3-1

$15+7\times(8-3)=$

4-1

$7+8\times(6-3)\div4=$

자연수의 혼합 계산 대표 문장제

1 책 48권을 6개의 책꽂이에 똑같이 나누어 꽂았습니다. 그중 한 책꽂이에서 책을 2권 꺼내고 5권을 더 꽂았을 때, 꺼내고 더 꽂은 책꽂이에 꽂혀 있는 책은 몇 권인지 하나의 식으로 나타내어 구하세요.

- + ➡ 합, 더하고, 더한
- − ➡ 차, 빼고, 뺀
- × ➡ 곱한, ●배
- ÷ ➡ 나눈 몫

 식 ____________________

답 ____________________

책 48권을 6개의 책꽂이에 똑같이 나누어 꽂았습니다.
그중 한 책꽂이에서 / ➡ 48÷6
책을 2권 꺼내고 / ➡ −2
5권을 더 꽂았을 때 / ➡ +5
꺼내고 더 꽂은 책꽂이에 꽂혀 있는 책은 몇 권인지

문장을 끊어 읽으면서 조건을 수와 연산 기호로 나타내요.

2 성진이는 도넛 23개 중 3개를 먹고 남은 도넛을 4상자에 똑같이 나누어 담았습니다. 한 상자에 들어 있는 도넛은 몇 개인지 하나의 식으로 나타내어 구하세요.

- 남은 도넛 수
  ➡ (23 − 3) 개

먼저 계산하는 '남은 도넛 수'를 ( )로 묶어 나타내요.

 식 ____________________

답 ____________________

도넛 23개 중 3개를 먹고 남은 도넛을 / ➡ (23−3)
4상자에 똑같이 나누어 담았습니다. / ➡ ÷4
한 상자에 들어 있는 도넛은 몇 개인지

3 어떤 수에서 9를 3으로 나눈 몫을 뺐더니 7이 되었습니다. 어떤 수는 얼마인지 구하세요.

계산할 수 있는 부분을 먼저 계산한 후 계산 순서를 거꾸로 하여 '어떤 수'를 구해요.

___

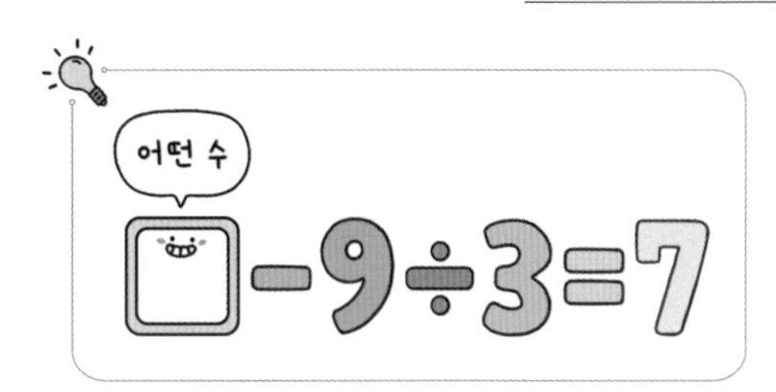

4 보기 와 같이 약속할 때, 8★5를 계산해 보세요.

주어진 약속대로 식을 세워 계산해요.
가 대신 8, 나 대신 5를 넣어 식을 만들면 돼요.

보기

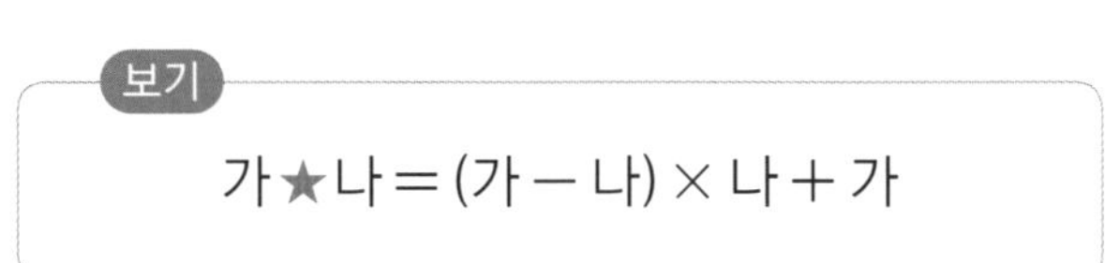

___

가★나 ＝(가 － 나)×나 ＋ 가

⬇

8 ★ 5 ＝(8 － 5)× 5 ＋ 8

자연수의 혼합 계산 통과 문제 1

1

계산 순서에 맞게 기호를 쓰세요.

$$5\underset{\substack{\uparrow\\ \text{㉠}}}{+}6\underset{\substack{\uparrow\\ \text{㉡}}}{\times}11\underset{\substack{\uparrow\\ \text{㉢}}}{-}20\underset{\substack{\uparrow\\ \text{㉣}}}{\div}5$$

(　　　　　　　　　　　　)

2

(　)가 없어도 계산 결과가 같은 것은 어느 것인가요? (　　)

① $(2+9)\times 3$　　② $24-(4+13)$

③ $3+(16\div 4)$　　④ $(20-12)\div 4$

⑤ $20-(3\times 5+1)$

3

식이 쓰여 있는 자물쇠가 있습니다. 이 자물쇠를 열기 위해서는 계산 결과와 같은 값이 걸려 있는 열쇠가 필요하다고 합니다. 자물쇠를 열 수 있는 열쇠를 찾아 기호를 쓰세요.

(　　　　　)

4

계산 결과가 서로 같은 두 식을 고르세요.

(　　　　)

① $55-40\div 5+5$

② $(55-40)\div 5+5$

③ $55-40\div(5+5)$

④ $(55-40\div 5)+5$

⑤ $55-(40\div 5+5)$

5

초콜릿 60개를 5상자에 똑같이 나누어 담았습니다. 이 중 3상자에 담은 초콜릿은 모두 몇 개인지 하나의 식으로 나타내어 구하세요.

식 ______________________

답 ____________

한 상자에 담은 초콜릿 수를 구한 후 3상자에 담은 초콜릿 수를 구해요.

6

계산 결과를 비교하여 ○ 안에 >, =, <를 알맞게 써넣으세요.

$19+5-8$ ○ $9\times 8\div 6$

맞힌 개수 / 12개

맞힌 개수 11개 이상: 통과! 틀린 문제를 확인하고 '통과 문제 2'를 푸세요!
맞힌 개수 8~10개: 05~06과를 틀린 부분 위주로 다시 공부하세요!
맞힌 개수 7개 이하: '바빠 자연수의 혼합 계산'으로 기본 개념부터 다시 공부하세요!

7

□ 안에 알맞은 수를 구하세요.

$$15 + 20 \div 5 = \square - 3$$

(　　　　　　)

8

교실에 노란색 색종이가 37장, 초록색 색종이가 28장 있습니다. 학생 9명이 5장씩 사용했다면 남은 색종이는 몇 장인지 하나의 식으로 나타내어 구하세요.

식 ______________

 ______

전체 색종이 수에서 사용한 색종이 수를 빼면 돼요.

9

계산 결과가 가장 작은 것을 찾아 기호를 쓰세요.

㉠ $14 + 10 - 3$
㉡ $10 \times 6 \div 3$
㉢ $28 \div 7 + 5 \times 2$
㉣ $15 + 8 - 12 \div 3$

(　　　　　　)

10

보기 와 같이 약속할 때, 3♠5를 계산해 보세요.

보기

가♠나 = 가 × (가 + 나) − 나

(　　　　　　)

11

오렌지주스가 7 L 있습니다. 이 중 1 L를 마시고 남은 오렌지주스를 3개의 병에 똑같이 나누어 담았다면 한 병에 담은 오렌지주스는 몇 L인지 하나의 식으로 나타내어 구하세요.

식 ______________

답 ______

12

다음을 하나의 식으로 나타내고 답을 구하세요.

30에서 6을 뺀 수를
8로 나눈 후 3을 더한 수

식 ______________

답 ______

자연수의 혼합 계산 통과 문제 2

1

계산 순서를 바르게 나타낸 것에 ○표 하세요.

$20-3+6$	$20-3+6$
( )	( )

2

가장 먼저 계산해야 하는 부분은 어디인가요?

( )

$$19+(32-12)\div4-3\times4$$

① $19+32$ ② $32-12$ ③ $12\div4$
④ $4-3$ ⑤ 3×4

3

A, B 사이의 거리는 얼마인지 하나의 식으로 나타내어 구하세요.

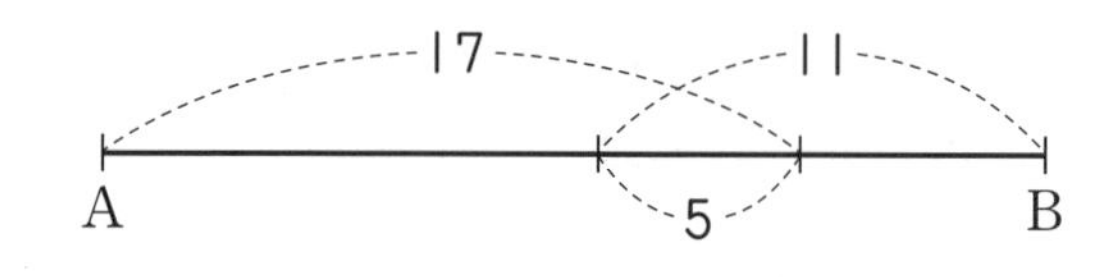

식 ____________________

답 __________

4

상호네 반 학생은 모두 30명입니다. 이 중 안경을 쓴 남학생이 4명이고, 안경을 쓴 여학생이 3명입니다. 안경을 쓰지 않은 학생은 몇 명인지 하나의 식으로 나타내어 구하세요.

식 ____________________

답 __________

5

계산 결과를 찾아 선으로 이어 보세요.

$3\times8\div6$ •	• 4
$42\div7\times5$ •	• 15
$10\times12\div8$ •	• 30

6

두 식의 계산 결과의 합을 구하세요.

$2+48\div12$ $3\times6-6\div2$

( )

맞힌 개수 ___ / 12개

맞힌 개수 11개 이상: 통과! 틀린 문제를 확인하고 다음 단원으로 넘어가세요!
맞힌 개수 10개 이하: 05~06과를 틀린 부분 위주로 다시 공부하세요!

7

계산 결과를 비교하여 ◯ 안에 $>$, $=$, $<$를 알맞게 써넣으세요.

$4+26\div2-3\times5$ ◯ $(4+26)\div2-3\times5$

8

어떤 수를 13에서 9를 뺀 수와 곱하였더니 44가 되었습니다. 어떤 수를 구하세요.

(　　　　　　)

9

보기 와 같이 약속할 때, 16▲4를 계산해 보세요.

보기

가▲나$=$(가$-$나)$\div$나$+$가

(　　　　　　)

10

계산 결과가 가장 큰 것은 어느 것인가요? (　　　)

① $20\div4+3\times6$

② $40-12\times3$

③ $7\times4-32\div(13-5)$

④ $45\div(9+3\times2)+7$

⑤ $36-(17-8)\times3$

11

인성이는 11살이고, 형은 인성이보다 2살 많습니다. 어머니는 형의 나이의 4배보다 6살 적습니다. 어머니의 나이는 몇 살인지 하나의 식으로 나타내어 구하세요.

____

답 ______________

12

식이 성립하도록 (　)로 묶어야 할 곳을 찾아 기호를 쓰세요.

$$36-18\div6+3\times2=9$$

㉠ $36-18$　　㉡ $18\div6$

㉢ $6+3$　　㉣ 3×2

(　　　　　　)

분수의 계산

07 약분과 통분

크기가 같은 분수 만드는 방법

방법 1 분모와 분자에 각각 0이 아닌 같은 수를 곱합니다.

$$\frac{2}{3}=\frac{2\times2}{3\times2}=\frac{2\times3}{3\times3}$$

방법 2 분모와 분자를 각각 0이 아닌 같은 수로 나눕니다.

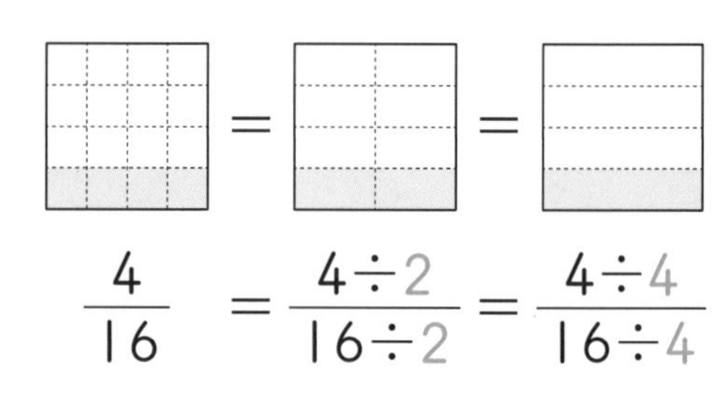

$$\frac{4}{16}=\frac{4\div2}{16\div2}=\frac{4\div4}{16\div4}$$

약분: 분모와 분자를 공약수로 나누어 간단한 분수로 만드는 것

- 기약분수: 분모와 분자의 공약수가 1뿐인 분수
- 약분하는 방법

$\frac{12}{18}$ 공약수: 1, 2, 3, 6 ➡ $\frac{12}{18}=\frac{6}{9}$ (÷2), $\frac{12}{18}=\frac{4}{6}$ (÷3), $\frac{12}{18}=\frac{2}{3}$ (÷6)

분모와 분자의 최대공약수로 약분하면 기약분수를 만들 수 있어요.

통분: 분수의 분모를 같게 하는 것

- 통분하는 방법

방법 1 두 분모의 곱을 공통분모로 하여 통분하기 (공통분모 → 통분한 분모)

$$\left(\frac{5}{6},\frac{1}{4}\right)\rightarrow\left(\frac{5\times4}{6\times4},\frac{1\times6}{4\times6}\right)\rightarrow\left(\frac{20}{24},\frac{6}{24}\right)$$

방법 2 두 분모의 최소공배수를 공통분모로 하여 통분하기 (최소공배수 → 가장 작은 공배수)

$$\left(\frac{5}{6},\frac{1}{4}\right)\rightarrow\left(\frac{5\times2}{6\times2},\frac{1\times3}{4\times3}\right)\rightarrow\left(\frac{10}{12},\frac{3}{12}\right)$$

6과 4의 최소공배수: 12

✔ 다음을 구하세요.

1

(1) $\dfrac{1}{5}=\dfrac{1\times\square}{5\times2}=\dfrac{1\times3}{5\times\square}$

(2) $\dfrac{12}{48}=\dfrac{12\div2}{48\div\square}=\dfrac{12\div\square}{48\div3}$

2

27과 36의 공약수: 1, $\square$, $\square$

$\dfrac{\overset{9}{\cancel{27}}}{\underset{\square}{\cancel{36}}}=\dfrac{9}{\square}$, $\dfrac{\overset{3}{\cancel{27}}}{\underset{\square}{\cancel{36}}}=\dfrac{3}{\square}$

➡ $\dfrac{27}{36}$을 약분하면 $\dfrac{9}{\square}$, $\dfrac{3}{\square}$이고,

기약분수로 나타내면 $\dfrac{\square}{\square}$입니다.

3

(1) 두 분모의 곱을 공통분모로 하여 통분하기

$\left(\dfrac{1}{6}, \dfrac{2}{9}\right) \xrightarrow{\text{통분}} \left(\dfrac{\square}{54}, \dfrac{\square}{54}\right)$

(2) 두 분모의 최소공배수를 공통분모로 하여 통분하기

$\left(\dfrac{1}{6}, \dfrac{2}{9}\right) \xrightarrow{\text{통분}} \left(\dfrac{\square}{18}, \dfrac{\square}{18}\right)$

바빠 다지기 문제

✔ 다음을 구하세요.

1-1

(1) $\dfrac{7}{11}=\dfrac{\square}{22}=\dfrac{21}{\square}=\dfrac{\square}{44}$

(2) $\dfrac{16}{56}=\dfrac{\square}{28}=\dfrac{4}{\square}=\dfrac{\square}{7}$

2-1

12와 32의 공약수: ____________

$\dfrac{\overset{6}{\cancel{12}}}{\underset{\square}{\cancel{32}}}=\dfrac{6}{\square}$, $\dfrac{\overset{3}{\cancel{12}}}{\underset{\square}{\cancel{32}}}=\dfrac{\square}{\square}$

➡ $\dfrac{12}{32}$를 기약분수로 나타내면 $\dfrac{\square}{\square}$입니다.

3-1

(1) $\left(\dfrac{3}{4}, \dfrac{3}{10}\right) \xrightarrow{\text{통분}} \left(\dfrac{\square}{40}, \dfrac{\square}{40}\right)$

(2) $\left(\dfrac{3}{14}, \dfrac{5}{21}\right) \xrightarrow{\text{통분}} \left(\dfrac{\square}{42}, \dfrac{\square}{42}\right)$

분수의 계산

08 분수의 덧셈과 뺄셈

분모가 같은 분수의 덧셈과 뺄셈

분모는 그대로 두고, 분자끼리 더하거나 뺍니다.

분자끼리 더해요.

$$\frac{1}{5}+\frac{2}{5}=\frac{1+2}{5}=\frac{3}{5}$$

분모는 그대로!

분자끼리 빼요.

$$\frac{4}{5}-\frac{3}{5}=\frac{4-3}{5}=\frac{1}{5}$$

분모는 그대로!

분모가 다른 분수의 덧셈과 뺄셈

두 분수를 통분한 후 계산합니다.

두 분모의 곱 또는 최소공배수를 공통분모로 하여 통분해요.

$$\frac{1}{4}+\frac{1}{6}=\frac{1\times3}{4\times3}+\frac{1\times2}{6\times2}$$

최소공배수: 12

$$=\frac{3}{12}+\frac{2}{12}=\frac{5}{12}$$

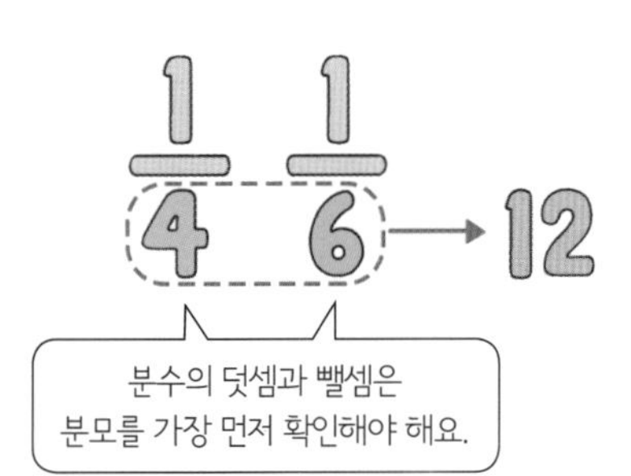

분수의 덧셈과 뺄셈은 분모를 가장 먼저 확인해야 해요.

대분수의 덧셈과 뺄셈

방법 1 자연수는 자연수끼리, 분수는 분수끼리 계산하기

$$1\frac{1}{5}+2\frac{1}{3}=1\frac{3}{15}+2\frac{5}{15}=(1+2)+\left(\frac{3}{15}+\frac{5}{15}\right)=3+\frac{8}{15}=3\frac{8}{15}$$

통분해요. 자연수끼리, 분수끼리 더해요.

방법 2 대분수를 가분수로 바꾸어 계산하기

$$2\frac{1}{3}-1\frac{1}{5}=\frac{7}{3}-\frac{6}{5}=\frac{35}{15}-\frac{18}{15}=\frac{17}{15}=1\frac{2}{15}$$

대분수를 가분수로! 통분해요.

계산 결과는 대분수로 바꾸어 나타내요.

✔ 계산하세요.

1

(1) $\frac{2}{7}+\frac{3}{7}=\frac{\square+\square}{7}=\frac{\square}{7}$

(2) $\frac{5}{9}-\frac{4}{9}=\frac{\square-\square}{9}=\frac{\square}{9}$

2

(1) $\frac{1}{4}+\frac{2}{5}=\frac{\square}{20}+\frac{\square}{20}=\frac{\square}{20}$

(2) $\frac{11}{24}-\frac{1}{6}=\frac{\square}{24}-\frac{\square}{24}=\frac{\square}{24}$

3

$2\frac{1}{2}+1\frac{2}{7}=2\frac{\square}{14}+1\frac{\square}{14}$

$=(2+1)+\left(\frac{\square}{14}+\frac{\square}{14}\right)$

$=\square+\frac{\square}{14}=\square\frac{\square}{14}$

4

$1\frac{3}{4}+2\frac{3}{8}=\frac{\square}{4}+\frac{\square}{8}$

$=\frac{\square}{8}+\frac{\square}{8}$

$=\frac{\square}{8}=\square\frac{\square}{8}$

✔ 계산하세요.

1-1

(1) $\frac{1}{5}+\frac{3}{5}$

(2) $\frac{8}{13}-\frac{4}{13}$

2-1

(1) $\frac{2}{25}+\frac{3}{10}$

(2) $\frac{4}{15}-\frac{1}{18}$

3-1

$3\frac{3}{4}-1\frac{1}{6}=3\frac{\square}{12}-1\frac{\square}{12}$

$=(3-1)+\left(\frac{\square}{12}-\frac{\square}{12}\right)$

$=\square+\frac{\square}{12}=\square\frac{\square}{12}$

4-1

$4\frac{1}{12}-1\frac{5}{8}=\frac{\square}{12}-\frac{\square}{8}$

$=\frac{\square}{24}-\frac{\square}{24}$

$=\frac{\square}{24}=\square\frac{\square}{24}$

분수의 곱셈

자연수와 분수의 곱셈

분모는 그대로 두고, 자연수와 분자를 곱합니다.

$$2\times\frac{3}{5}=\frac{2\times3}{5}=\frac{6}{5}=1\frac{1}{5}$$

진분수의 곱셈

분모는 분모끼리, 분자는 분자끼리 곱합니다.

$$\frac{5}{7}\times\frac{2}{3}=\frac{5\times2}{7\times3}=\frac{10}{21}$$

$$\frac{\overset{2}{\cancel{4}}}{11}\times\frac{3}{\underset{5}{\cancel{10}}}=\frac{2\times3}{11\times5}=\frac{6}{55}$$

곱셈식에서 약분이 되면 약분한 후 계산해요.

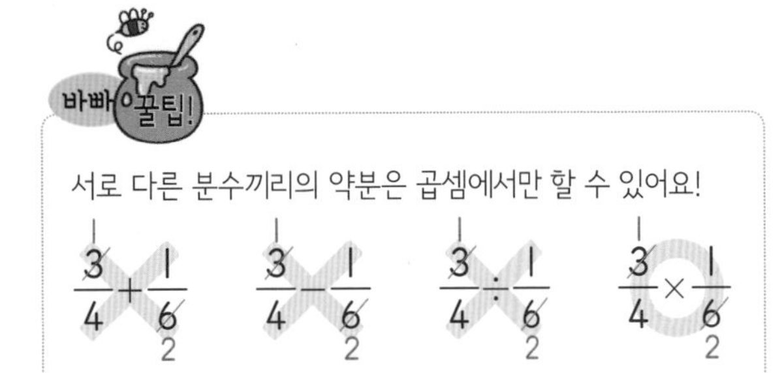

바빠 꿀팁!

서로 다른 분수끼리의 약분은 곱셈에서만 할 수 있어요!

$\frac{\overset{1}{\cancel{3}}}{4}+\frac{1}{\underset{2}{\cancel{6}}}$ (×) $\frac{\overset{1}{\cancel{3}}}{4}-\frac{1}{\underset{2}{\cancel{6}}}$ (×) $\frac{\overset{1}{\cancel{3}}}{4}\div\frac{1}{\underset{2}{\cancel{6}}}$ (×) $\frac{\overset{1}{\cancel{3}}}{4}\times\frac{1}{\underset{2}{\cancel{6}}}$ (○)

대분수의 곱셈

대분수를 가분수로 바꾸어 계산합니다.

$$2\frac{3}{4}\times3\frac{1}{3}=\frac{11}{4}\times\frac{10}{3}=\frac{11\times\overset{5}{\cancel{10}}}{\underset{2}{\cancel{4}}\times3}=\frac{55}{6}=9\frac{1}{6}$$

대분수를 가분수로!

대분수는 반드시 가분수로 바꾼 다음 곱해야 해요.

✔ 계산하세요.

1

$$4 \times \frac{2}{9} = \frac{\square \times \square}{9} = \frac{\square}{9}$$

2

(1) $\frac{1}{4} \times \frac{3}{5} = \frac{1 \times \square}{\square \times \square} = \frac{\square}{\square}$

(2) $\frac{7}{\cancel{12}_{\square}} \times \frac{\cancel{6}^{\square}}{11} = \frac{7 \times \square}{\square \times 11} = \frac{\square}{22}$

3

$$3\frac{2}{3} \times \frac{4}{9} = \frac{\square}{3} \times \frac{\square}{9}$$

$$= \frac{\square}{27} = \square\frac{\square}{27}$$

계산 결과가 가분수일 경우
대분수로 나타내요.

4

$$\frac{1}{2} \times \frac{7}{10} \times \frac{3}{5} = \frac{1 \times \square \times \square}{2 \times 10 \times 5}$$

$$= \frac{\square}{100}$$

세 분수의 곱셈도 분모는 분모끼리,
분자는 분자끼리 곱해요.

바빠 다지기 문제

✔ 계산하세요.

1-1

$3 \times \frac{3}{11}$

2-1

(1) $\frac{3}{8} \times \frac{5}{7}$

(2) $\frac{5}{24} \times \frac{9}{10}$

3-1

$2\frac{5}{8} \times 1\frac{4}{5}$

4-1

$\frac{5}{18} \times \frac{2}{7} \times \frac{12}{15}$

10

분수의 계산

10 분수의 나눗셈

(진분수)÷(자연수)의 계산

나누기를 곱하기로 바꾸고, 나누는 자연수를 $\frac{1}{(자연수)}$로 바꾸어 분수의 곱셈으로 계산합니다.

$$\frac{5}{6}\div 3=\frac{5}{6}\times\frac{1}{3}=\frac{5}{18}$$

$\div\frac{3}{1}$

3
1
자연수는 분모가 1인 분수로
나타낼 수 있어요.

(진분수)÷(진분수)의 계산

나누기를 곱하기로 바꾸고, 나누는 분수의 분모와 분자를 바꾸어 분수의 곱셈으로 계산합니다.

$$\frac{3}{4}\div\frac{2}{5}=\frac{3}{4}\times\frac{5}{2}=\frac{15}{8}=1\frac{7}{8}$$

분수의 나눗셈을
분수의 곱셈으로 바꿀 땐
휙!
나누는 수를 뒤집어요.

(대분수)÷(대분수)의 계산

먼저 대분수를 가분수로 바꾼 다음 분수의 곱셈으로 바꾸어 계산합니다.

$$1\frac{1}{3}\div 2\frac{1}{4}=\frac{4}{3}\div\frac{9}{4}=\frac{4}{3}\times\frac{4}{9}=\frac{16}{27}$$

대분수를 가분수로!

대분수는 반드시
가분수로 바꾼 다음
나누어야 해요.

개념 확인 문제

✔ 계산하세요.

1

(1) $13 \div 14 = 13 \times \frac{1}{\square} = \frac{13}{\square}$

(2) $\frac{6}{11} \div 18 = \frac{\overset{\square}{\cancel{6}}}{11} \times \frac{\square}{\underset{\square}{\square}} = \frac{1}{\square}$

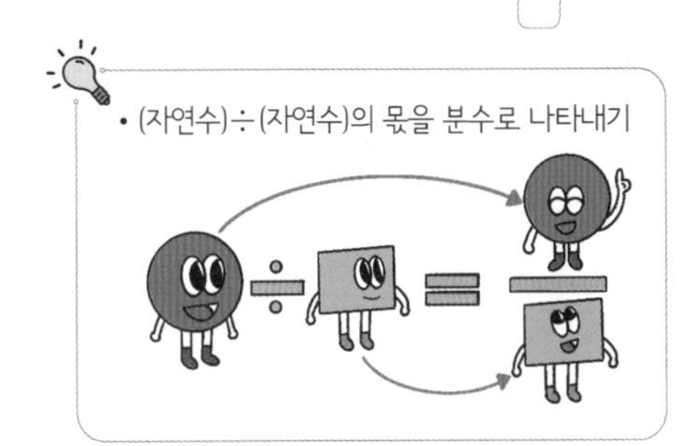

• (자연수)÷(자연수)의 몫을 분수로 나타내기

2

(1) $\frac{3}{8} \div \frac{2}{5} = \frac{3}{8} \times \frac{\square}{\square} = \frac{\square}{\square}$

(2) $\frac{8}{25} \div \frac{9}{20} = \frac{8}{\underset{\square}{\cancel{25}}} \times \frac{\overset{\square}{\square}}{\square} = \frac{\square}{\square}$

3

$2\frac{3}{5} \div \frac{2}{3} = \frac{\square}{5} \div \frac{2}{3} = \frac{\square}{5} \times \frac{\square}{\square}$

$= \frac{\square}{\square} = \square\frac{\square}{10}$

바빠 다지기 문제

✔ 계산하세요.

1-1

(1) $12 \div 25$

(2) $\frac{15}{16} \div 5$

2-1

(1) $\frac{4}{9} \div \frac{5}{7}$

(2) $\frac{7}{45} \div \frac{8}{15}$

3-1

$4\frac{4}{7} \div 2\frac{2}{3}$

분수의 계산

11 분수와 소수의 관계

분수를 소수로 나타내기

분수를 분모가 10, 100, 1000 ……인 분수로 만들어 소수로 나타냅니다.

$$\frac{2}{5}=\frac{2\times2}{5\times2}=\frac{4}{10}=0.4$$

$$\frac{3}{4}=\frac{3\times25}{4\times25}=\frac{75}{100}=0.75$$

분모가 2와 5의 곱으로 이루어져 있어야 10, 100, 1000 ……으로 나타낼 수 있어요.
10=2×5, 100=2×2×5×5

- 분모를 10, 100, 1000으로 만드는 경우
  분모가 2, 5이면 ➡ 분모가 10인 분수로!
  분모가 4, 20, 25, 50이면 ➡ 분모가 100인 분수로!
  분모가 8, 40, 125, 200, 250, 500이면 ➡ 분모가 1000인 분수로!

소수를 분수로 나타내기

소수를 분모가 10, 100, 1000 ……인 분수로 나타냅니다.

$$0.6=\frac{6}{10}=\frac{3}{5}$$

$$1.25=1\frac{25}{100}=1\frac{1}{4}$$

분수와 소수의 크기 비교

분수를 소수로 나타내거나 소수를 분수로 나타내어 크기를 비교합니다.

$\frac{8}{25}=\frac{32}{100}=0.32$

$$\left(0.3, \frac{8}{25}\right) \Rightarrow (0.3, 0.32) \Rightarrow 0.3<\frac{8}{25}$$

$$\left(0.15, \frac{1}{20}\right) \Rightarrow \left(\frac{3}{20}, \frac{1}{20}\right) \Rightarrow 0.15>\frac{1}{20}$$

$0.15=\frac{15}{100}=\frac{3}{20}$

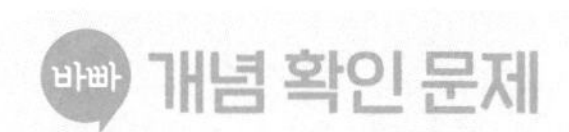

바빠 개념 확인 문제

✔ 다음을 구하세요.

1

(1) $\dfrac{12}{25}=\dfrac{12\times\square}{25\times4}=\dfrac{\square}{100}=\square$ (소수)

(2) $3\dfrac{1}{4}=3+\dfrac{1\times\square}{4\times\square}$

$=3+\dfrac{\square}{100}=\square$ (소수)

2

(1) $0.2=\dfrac{2}{\square}=\dfrac{1}{\square}$

(2) $3.18=\square\dfrac{18}{\square}=\square\dfrac{9}{\square}$

분수와 소수의 크기를 비교할 때는
먼저 분수를 소수로 또는
소수를 분수로 나타내요.

3

$\dfrac{3}{4}$과 0.8의 크기를 비교하면

$\dfrac{3}{4}=\dfrac{\square}{100}=\square$이므로

$\dfrac{3}{4}$ $\bigcirc$ 0.8입니다.

(>, =, <)

바빠 다지기 문제

✔ 다음을 구하세요.

1-1

(1) $\dfrac{1}{8}=\dfrac{1\times\square}{8\times125}=\dfrac{\square}{1000}=\square$ (소수)

(2) $1\dfrac{7}{20}=1+\dfrac{7\times\square}{20\times\square}$

$=1+\dfrac{\square}{100}=\square$ (소수)

2-1

(1) $0.28=\dfrac{28}{\square}=\dfrac{7}{\square}$

(2) $4.025=\square\dfrac{25}{\square}=\square\dfrac{1}{\square}$

3-1

$3\dfrac{17}{20}$과 3.7의 크기를 비교하면

$3.7=3\dfrac{\square}{10}=3\dfrac{\square}{20}$이므로

$3\dfrac{17}{20}$ $\bigcirc$ 3.7입니다.

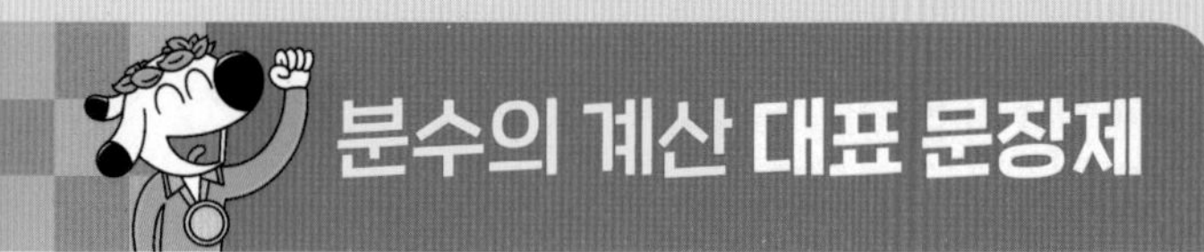
분수의 계산 대표 문장제

1 $\frac{24}{54}$를 약분할 수 있는 수를 모두 찾아 쓰세요.

2　3　4　6　8　12

약분은 분모와 분자를 공약수로 나누어 간단한 분수로 만드는 것이에요.

24/54
분수를 약분할 수 있는 수는
분모와 분자의 공약수예요.

2 가장 큰 수와 가장 작은 수의 합을 구하세요.

$\frac{7}{12}$　$1\frac{5}{6}$　$\frac{5}{8}$　$1\frac{13}{24}$

분수를 통분하면 분수의 크기를 비교할 수 있어요.
분수끼리 더할 때도 통분하여 구해요.

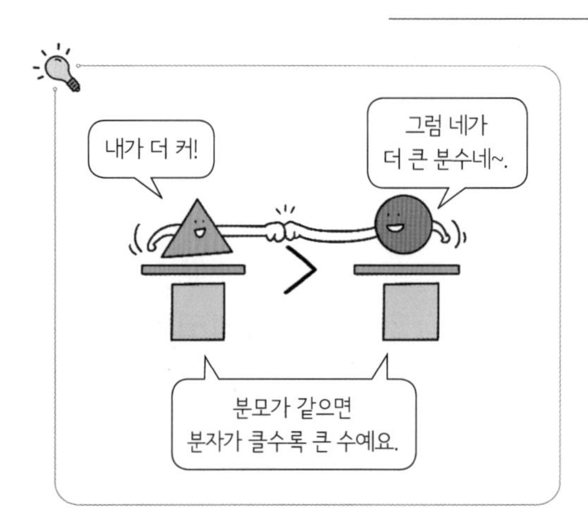
내가 더 커!
그럼 네가
더 큰 분수네~.
분모가 같으면
분자가 클수록 큰 수예요.

★분수의 덧셈과 뺄셈은 먼저 두 분수를 통분한 후 계산해요.
★대분수의 계산은 먼저 대분수를 가분수로 바꾼 다음 계산해요. 계산 결과가 가분수일 경우에는 대분수로 나타내요.

3 윤하의 가방의 무게는 $3\frac{5}{12}$ kg이고, 태수의 가방의 무게는 $3\frac{7}{16}$ kg입니다. 누구의 가방이 몇 kg 더 무거운가요?

먼저 두 수를 통분하여 크기 비교를 한 다음 큰 수에서 작은 수를 빼요.

____________, ____________

4 다온이가 우유 $2\frac{1}{10}$ L 중 전체의 $\frac{2}{7}$만큼을 마셨다면 다온이가 마신 우유는 몇 L인가요?

●의 ▲만큼은 ●×▲로 구해요.

____

5 길이가 $6\frac{3}{4}$ m인 색 테이프를 $\frac{3}{20}$ m씩 똑같이 자르면 몇 도막으로 나누어지나요?

분수의 나눗셈은 분수의 곱셈으로 바꾸어 계산해요.

____

분수의 계산 통과 문제 1

1

왼쪽 분수와 크기가 같은 분수를 찾아 쓰세요.

$\frac{3}{8}$

$\frac{9}{16}$ $\frac{12}{24}$ $\frac{15}{40}$

(　　　　　)

2

$\frac{32}{48}$를 약분할 때 분모와 분자를 나눌 수 없는 수를 찾아 기호를 쓰세요.

㉠ 2　㉡ 3　㉢ 4　㉣ 8

(　　　　　)

분수를 소수로 또는 소수를 분수로 나타내어 크기가 같은 두 수를 찾아요.

3

크기가 같은 두 수를 찾아 쓰세요.

$\frac{1}{2}$　0.48　$\frac{12}{25}$　0.55

(　　　　　)

4

계산 결과가 $\frac{6}{11}$인 것은 어느 것인가요? (　　)

① 6×11　② $6 \div \frac{1}{11}$

③ $6 + \frac{1}{11}$　④ $\frac{6}{7} \div \frac{11}{7}$

⑤ $\frac{11}{5} \div \frac{6}{5}$

5

$\frac{7}{12}$보다 크고 $\frac{7}{9}$보다 작은 수는 어느 것인가요? (　　)

① $\frac{17}{36}$　② $\frac{19}{36}$　③ $\frac{25}{36}$

④ $\frac{29}{36}$　⑤ $\frac{31}{36}$

보기의 분수들이 모두 분모가 36이니까 $\frac{7}{12}$, $\frac{7}{9}$을 분모가 36인 분수로 통분하면 쉽게 구할 수 있어요.

6

두 분수의 차를 구하세요.

$\frac{8}{15}$　$\frac{11}{20}$

(　　　　　)

7

소라는 $1\frac{3}{4}$시간 동안 만화책을 읽었고 $\frac{5}{6}$시간 동안 동화책을 읽었습니다. 소라가 책을 읽은 시간은 모두 몇 시간인지 구하세요.

(　　　　　)

8

계산 결과를 찾아 선으로 이어 보세요.

$\frac{13}{20}\times\frac{15}{26}$ •	• $\frac{3}{8}$
$1\frac{7}{25}\times\frac{5}{16}$ •	• $5\frac{1}{3}$
$2\times2\frac{2}{3}$ •	• $\frac{2}{5}$

9

다음 중 계산 결과가 다른 것은 어느 것인가요?

(　　)

① $\frac{1}{8}+\frac{2}{3}$　② $\frac{1}{6}+\frac{5}{8}$

③ $\frac{1}{4}+\frac{11}{24}$　④ $\frac{7}{8}-\frac{1}{12}$

⑤ $\frac{11}{12}-\frac{1}{8}$

10

계산 결과가 1보다 큰 것은 어느 것인가요? (　　)

① $\frac{2}{5}\div\frac{1}{2}$　② $\frac{1}{6}\div\frac{3}{20}$

③ $\frac{7}{12}\div3$　④ $\frac{9}{16}\div\frac{5}{8}$

⑤ $\frac{3}{4}\div1\frac{1}{3}$

계산식에서 약분이 되면 약분한 후 계산해야 계산이 훨씬 간단한 거 잊지 마세요.

11

영욱이의 필통에는 필기구 18자루가 들어 있습니다. 그중에서 $\frac{4}{9}$는 볼펜이고, 볼펜 중에서 $\frac{1}{4}$은 검정색입니다. 영욱이의 필통에 있는 필기구 중 검정색 볼펜은 몇 자루인지 구하세요.

(　　　　　)

12

가장 큰 수를 가장 작은 수로 나눈 몫을 구하세요.

$\frac{3}{5}$　$2\frac{3}{14}$　$\frac{5}{12}$　$3\frac{1}{8}$

(　　　　　)

분수의 계산 통과 문제 2

1

기약분수를 모두 찾아 쓰세요.

$\frac{3}{12}$ $\frac{9}{17}$ $\frac{14}{35}$ $\frac{5}{16}$ $\frac{10}{24}$

( )

2

$\left(\frac{1}{4}, \frac{5}{12}\right)$를 잘못 통분한 것은 어느 것인가요? ( )

① $\left(\frac{3}{12}, \frac{5}{12}\right)$ ② $\left(\frac{6}{24}, \frac{10}{24}\right)$

③ $\left(\frac{8}{36}, \frac{12}{36}\right)$ ④ $\left(\frac{12}{48}, \frac{20}{48}\right)$

⑤ $\left(\frac{15}{60}, \frac{25}{60}\right)$

3

계산 결과가 1보다 큰 것은 어느 것인가요? ( )

① $\frac{1}{3}+\frac{1}{6}$ ② $\frac{2}{9}+\frac{2}{21}$

③ $\frac{3}{10}+\frac{3}{5}$ ④ $\frac{4}{9}+\frac{4}{5}$

⑤ $\frac{5}{12}+\frac{5}{18}$

4

분수와 소수의 크기를 비교하여 가장 큰 수를 쓰세요.

0.45 $\frac{3}{10}$ 0.5 $\frac{13}{25}$

( )

5

계산 결과가 $\frac{19}{24}$보다 작은 것을 모두 찾아 기호를 쓰세요.

㉠ $\frac{19}{24}\times\frac{1}{2}$ ㉡ $\frac{19}{24}\times2$

㉢ $\frac{19}{24}\times\frac{10}{19}$ ㉣ $\frac{19}{24}\times3\frac{1}{5}$

( )

6

민지의 몸무게는 $42\frac{5}{8}$ kg이고, 소희의 몸무게는 $42\frac{3}{5}$ kg입니다. 민지와 소희 중 누가 몇 kg 더 가벼운지 구하세요.

( ), ( )

7

바르게 계산한 사람을 찾아 이름을 쓰세요.

현아: $1\frac{13}{32}\times\frac{2}{5}=1\frac{1}{8}$

경현: $2\frac{4}{15}\times\frac{3}{17}=\frac{2}{5}$

재민: $3\frac{1}{6}\times\frac{6}{7}\times\frac{1}{3}=3\frac{1}{21}$

( )

8

가장 큰 수와 가장 작은 수의 곱을 구하세요.

$\frac{7}{16}$ $2\frac{6}{7}$ $\frac{1}{2}$ $1\frac{3}{10}$

( )

9

계산 결과가 진분수인 것은 어느 것인가요? ( )

① $1\frac{2}{3}\div\frac{1}{4}$

② $2\frac{2}{5}\div 2$

③ $\frac{7}{24}\div\frac{7}{48}$

④ $6\div\frac{1}{7}$

⑤ $\frac{4}{15}\div 1\frac{1}{4}$

10

수직선을 보고 ㉡÷㉠의 몫을 구하세요.

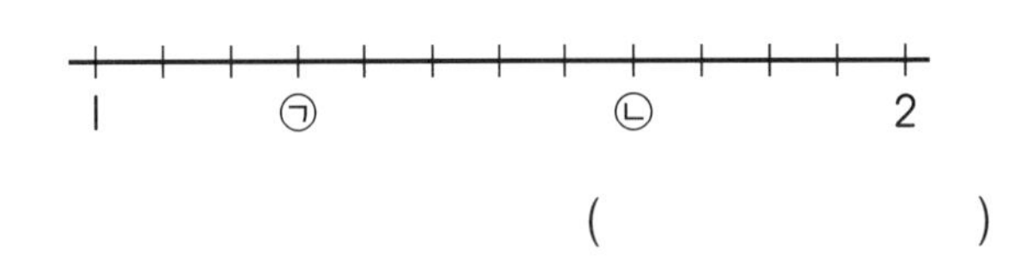

( )

11

혜성이네 가족은 일정한 빠르기로 한 시간에 $60\frac{2}{3}$ km를 이동하는 고속버스를 탔습니다. 같은 빠르기로 45분 동안 고속버스를 타고 이동했다면 혜성이네 가족이 이동한 거리는 몇 km인지 구하세요.

( )

12

□ 안에 알맞은 수를 구하세요.

$2\frac{4}{7}\times\square=\frac{3}{35}$

( )

Ⅱ 도형과 측정

중학 수학의 1학기는 모두 '수와 연산' 영역, 2학기는 모두 '기하(도형)' 영역이에요. 그런데 중학 수학에서 사용되는 도형의 기초와 기본 공식을 모두 초등 수학에서 배웁니다. 따라서 초등학교 때 도형의 기초를 탄탄하게 다지지 않으면 중학 수학의 반을 포기하는 것과 같아요.

중학 수학을 공부하기 전 초등 도형을 탄탄하게 다지고 넘어간다면 2학기 중학 수학 역시 쉬워질 수밖에 없겠지요?

이 책에서는 초등 수학의 내용 중 중학 수학에 도움이 되는 내용만을 압축해서 공부하기 때문에 덜 중요한 부분은 공부하지 않고 중요한 내용만 공부하도록 구성했어요. 이 단원에서는 초등 도형 공식이 꽤 많이 나오는데 이 공식들은 반드시 암기하고 넘어가야 해요!

단원명	공부할 내용	중학 수학 연계
평면도형	12 각도	기본 도형, 삼각형과 다각형의 내각, 외각의 성질
	13 수직과 평행	기본 도형, 삼각형과 평행선
	14 삼각형의 종류와 특징	삼각형의 성질, 삼각비
	15 사각형의 종류와 특징	사각형의 성질
	16 다각형	다각형
	17 다각형의 넓이 1	다각형
	18 다각형의 넓이 2	다각형
	19 합동	삼각형의 합동 조건, 도형의 닮음
	20 원	원과 부채꼴, 원과 직선, 원주각
입체도형	21 직육면체와 정육면체	다면체
	22 직육면체의 부피와 겉넓이	입체도형의 겉넓이와 부피
	23 각기둥과 각뿔	다면체, 입체도형의 겉넓이와 부피
	24 원기둥, 원뿔, 구	회전체, 입체도형의 겉넓이와 부피

평면도형

12 각도

중학 수학 연계 ··· 기본 도형, 삼각형과 다각형의 내각, 외각의 성질

각의 종류

• 예각

0°보다 크고,
90°보다 작은 각

• 직각

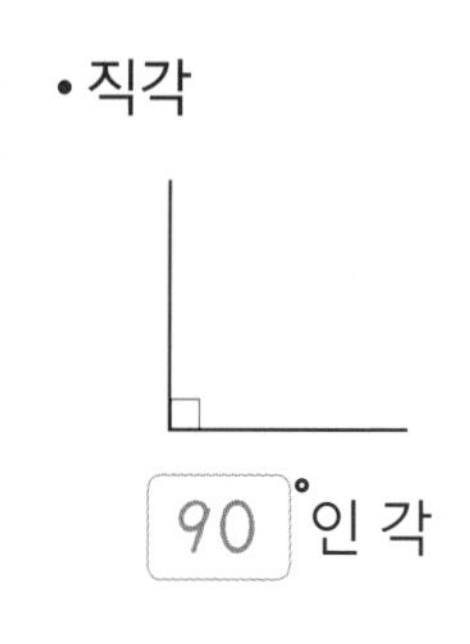

90 °인 각

• 둔각

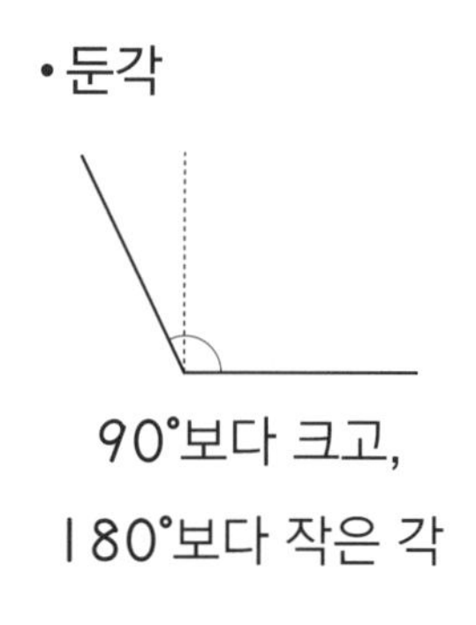

90°보다 크고,
180°보다 작은 각

• 평각

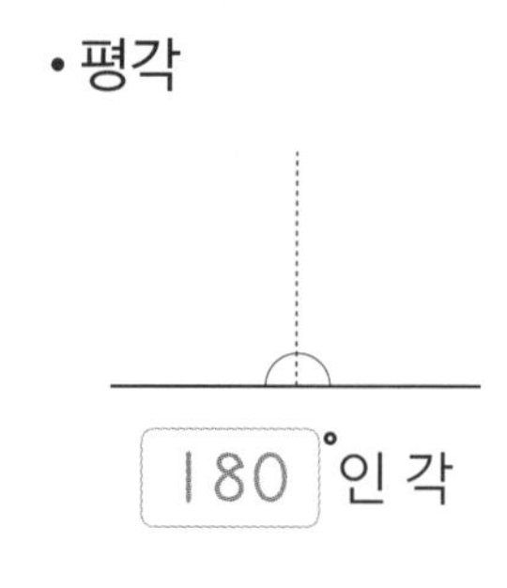

180 °인 각

직각(90°)을 똑같이 90으로 나눈 것 중의 하나를 1도라고 하고, 1°라고 씁니다.

각도의 합과 차

각도의 합과 차는 자연수의 덧셈, 뺄셈과 같은 방법으로 계산하고, 계산 결과에 °를 붙입니다.
(각도: 각의 크기)

• 각도의 합

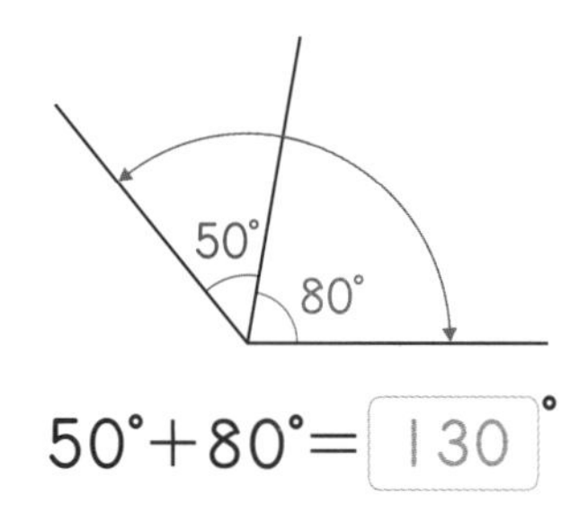

$50° + 80° = 130°$

• 각도의 차

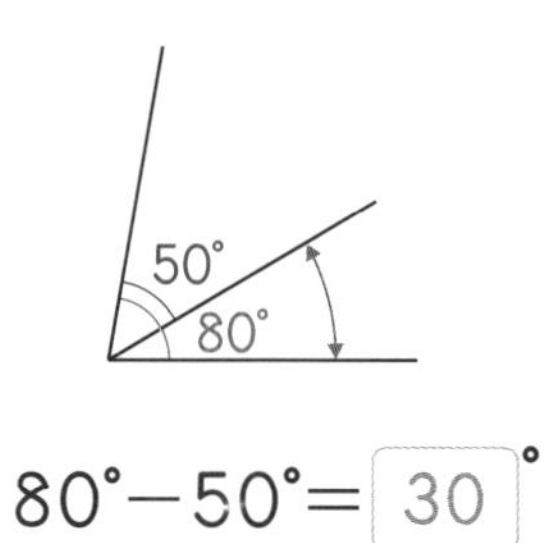

$80° - 50° = 30°$

삼각형과 사각형의 내각(안쪽 각)의 크기의 합

• 삼각형의 세 각의 크기의 합

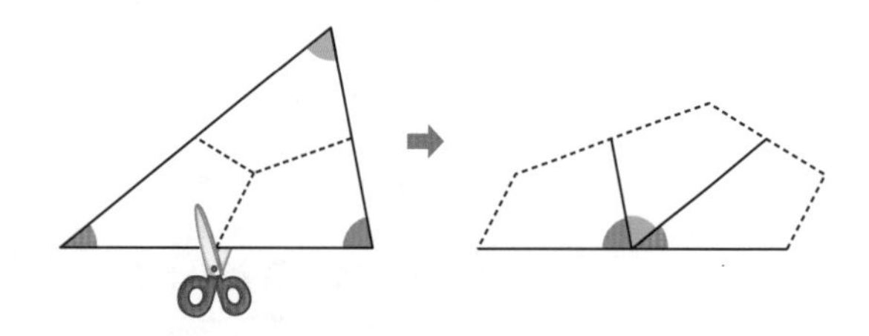

➡ 세 각의 크기의 합은 180°입니다.

• 사각형의 네 각의 크기의 합

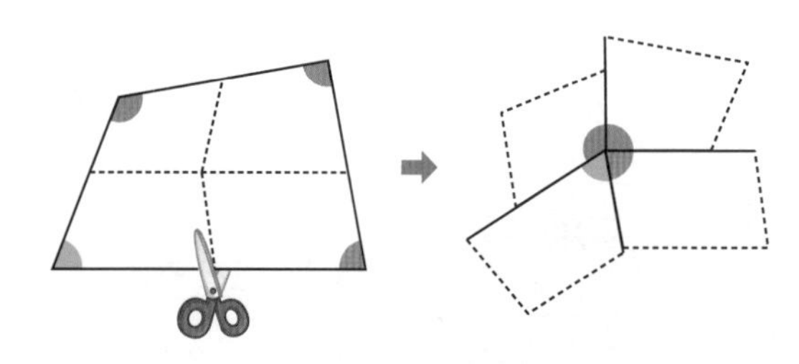

➡ 네 각의 크기의 합은 360°입니다.

바빠 개념 확인 문제

✔ 다음을 구하세요.

1

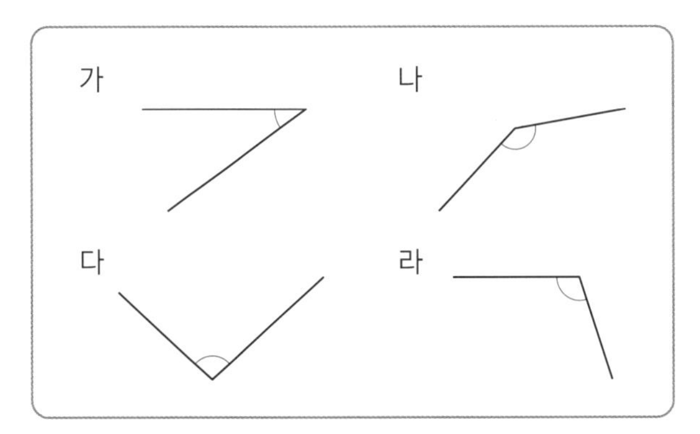
가
나
다
라

예각	둔각

2

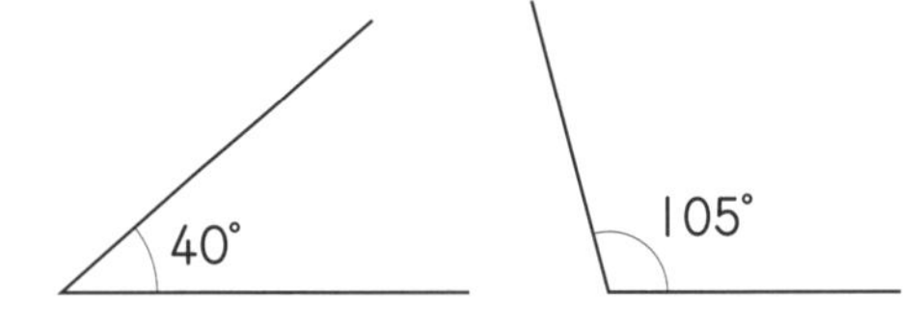
40°
105°

➡ 각도의 합: $40° + 105° =$ ☐°

➡ 각도의 차: $105° - 40° =$ ☐°

각도의 차는 큰 각도에서
작은 각도를 빼서 구해요.

3

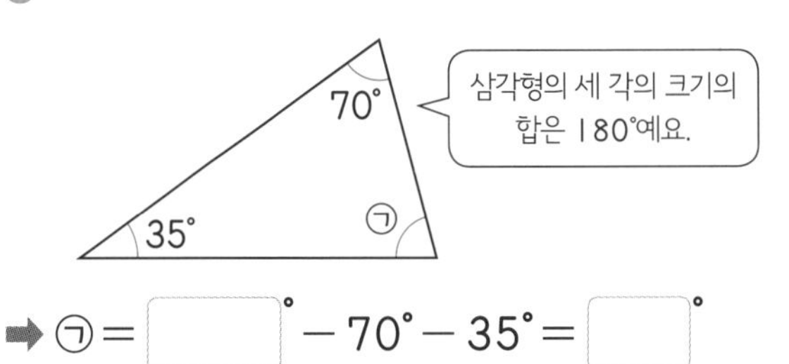
70°
35°
㉠
삼각형의 세 각의 크기의
합은 180°예요.

➡ ㉠ = ☐° $- 70° - 35° =$ ☐°

바빠 다지기 문제

✔ 다음을 구하세요.

1-1

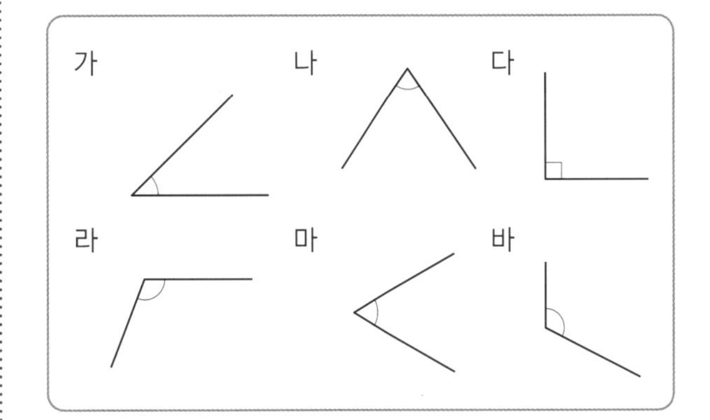
가
나
다
라
마
바

예각	직각	둔각

2-1

(1)

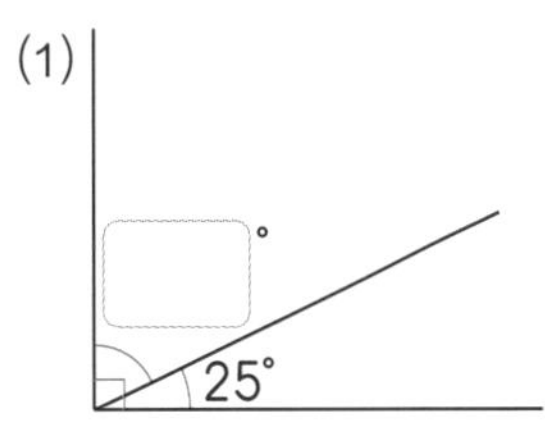
°
25°

(2)

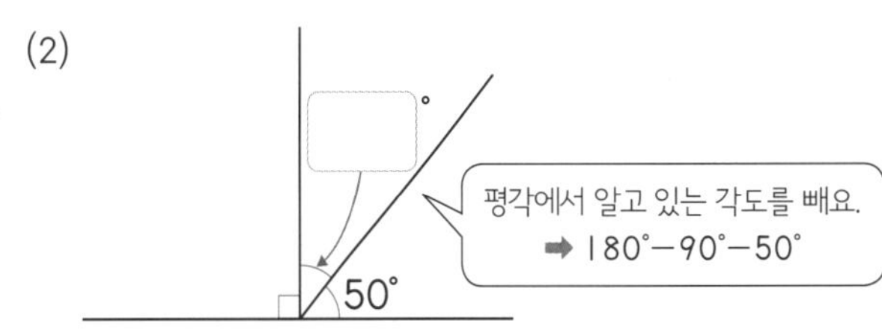
°
50°
평각에서 알고 있는 각도를 빼요.
➡ 180°−90°−50°

3-1

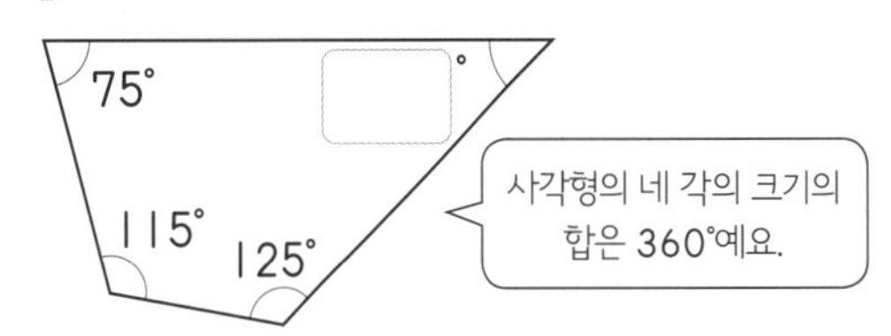
75°
°
115°
125°
사각형의 네 각의 크기의
합은 360°예요.

평면도형

13 수직과 평행

수직과 수선

- 두 직선이 만나서 이루는 각이 **직각**일 때, 두 직선은 서로 수직이라고 합니다.
- 두 직선이 서로 **수직**으로 만나면 한 직선을 다른 직선에 대한 수선이라고 합니다.

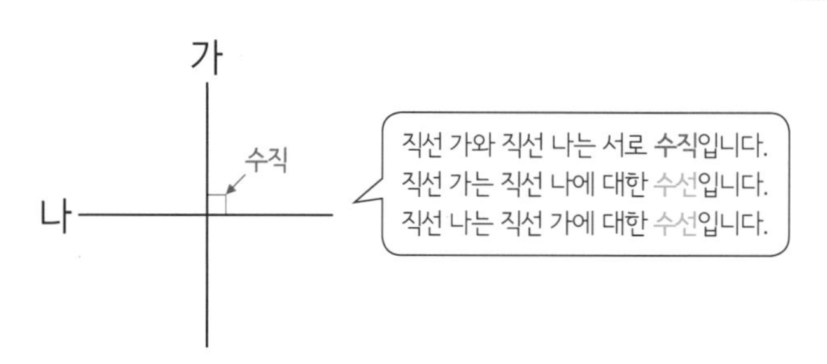

가
나
수직
직선 가와 직선 나는 서로 수직입니다.
직선 가는 직선 나에 대한 수선입니다.
직선 나는 직선 가에 대한 수선입니다.

평행과 평행선

- 한 직선에 수직인 두 직선을 그었을 때, 그 두 직선은 서로 만나지 않습니다. 이와 같이 서로 만나지 않는 두 직선을 평행하다고 합니다.
- 평행한 두 직선을 **평행선**이라고 합니다.

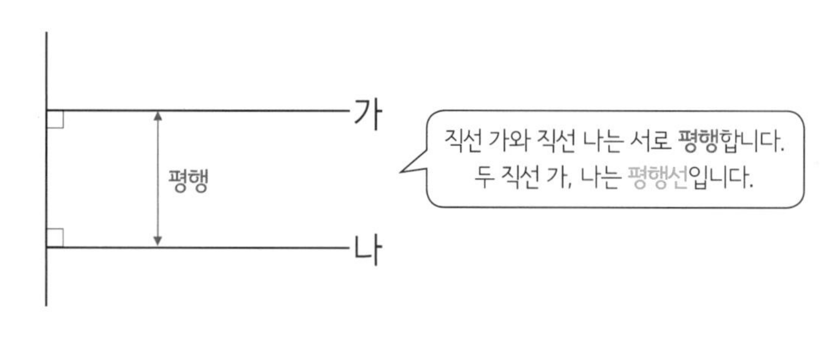

평행선 사이의 거리

평행선의 한 직선에서 다른 직선에 그은 수선의 길이를 **평행선 사이의 거리**라고 합니다.

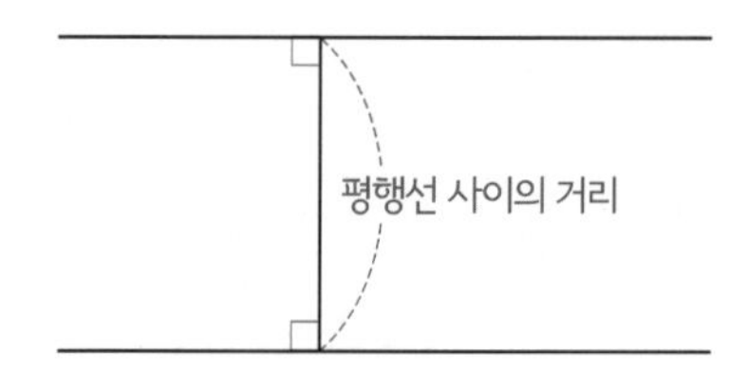

✔ 다음을 구하세요.

1

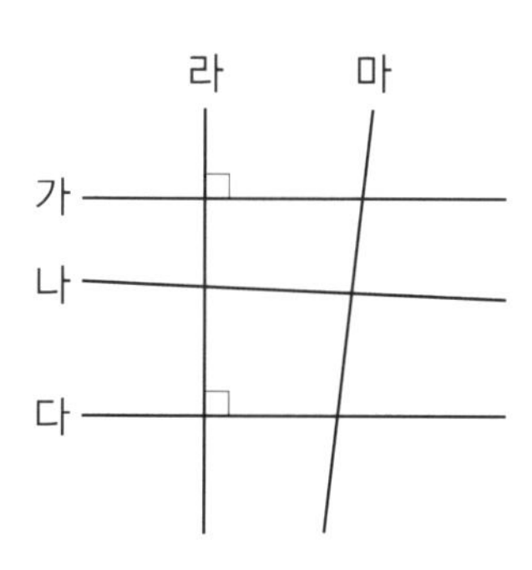

(1) 직선 라와 만나서 이루는 각이 직각인 직선은 직선 ☐와 직선 ☐입니다.

(2) 직선 라에 수직인 직선은 직선 ☐와 직선 ☐입니다.

(3) 서로 평행한 직선은 직선 ☐와 직선 ☐입니다.

2

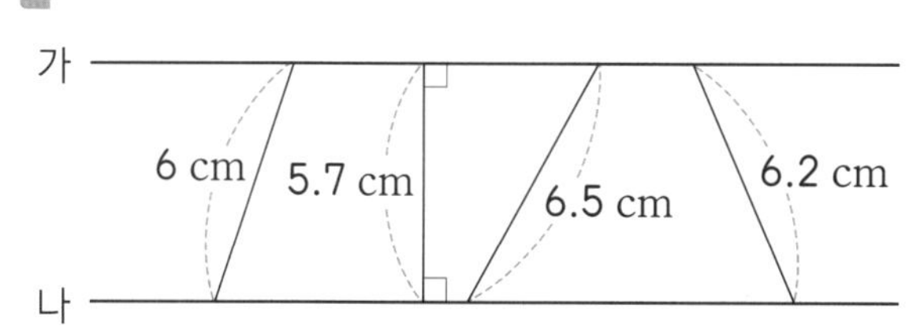

➡ 평행한 두 직선 가와 직선 나 사이의 거리는 ☐ cm입니다.

✔ 다음을 구하세요.

1-1

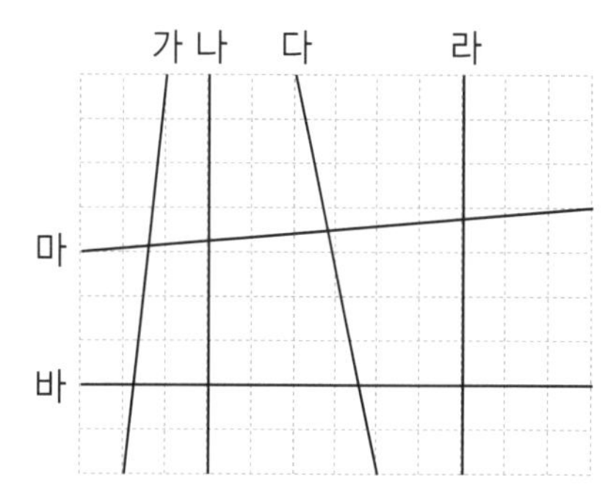

(1) 선분 바와 만나서 이루는 각이 직각인 선분은 선분 ☐와 선분 ☐입니다.

(2) 선분 바에 대한 수선은 선분 ☐와 선분 ☐입니다.

(3) 서로 평행한 선분은 선분 ☐와 선분 ☐입니다.

2-1

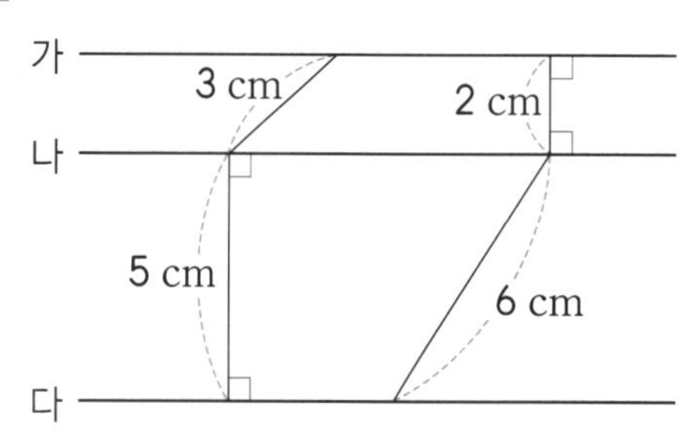

➡ (직선 가와 직선 다 사이의 거리)

= ☐ + ☐ = ☐ (cm)

평면도형

14 삼각형의 종류와 특징

변의 길이에 따른 삼각형의 종류

- 이등변삼각형: 두 변의 길이가 같은 삼각형

성질 길이가 같은 두 변과 함께하는 두 각의 크기가 같습니다.

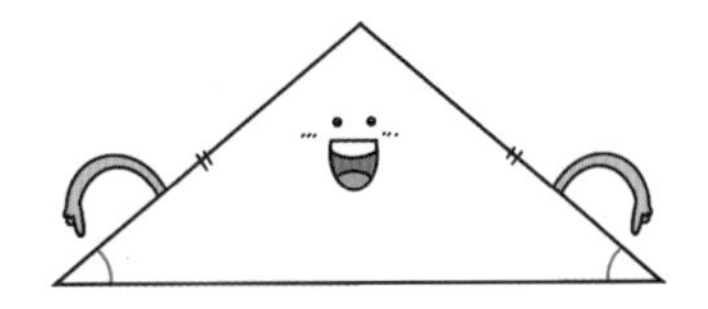

- 정삼각형: 세 변의 길이가 같은 삼각형

성질 세 각의 크기가 같습니다.

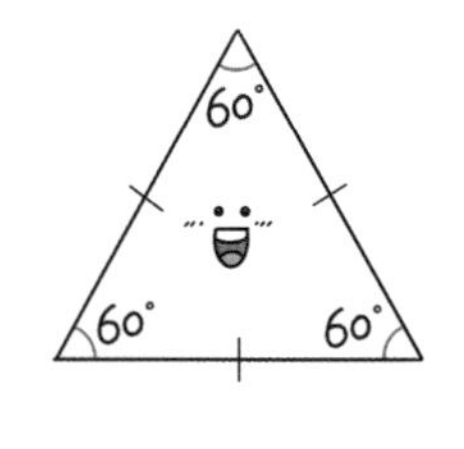

정삼각형의 한 각의 크기는
180°÷3=60°예요.

각의 크기에 따른 삼각형의 종류

- 예각삼각형

세 각이 모두 예각인 삼각형

- 직각삼각형

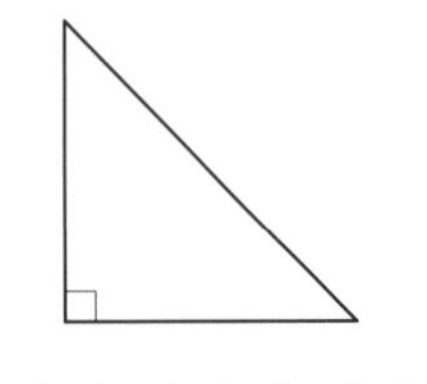

한 각이 직각인 삼각형

- 둔각삼각형

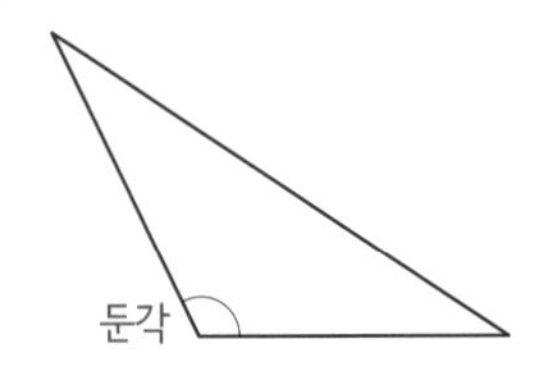

한 각이 둔각인 삼각형

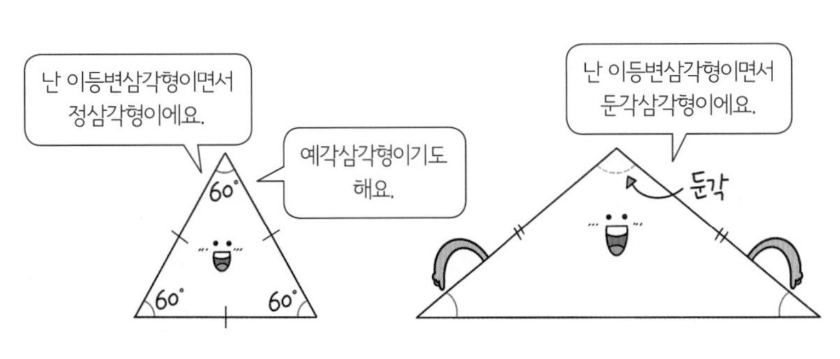

난 이등변삼각형이면서
정삼각형이에요.
예각삼각형이기도
해요.
60°
60°
60°
난 이등변삼각형이면서
둔각삼각형이에요.
둔각

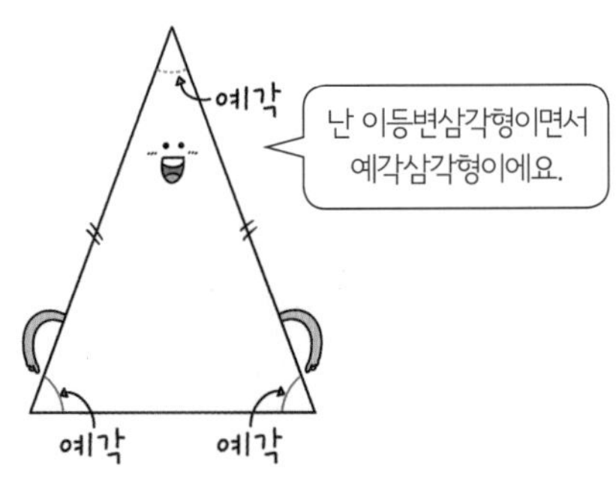

✔ 다음을 구하세요.

1

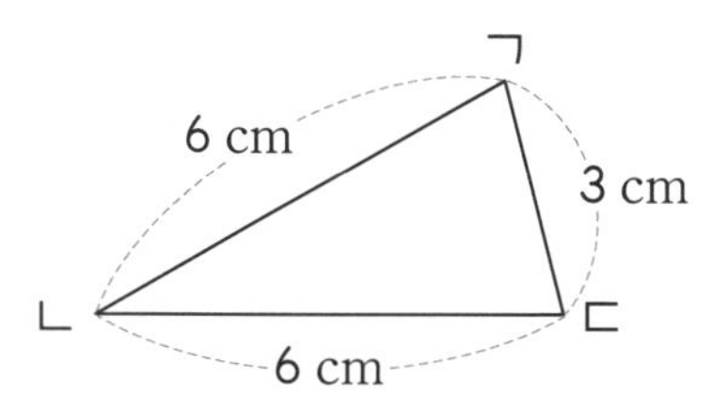

➡ 삼각형 ㄱㄴㄷ은 ☐ 변의 길이가 같으므로 ☐ 삼각형입니다.

2

➡ 정삼각형은 ☐ 변의 길이가 같은 삼각형입니다.

➡ 정삼각형을 찾으면 ☐ 입니다.

3

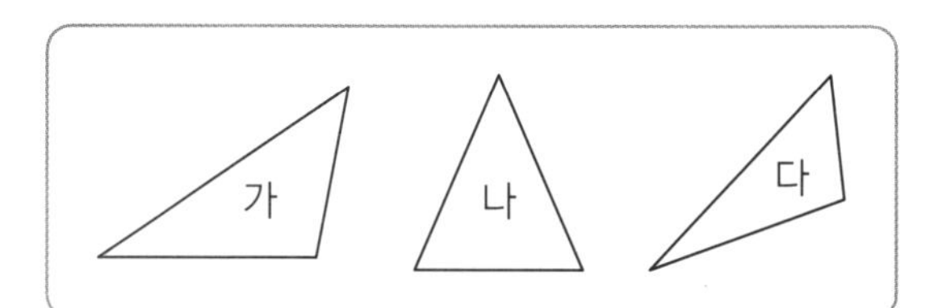

➡ ☐ 각이 모두 예각인 예각삼각형은 ☐ 입니다.

➡ ☐ 각이 둔각인 둔각삼각형은 ☐, ☐ 입니다.

✔ 다음을 구하세요.

1-1

이등변삼각형

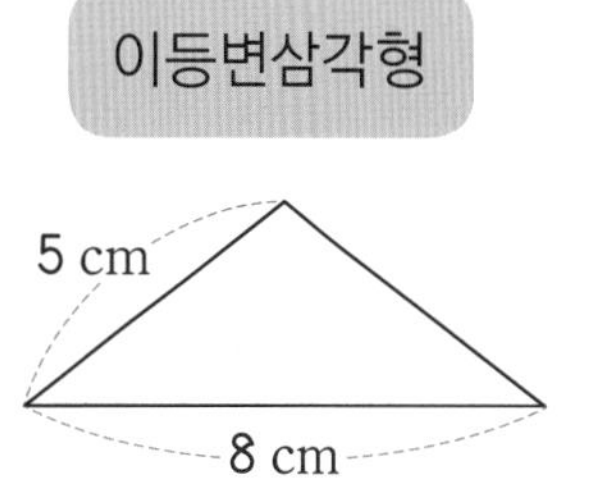

➡ (삼각형의 둘레) = ☐ cm

2-1

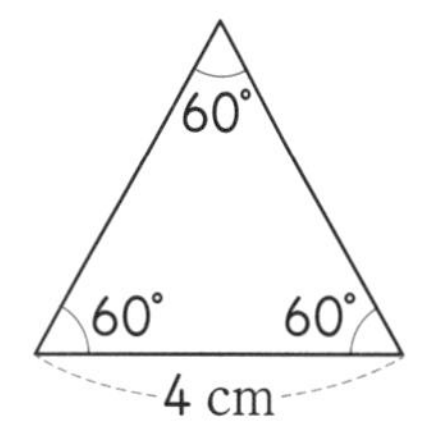

➡ (삼각형의 둘레) = ☐ cm

정삼각형은 세 각의 크기가 같고 세 변의 길이가 같아요.

3-1

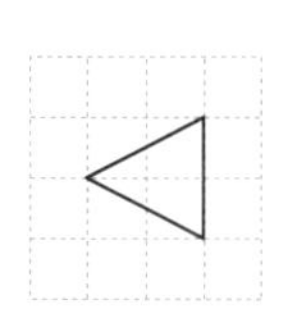

㉠ 이등변삼각형
㉡ 정삼각형
㉢ 예각삼각형
㉣ 둔각삼각형

➡ 삼각형의 이름이 될 수 있는 것을 모두 찾아 기호를 쓰면 ______ 입니다.

평면도형

15 사각형의 종류와 특징

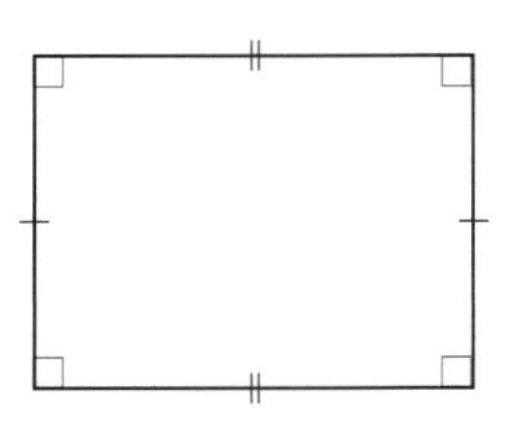

■ **직사각형**: 네 각이 모두 직각인 사각형

성질 마주 보는 두 변의 길이가 같습니다.

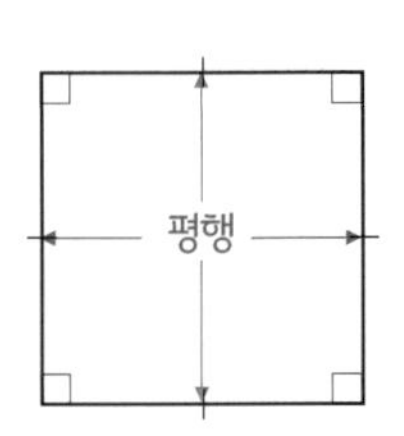

■ **정사각형**: 네 변의 길이가 모두 같고 네 각이 모두 직각인 사각형

성질 마주 보는 두 쌍의 변이 서로 평행합니다.

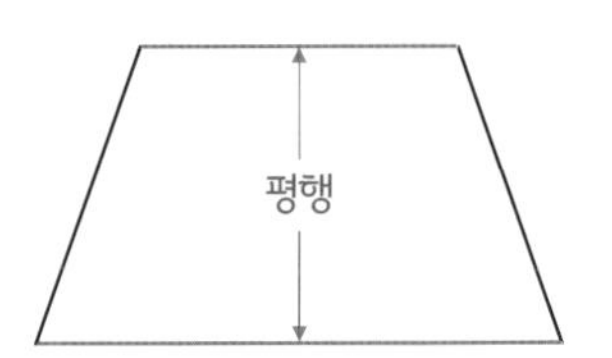

■ **사다리꼴**: 평행 한 변이 한 쌍이라도 있는 사각형

성질 마주 보는 한 쌍의 변이 서로 평행합니다.

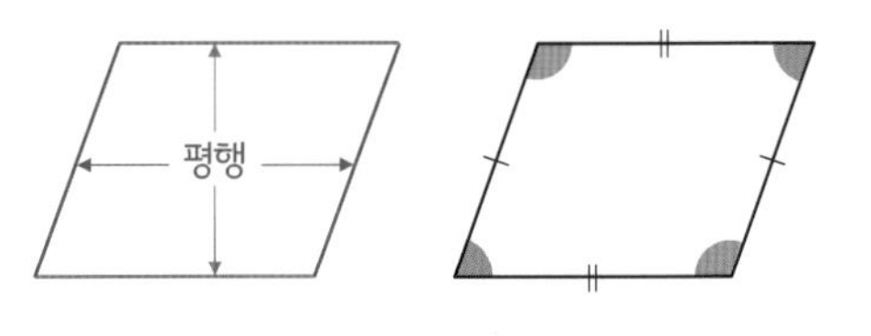

■ **평행사변형**: 마주 보는 두 쌍의 변이 서로 평행 한 사각형

성질 마주 보는 두 변의 길이가 같고 마주 보는 두 각의 크기가 같습니다.

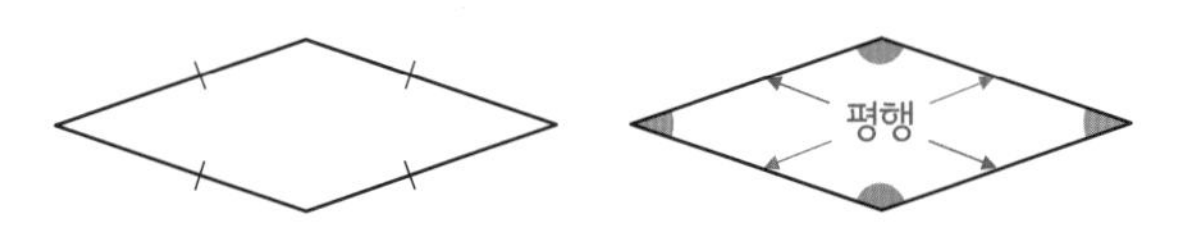

■ **마름모**: 네 변의 길이가 모두 같은 사각형

성질 마주 보는 두 쌍의 변이 서로 평행하고 마주 보는 두 각의 크기가 같습니다.

바빠 개념 확인 문제

✔ 다음을 구하세요.

1

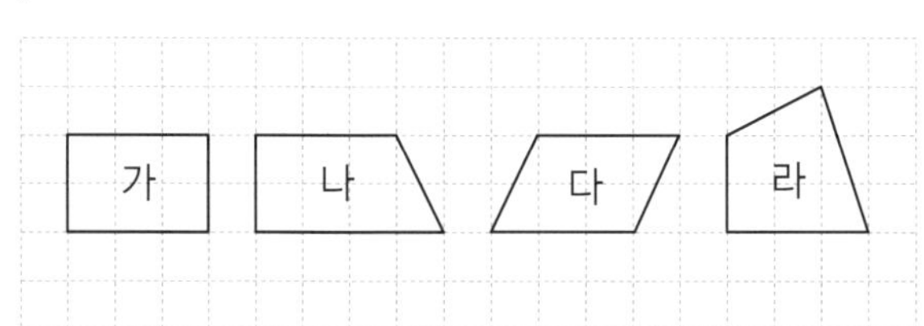

➡ 마주 보는 두 변의 길이가 같은 사각형은 ☐, ☐입니다.

2

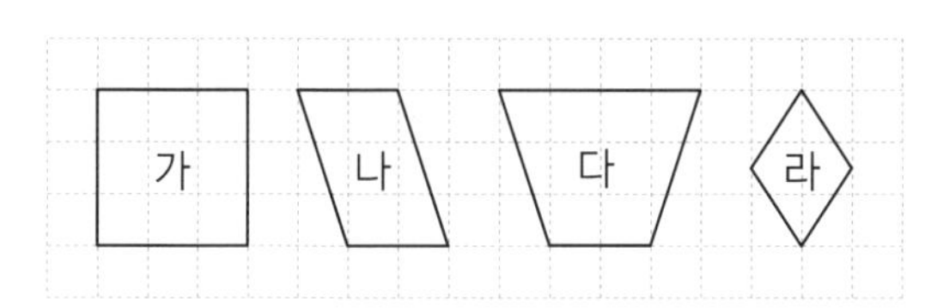

➡ 마주 보는 두 각의 크기가 같은 사각형은 ☐, ☐, ☐입니다.

3

㉠ 정사각형은 마름모입니다.
㉡ 평행사변형은 사다리꼴입니다.
㉢ 직사각형은 정사각형입니다.

➡ 사각형의 포함 관계가 옳은 것은 ☐, ☐ 입니다.

바빠 다지기 문제

✔ 다음을 구하세요.

1-1

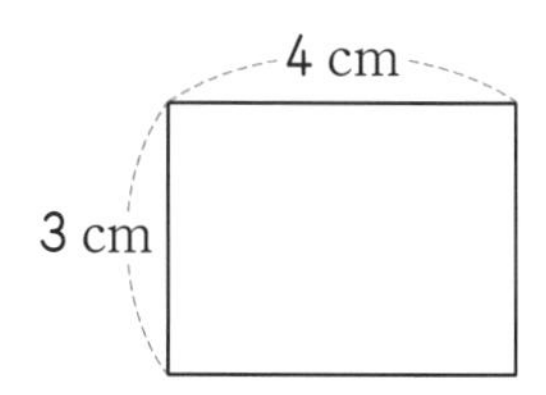

➡ (직사각형의 둘레) = ☐ cm

• 사각형의 둘레
(직사각형의 둘레)=((가로)+(세로))×2
(정사각형의 둘레)=(한 변의 길이)×4
(평행사변형의 둘레)=((한 변의 길이)+(다른 한 변의 길이))×2
(마름모의 둘레)=(한 변의 길이)×4

2-1

마름모

➡ ㉠+㉡= ☐° + ☐° = ☐°

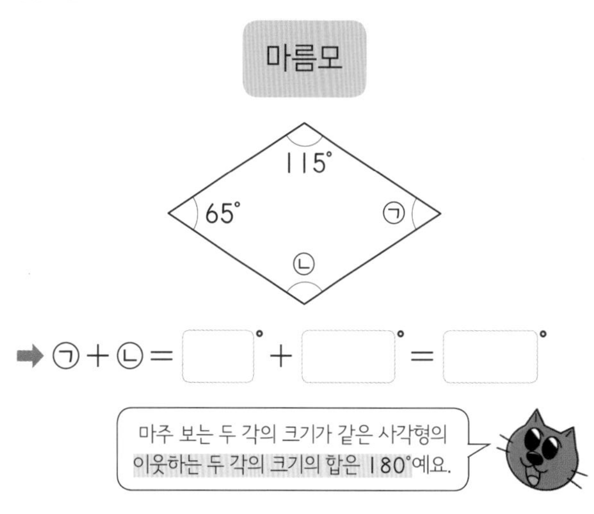

마주 보는 두 각의 크기가 같은 사각형의 이웃하는 두 각의 크기의 합은 180°예요.

3-1

사다리꼴, 직사각형, 평행사변형

➡ 마름모는 ____________________ 이라고 할 수 있습니다.

평면도형

16 다각형

다(多)각형: 선분 으로만 둘러싸인 도형

다각형	① ② ③ ④ ⑤	① ② ③ ④ ⑤ ⑥	① ② ③ ④ ⑤ ⑥ ⑦	① ② ③ ④ ⑤ ⑥ ⑦ ⑧	……
이름	오각형	육각형	칠각형	팔각형	……

정(正)다각형: 변의 길이가 모두 같고 각의 크기가 모두 같은 다각형

정다각형					……
이름	정오각형	정육각형	정칠각형	정팔각형	……

대각선: 다각형에서 선분 ㄱㄷ, 선분 ㄴㄹ과 같이 서로 이웃하지 않는 두 꼭짓점을 이은 선분

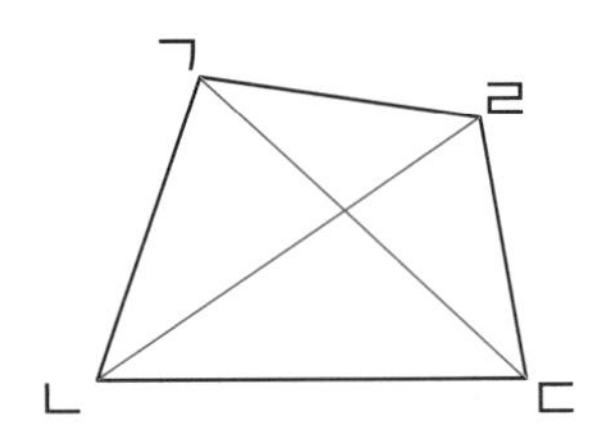

대각선의 성질

정사각형은 모든 성질을 다 가지고 있어요.

성질 \ 사각형	평행사변형	마름모	직사각형	정사각형
한 대각선이 다른 대각선을 똑같이 둘로 나눈다.	○	○	○	○
두 대각선이 서로 수직으로 만난다.		○		○
두 대각선의 길이가 같다.			○	○

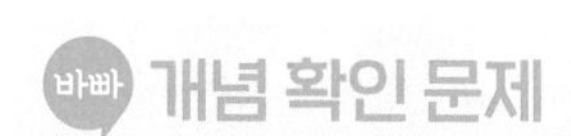

✔ 다음을 구하세요.

1

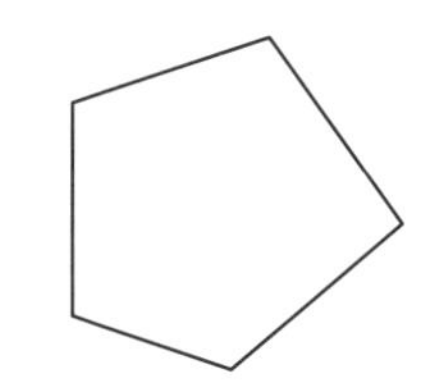

➡ 다각형의 이름은 ☐각형입니다.

2

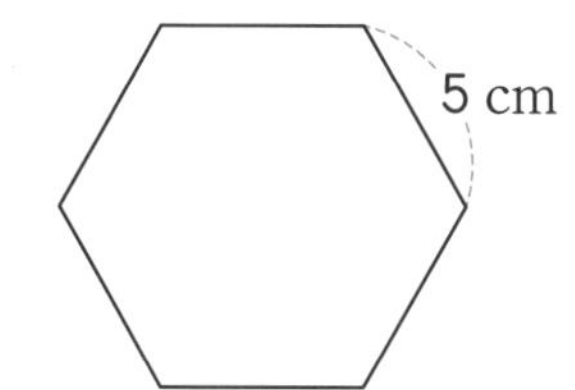

➡ (정육각형의 둘레) = 5 × ☐ = ☐ (cm)

3

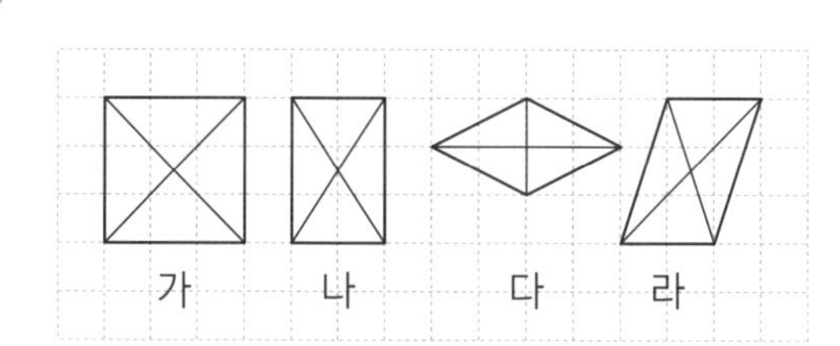

➡ 두 대각선의 길이가 같은 사각형은 ☐, ☐입니다.

바빠 다지기 문제

✔ 다음을 구하세요.

1-1

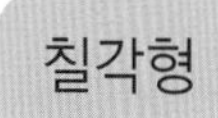

➡ 변의 수: ☐개

꼭짓점의 수: ☐개

2-1

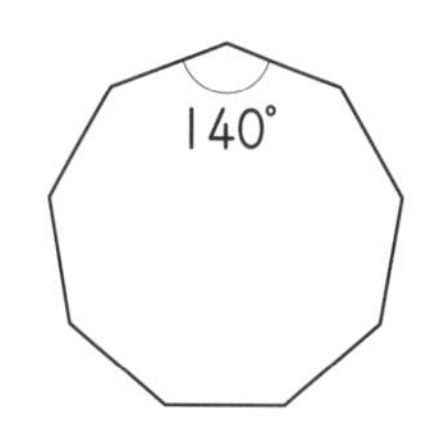

➡ (정구각형의 모든 각의 크기의 합)

= 140° × ☐ = ☐°

3-1

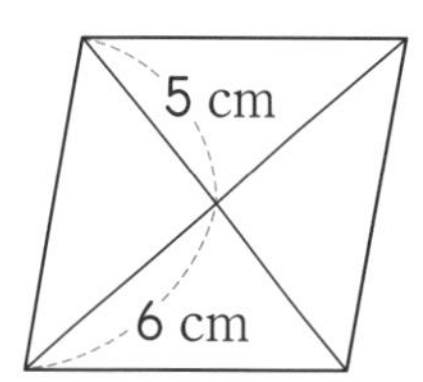

➡ (평행사변형의 두 대각선의 길이의 합)

= 5 × ☐ + 6 × ☐ = ☐ (cm)

평면도형

17 다각형의 넓이 1

넓이의 단위

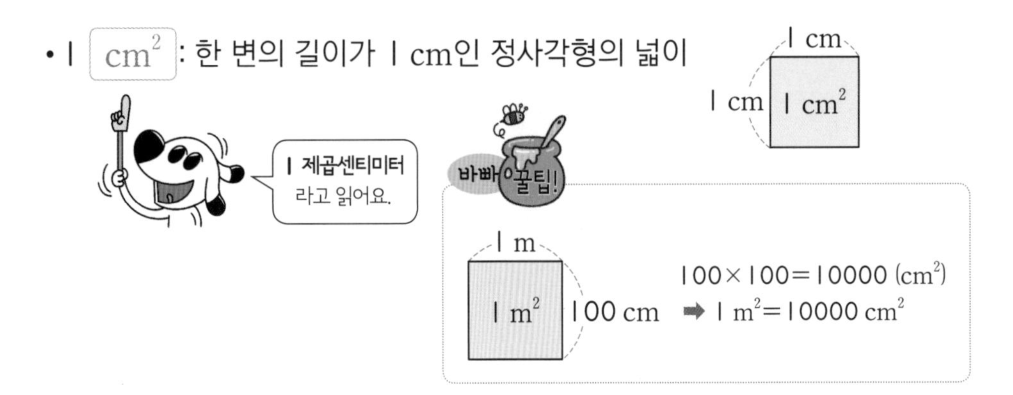

직사각형의 넓이

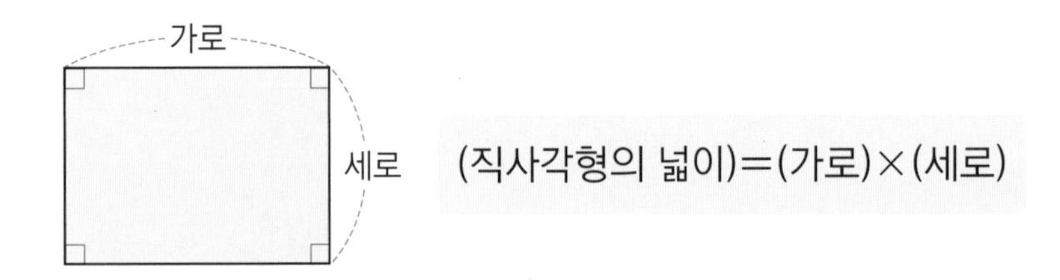

정사각형의 넓이

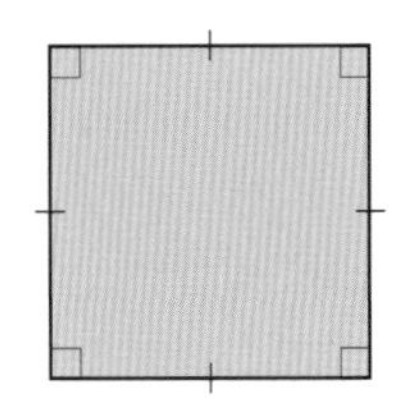

(정사각형의 넓이)=(한 변의 길이)×(한 변의 길이)

평행사변형의 넓이

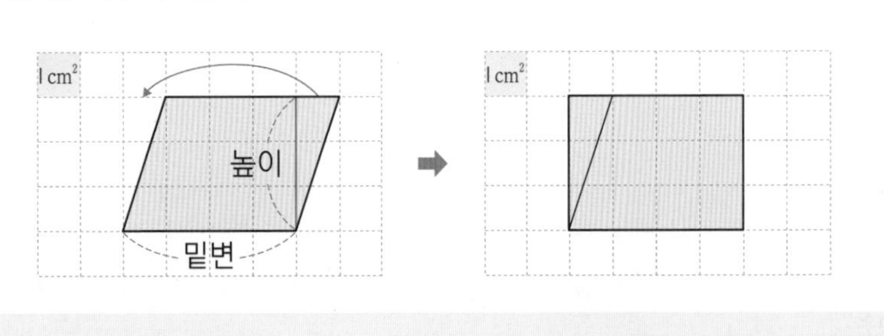

평행사변형의 높이를 따라 잘라서 옮기면 직사각형이 돼요.

(평행사변형의 넓이)=(직사각형의 넓이)=(밑변의 길이)×(높이)

밑변의 길이 ↑ 직사각형의 가로, 높이 ↑ 직사각형의 세로

다음을 구하세요.

1

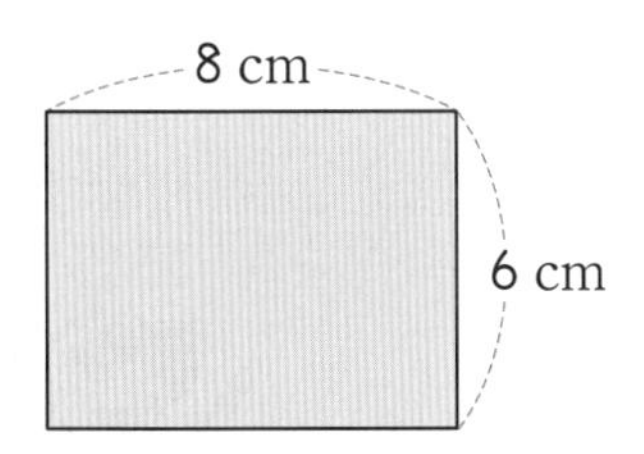

➡ (직사각형의 넓이) = 8 × ☐

= ☐ (cm^2)

2

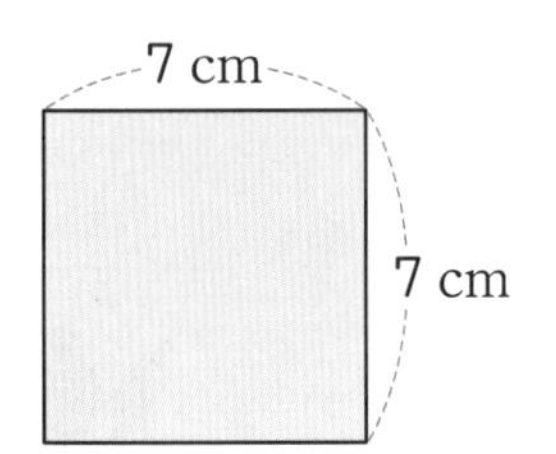

➡ (정사각형의 넓이) = ☐ × ☐

= ☐ (cm^2)

3

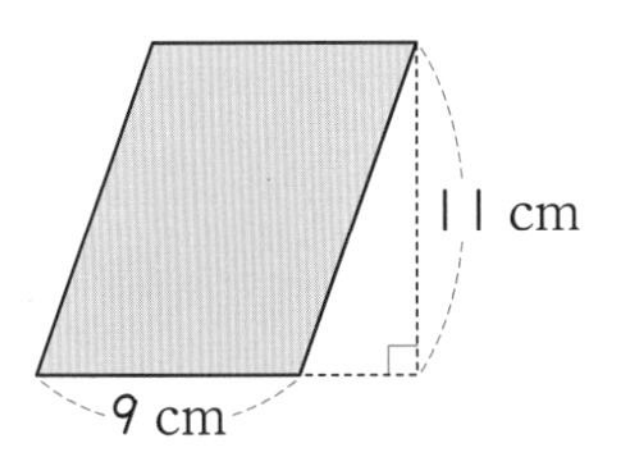

➡ (평행사변형의 넓이) = 9 × ☐

= ☐ (cm^2)

바빠 다지기 문제

다음을 구하세요.

1-1

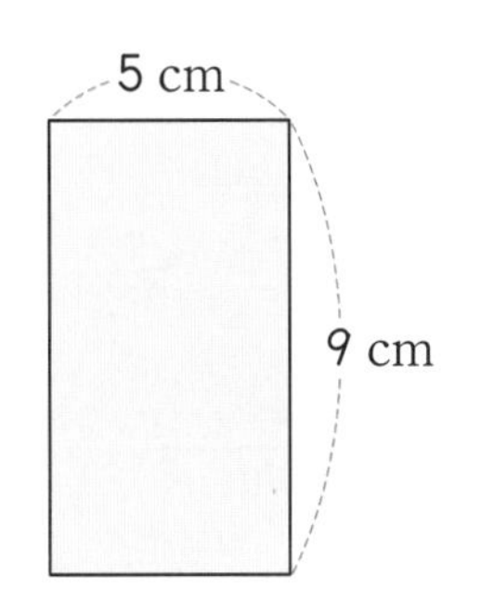

➡ (직사각형의 넓이) = ☐ cm^2

2-1

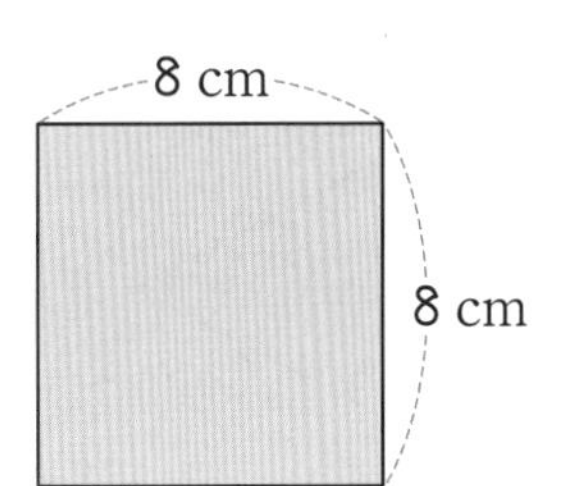

➡ (정사각형의 넓이) = ☐ cm^2

3-1

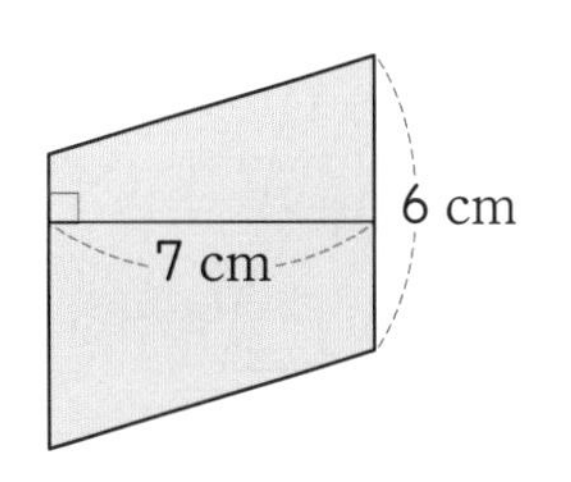

➡ (평행사변형의 넓이) = ☐ cm^2

평면도형

18 다각형의 넓이 2

삼각형의 넓이

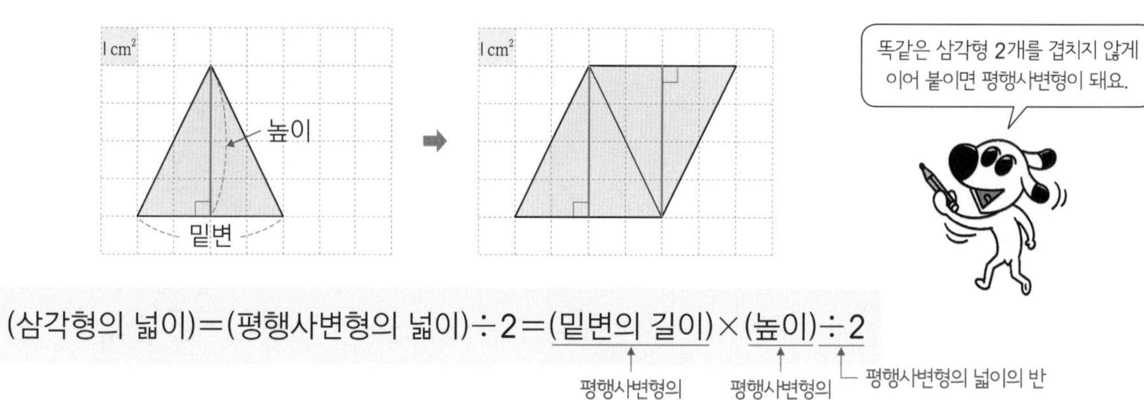
1 cm²
높이
밑변
1 cm²
똑같은 삼각형 2개를 겹치지 않게
이어 붙이면 평행사변형이 돼요.

(삼각형의 넓이)=(평행사변형의 넓이)÷2=(밑변의 길이)×(높이)÷2

- (밑변의 길이): 평행사변형의 밑변의 길이
- (높이): 평행사변형의 높이
- ÷2: 평행사변형의 넓이의 반

마름모의 넓이

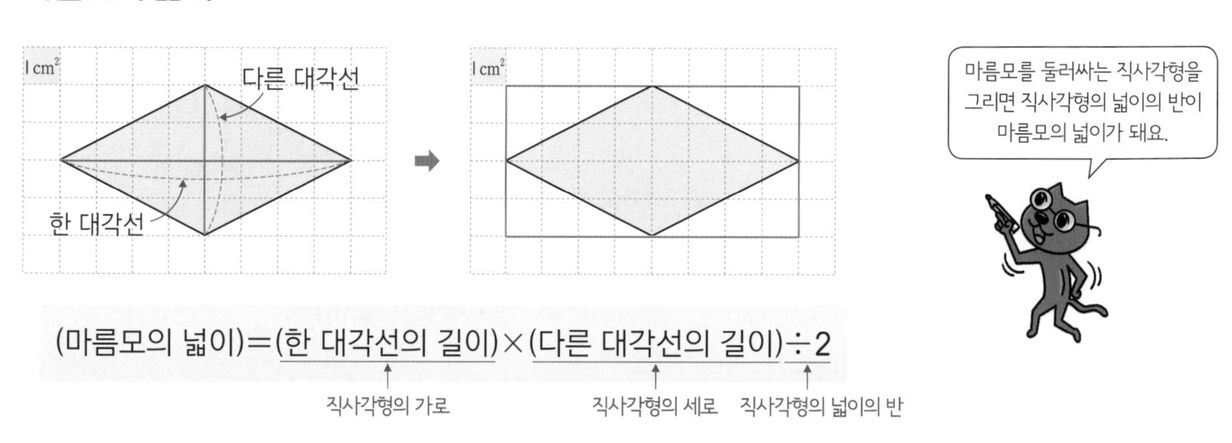
1 cm²
다른 대각선
한 대각선
1 cm²
마름모를 둘러싸는 직사각형을
그리면 직사각형의 넓이의 반이
마름모의 넓이가 돼요.

(마름모의 넓이)=(한 대각선의 길이)×(다른 대각선의 길이)÷2

- (한 대각선의 길이): 직사각형의 가로
- (다른 대각선의 길이): 직사각형의 세로
- ÷2: 직사각형의 넓이의 반

사다리꼴의 넓이

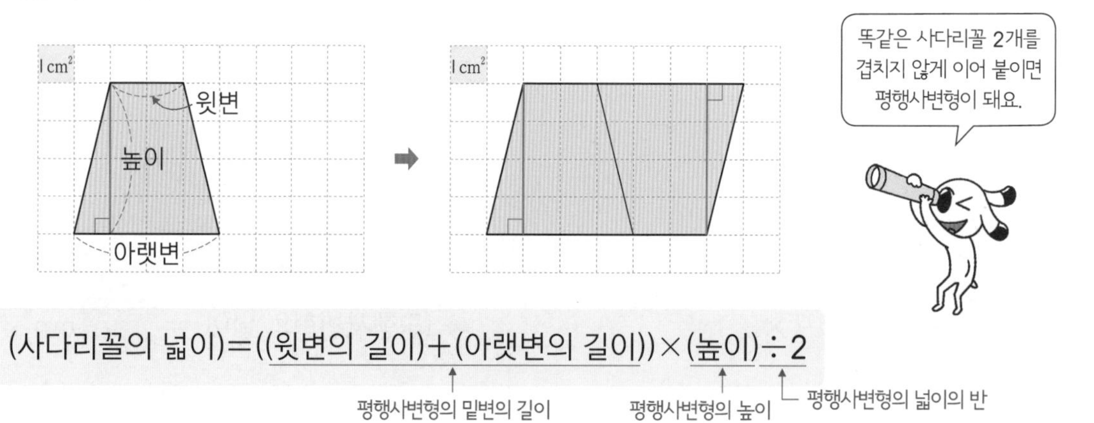
1 cm²
윗변
높이
아랫변
1 cm²
똑같은 사다리꼴 2개를
겹치지 않게 이어 붙이면
평행사변형이 돼요.

(사다리꼴의 넓이)=((윗변의 길이)+(아랫변의 길이))×(높이)÷2

- ((윗변의 길이)+(아랫변의 길이)): 평행사변형의 밑변의 길이
- (높이): 평행사변형의 높이
- ÷2: 평행사변형의 넓이의 반

✔ 색칠한 도형의 넓이를 구하세요.

1

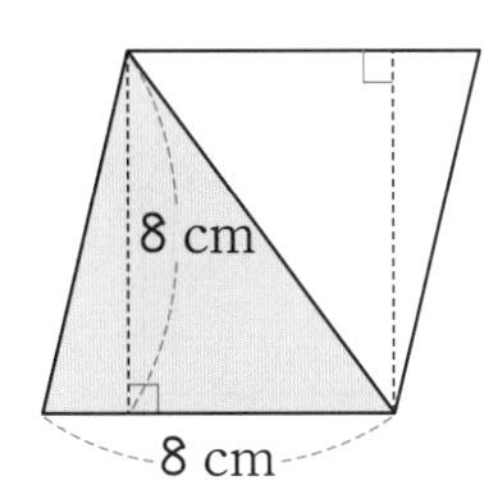

➡ (삼각형의 넓이) = (평행사변형의 넓이) ÷ 2
= 8 × ☐ ÷ ☐
= ☐ (cm²)

2

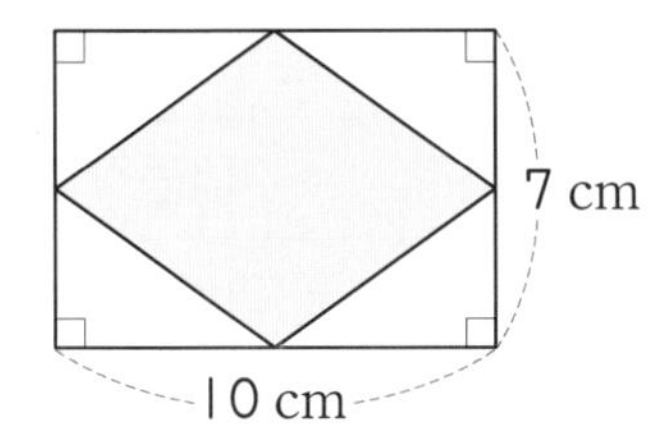

➡ (마름모의 넓이) = (직사각형의 넓이) ÷ 2
= 10 × ☐ ÷ ☐
= ☐ (cm²)

3

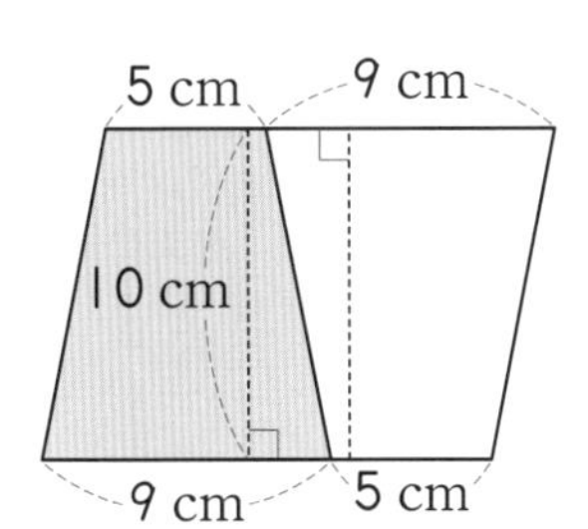

➡ (사다리꼴의 넓이)
= (평행사변형의 넓이) ÷ 2
= (5 + ☐) × ☐ ÷ ☐
= ☐ (cm²)

바빠 다지기 문제

✔ 다음을 구하세요.

1-1

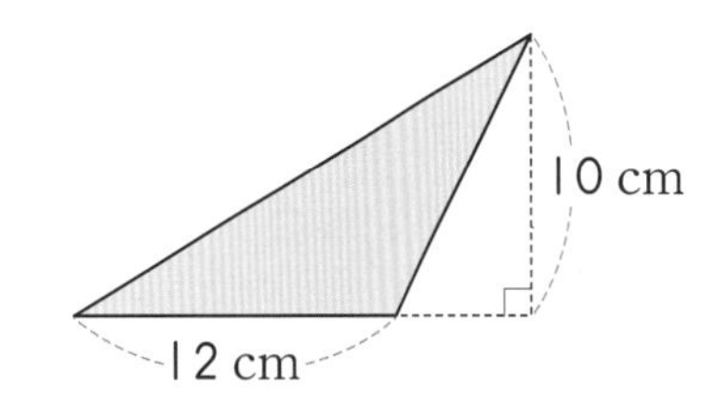

➡ (삼각형의 넓이) = ☐ cm²

2-1

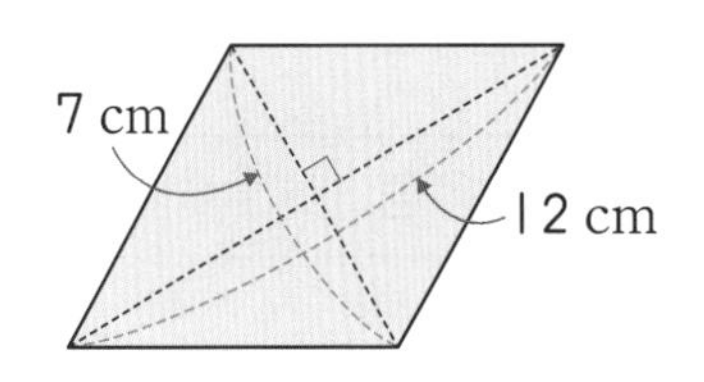

➡ (마름모의 넓이) = ☐ cm²

3-1

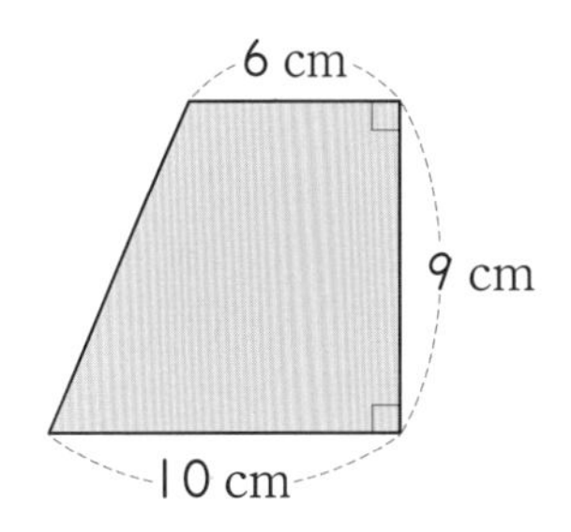

➡ (사다리꼴의 넓이) = ☐ cm²

평면도형

19 합동

중학 수학 연계 ··· 삼각형의 합동 조건, 도형의 닮음

합동: 모양과 크기가 같아서 포개었을 때 완전히 겹치는 두 도형을 서로 합동 이라고 합니다.

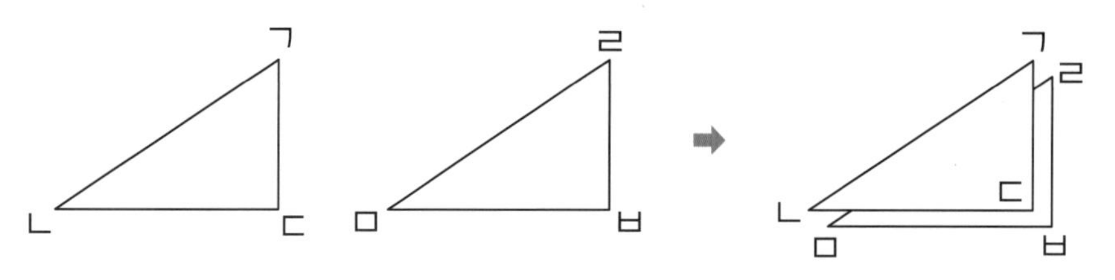

➡ 삼각형 ㄱㄴㄷ과 삼각형 ㄹㅁㅂ은 서로 합동입니다.

대응점, 대응변, 대응각

대응점	대응변	대응각
겹치는 점	겹치는 변	겹치는 각
점 ㄱ과 점 ㄹ 점 ㄴ과 점 ㅂ 점 ㄷ과 점 ㅁ	변 ㄱㄴ과 변 ㄹㅂ 변 ㄴㄷ과 변 ㅂㅁ 변 ㄱㄷ과 변 ㄹㅁ	각 ㄱㄴㄷ과 각 ㄹㅂㅁ 각 ㄱㄷㄴ과 각 ㄹㅁㅂ 각 ㄴㄱㄷ과 각 ㅂㄹㅁ

서로 합동인 도형에서 각각의 대응변의 길이는 서로 같습니다.

서로 합동인 도형에서 각각의 대응각의 크기는 서로 같습니다.

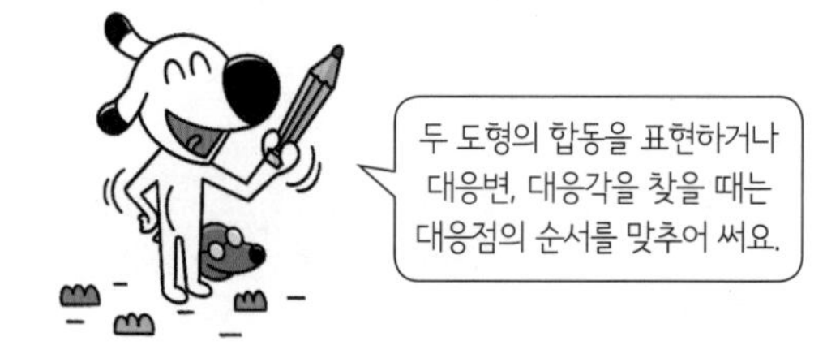

두 도형의 합동을 표현하거나
대응변, 대응각을 찾을 때는
대응점의 순서를 맞추어 써요.

✔ 다음을 구하세요.

1

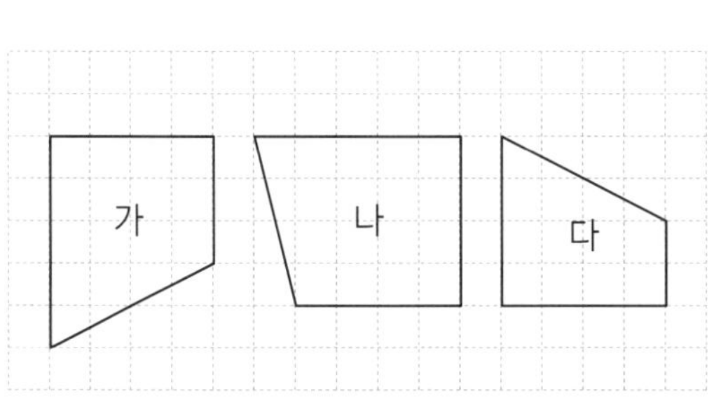

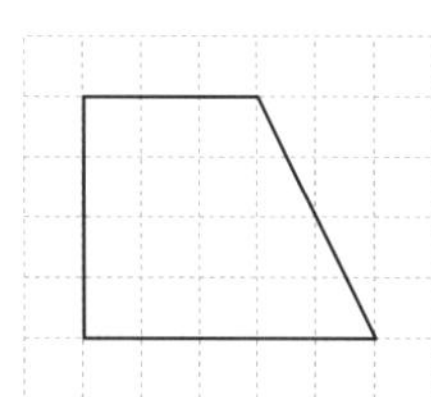

왼쪽 도형과 서로 합동인 도형은 ☐입니다.

2

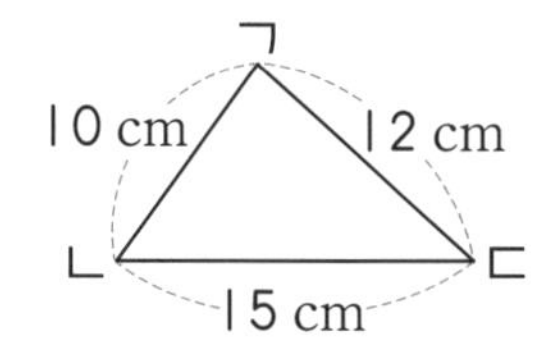

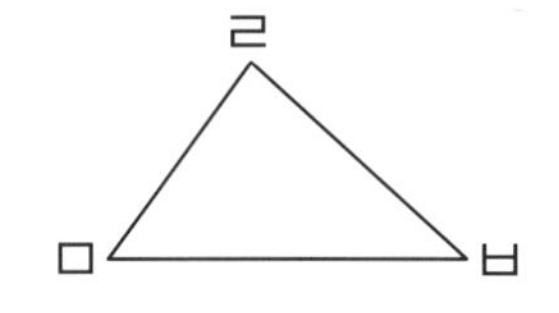

삼각형 ㄱㄴㄷ과 삼각형 ㄹㅁㅂ이 서로 합동일 때 변 ㄹㅂ의 대응변은 변 ☐입니다.

➡ (변 ㄹㅂ) = ☐ cm

3

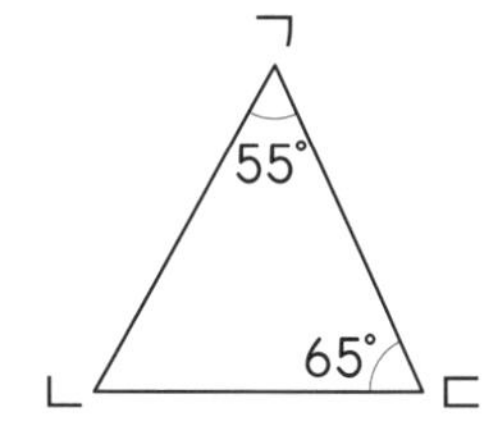

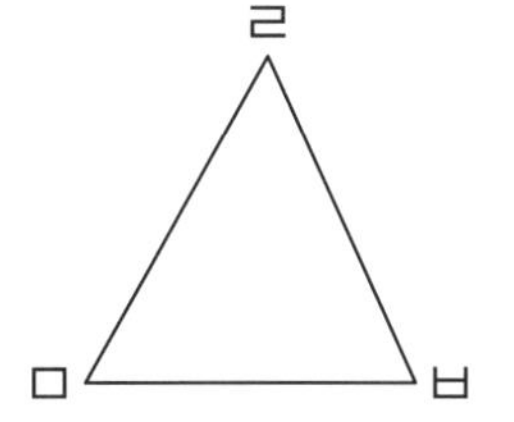

삼각형 ㄱㄴㄷ과 삼각형 ㄹㅁㅂ이 서로 합동일 때

(각 ㄹㅁㅂ) = (각 ☐)

= 180° − 55° − ☐°

= ☐°입니다.

바빠 다지기 문제

✔ 다음을 구하세요.

1-1

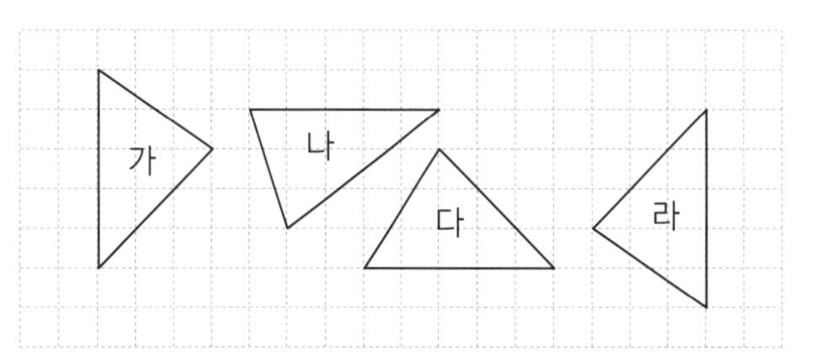

➡ 나머지 셋과 서로 합동이 아닌 도형은 ☐입니다.

2-1

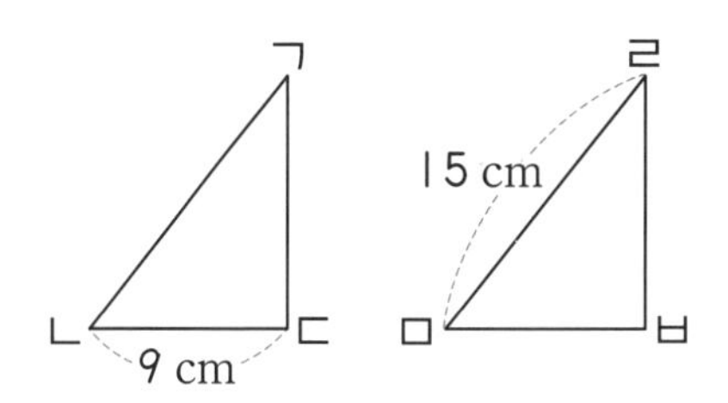

삼각형 ㄱㄴㄷ의 둘레가 35 cm이고
삼각형 ㄱㄴㄷ과 삼각형 ㄹㅁㅂ이 서로 합동일 때
(변 ㄹㅂ) = ☐ cm입니다.

3-1

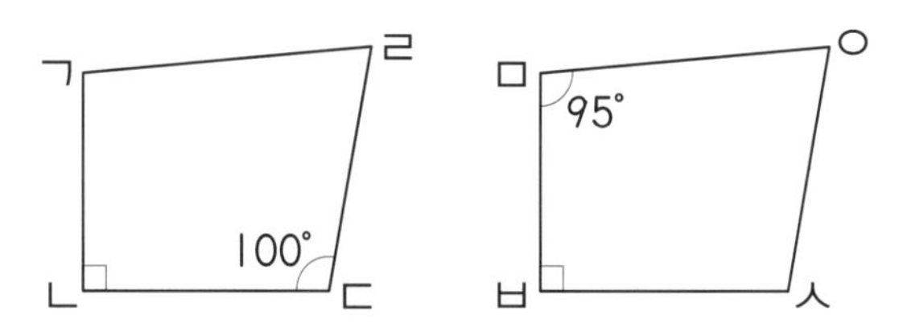

사각형 ㄱㄴㄷㄹ과 사각형 ㅁㅂㅅㅇ이 서로 합동일 때 (각 ㅁㅇㅅ) = ☐°입니다.

평면도형

20 원

원: 원의 중심에서 일정한 거리에 있는 점 들을 이어서 만든 도형

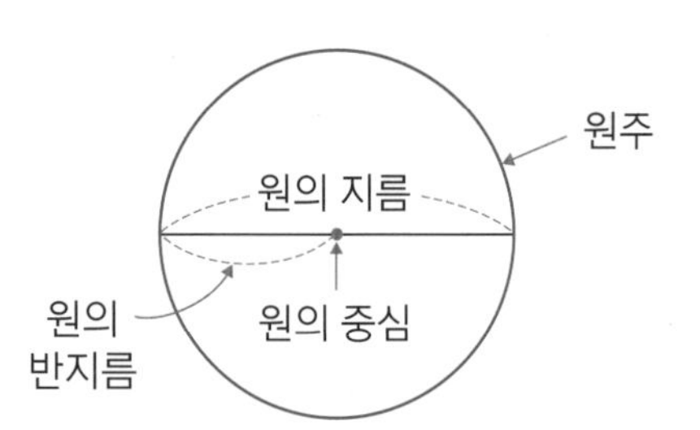

- 원의 중심: 원의 한가운데에 있는 점
- 반지름: 원의 중심과 원 위의 한 점을 이은 선분
- 지름: 원 위의 두 점을 이은 선분 중 원의 중심을 지나는 선분
- 원주: 원의 둘레

원주율: 원의 지름에 대한 원주 의 비율

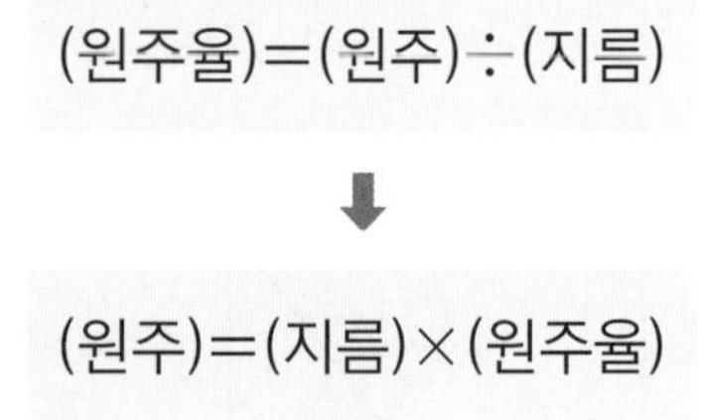

원주율은 3.141592653……과 같이 끝없이 계속 돼요.

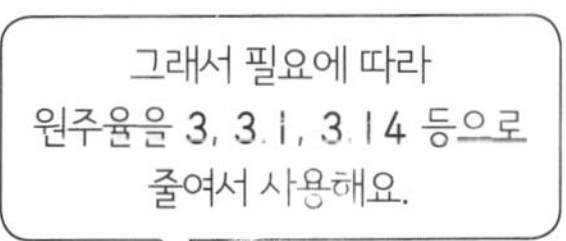

그래서 필요에 따라 원주율을 3, 3.1, 3.14 등으로 줄여서 사용해요.

원의 넓이

원의 넓이는 원을 한없이 잘게 잘라 이어 붙여 만든 직사각형의 넓이와 같습니다.

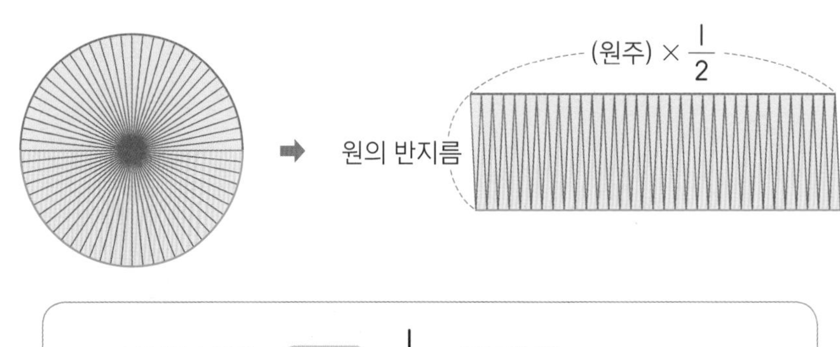

(원의 넓이)=(원주)$\times\frac{1}{2}\times$(반지름)

=(원주율)×(지름)$\times\frac{1}{2}\times$(반지름)

➡ (원의 넓이)=(반지름)×(반지름)×(원주율)

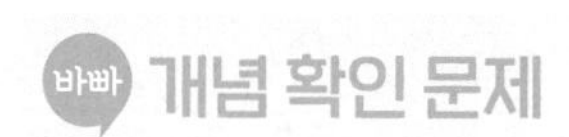

✔ 다음을 구하세요.

1

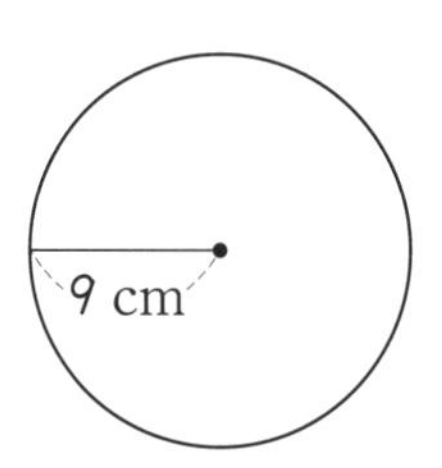

➡ (지름) = ☐ × 2 = ☐ (cm)

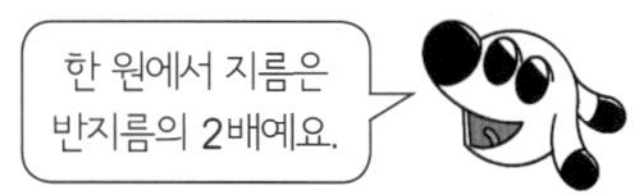

2

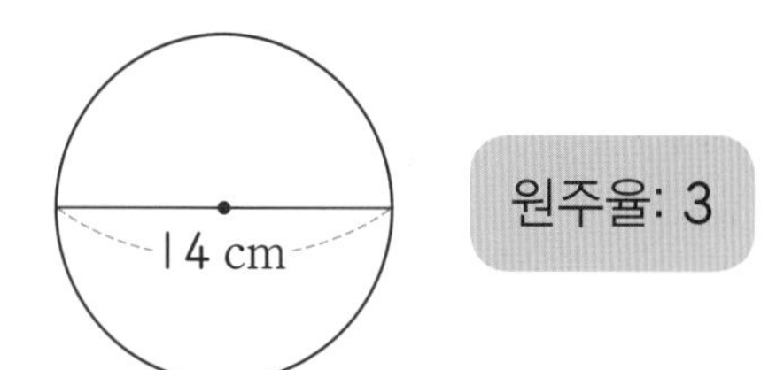

➡ (원주) = (지름) × (원주율)

= ☐ × ☐

= ☐ (cm)

3

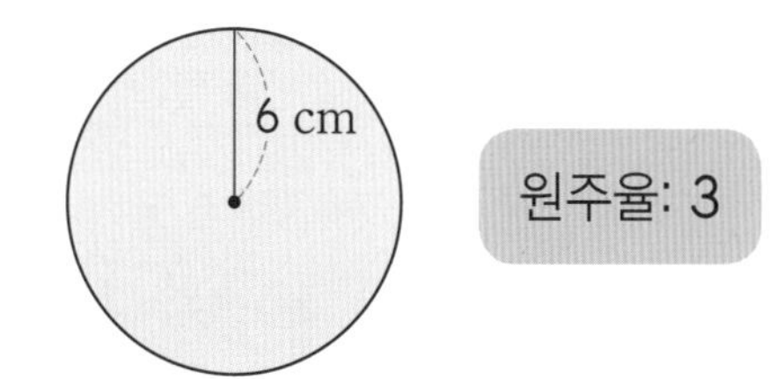

➡ (원의 넓이) = (반지름) × (반지름) × (원주율)

= ☐ × ☐ × ☐

= ☐ (cm^2)

바빠 다지기 문제

✔ 다음을 구하세요.

1-1

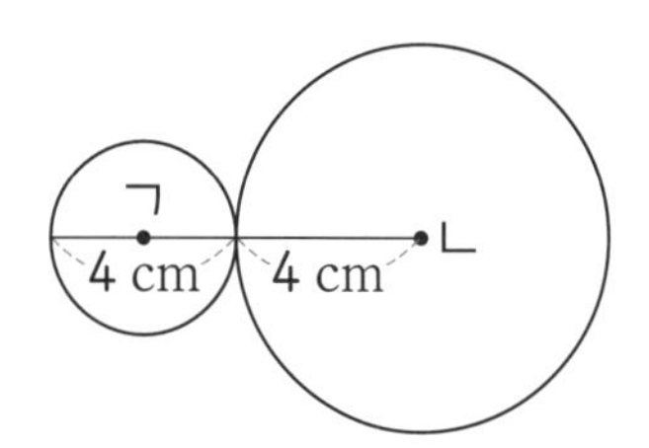

➡ (선분 ㄱㄴ) = ☐ cm

2-1

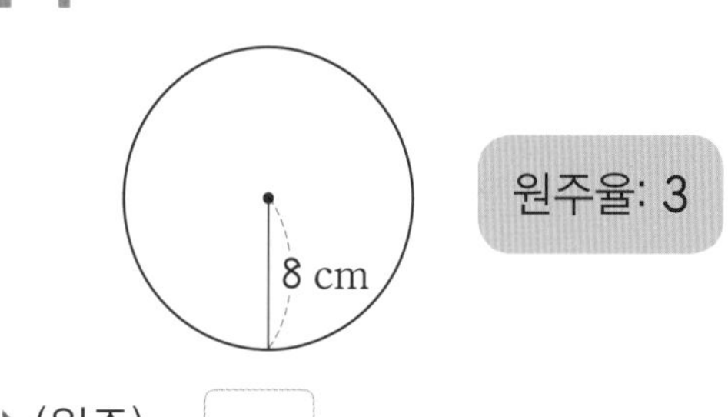

➡ (원주) = ☐ cm

3-1

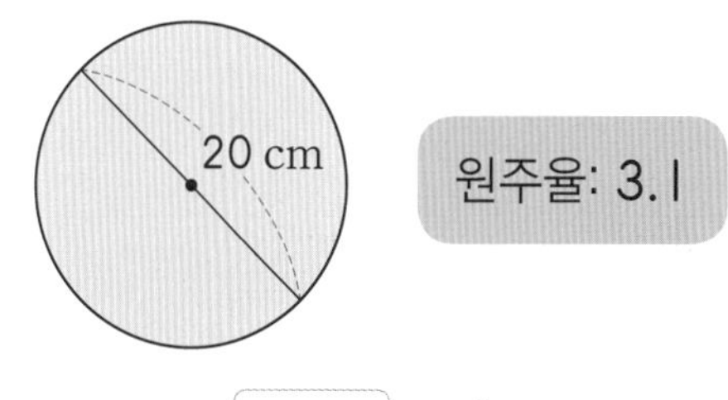

➡ (원의 넓이) = ☐ cm^2

1 도형에서 각 ㄱㄷㄹ의 크기를 구하세요.

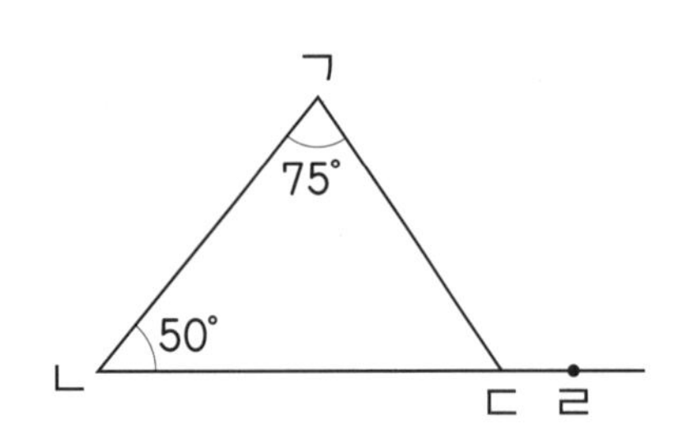

구할 수 있는 각도부터 순서대로 구한 다음 °를 꼭 붙여요.

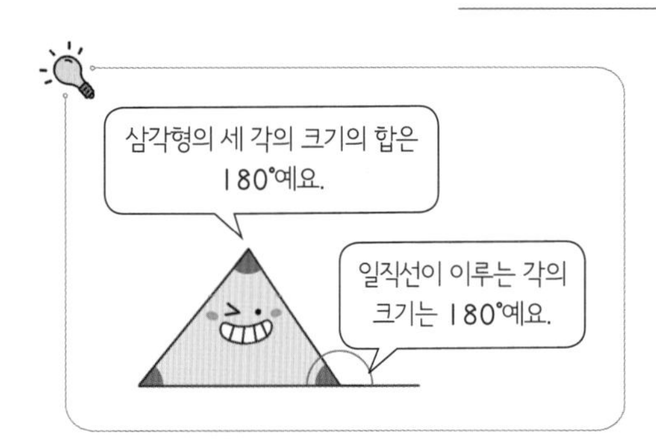

삼각형의 세 각의 크기의 합은 180°예요.
일직선이 이루는 각의 크기는 180°예요.

2 길이가 55 cm인 철사를 겹치지 않게 모두 사용하여 정오각형 한 개를 만들었습니다. 만든 정오각형의 한 변의 길이는 몇 cm인가요?

정다각형은 변의 길이가 모두 같고 각의 크기가 모두 같은 다각형이에요.

배운 평면도형에서 정다각형, 마름모는 모든 변의 길이가 같아요.

★도형의 특징을 이용해 문제를 풀어요.
★다각형의 넓이 또는 원의 넓이가 주어질 때, 모르는 길이를 □cm라 하고 식을 구해요.

3 평행사변형 ㄱㄴㄷㄹ의 넓이가 48 cm^2일 때 변 ㄹㄷ의 길이는 몇 cm 인가요?

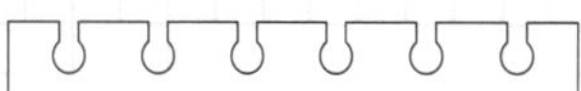

(평행사변형의 넓이)
=(밑변의 길이)×(높이)

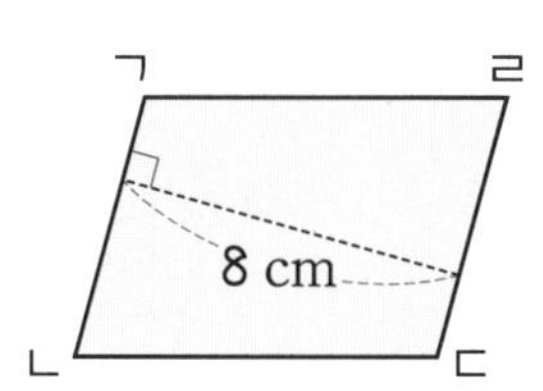
ㄱ
ㄹ
8 cm
ㄴ
ㄷ

변 ㄹㄷ의 길이를 □cm라 하고 식을 구할 수 있어요.

4 삼각형 ㄱㄴㄷ과 삼각형 ㅁㄹㄷ은 서로 합동입니다. 각 ㄱㄷㅁ의 크기를 구하세요.

합동인 두 도형에서 각각의 대응각의 크기는 서로 같습니다.

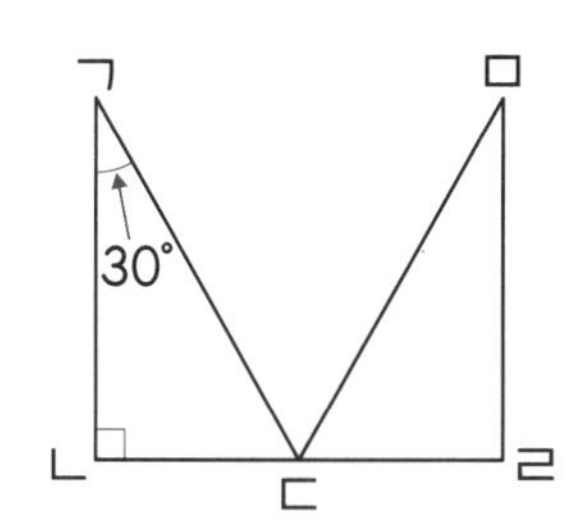
ㄱ
ㅁ
30°
ㄴ
ㄷ
ㄹ

ㄱ
ㅁ
ㄴ
ㄷ
ㄹ
합동인 두 도형의 방향이 다르거나 겹쳐 있어도 대응각을 찾아 비교하면 돼요.

5 넓이가 147 cm^2인 원 모양의 접시가 있습니다. 이 접시의 반지름은 몇 cm인가요? (원주율: 3)

(원의 넓이)
=(반지름)×(반지름)×(원주율)

평면도형 통과 문제 1

1

㉠의 각도를 구하세요.

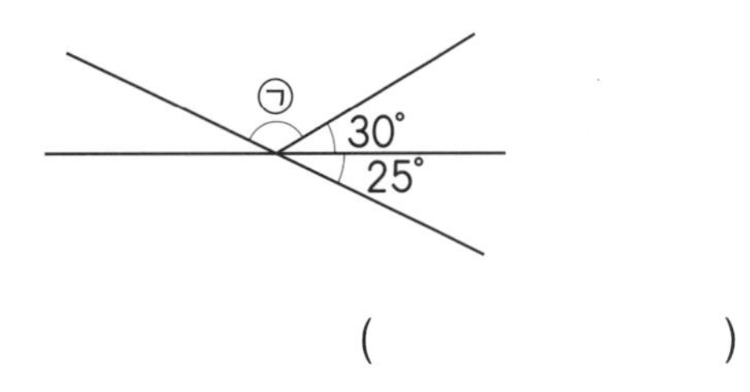

( )

2

도형에서 평행선 사이의 거리를 구하세요.

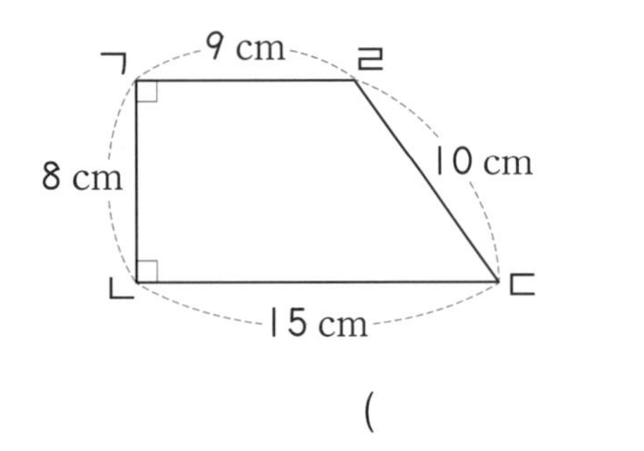

( )

정다각형은 변의 길이가 모두 같아요.
잊지 않았죠?

3

길이가 48 cm인 철사를 겹치지 않게 모두 사용하여 한 변의 길이가 6 cm인 정다각형을 만들었습니다. 만든 정다각형의 이름을 구하세요.

( )

4

직사각형의 넓이는 몇 m^2인지 구하세요.

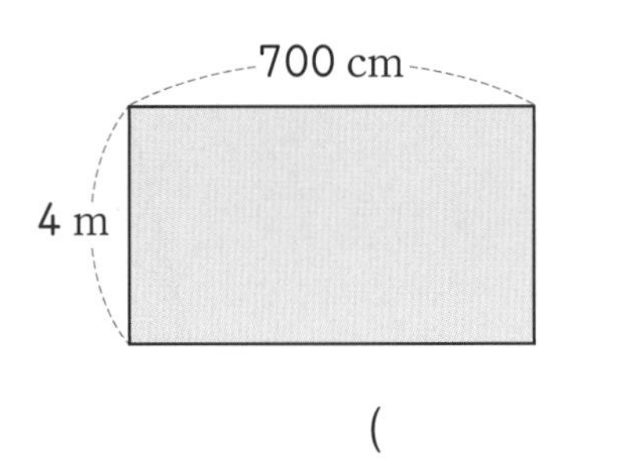

( )

5

삼각형의 이름으로 알맞은 것을 모두 찾아 기호를 쓰세요.

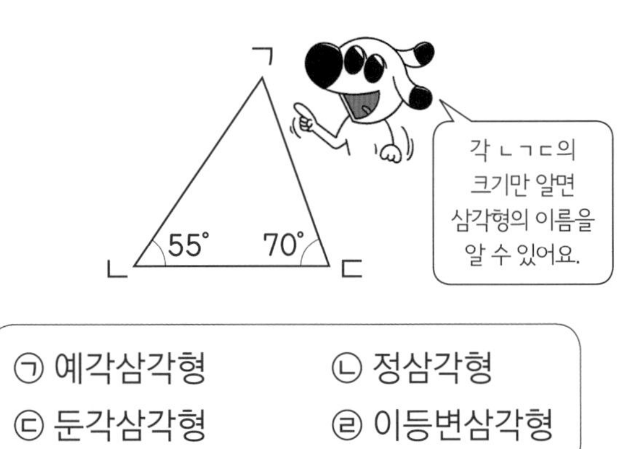

㉠ 예각삼각형	㉡ 정삼각형
㉢ 둔각삼각형	㉣ 이등변삼각형

( )

6

직사각형과 평행사변형의 둘레가 같을 때, □ 안에 알맞은 수를 써넣으세요.

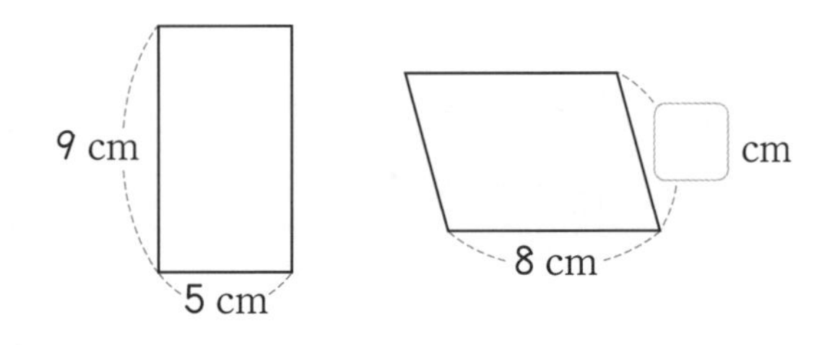

7

사각형에 대한 설명 중 틀린 것은 어느 것인가요? (   )

① 직사각형은 평행사변형입니다.
② 마름모는 평행사변형입니다.
③ 정사각형은 사다리꼴입니다.
④ 사다리꼴은 평행사변형입니다.
⑤ 정사각형은 마름모입니다.

8

두 사각형은 서로 합동입니다. 사각형 ㄱㄴㄷㄹ의 둘레가 20 cm일 때, 변 ㅁㅇ의 길이는 몇 cm인지 구하세요.

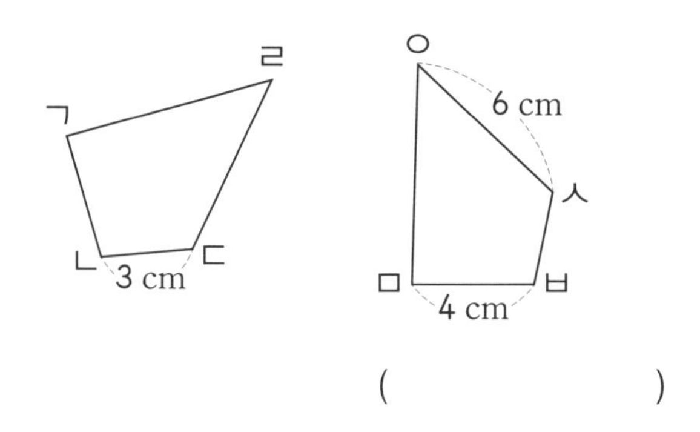

(   )

9

마름모 나의 넓이는 마름모 가의 넓이의 몇 배인지 구하세요.

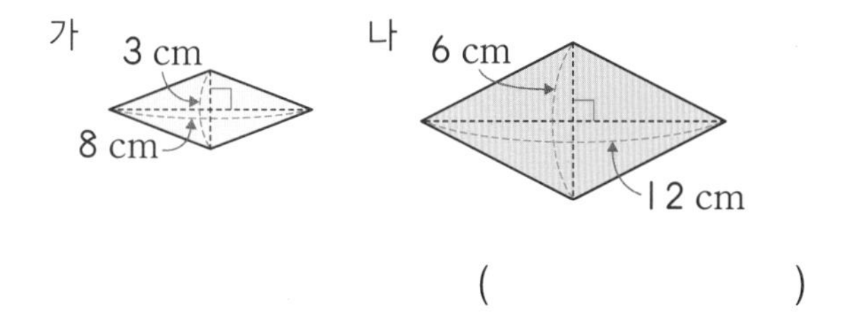

(   )

10

삼각형 ㄱㄴㄷ의 세 변의 길이의 합은 45 cm입니다. 이 삼각형의 넓이는 몇 cm^2인지 구하세요.

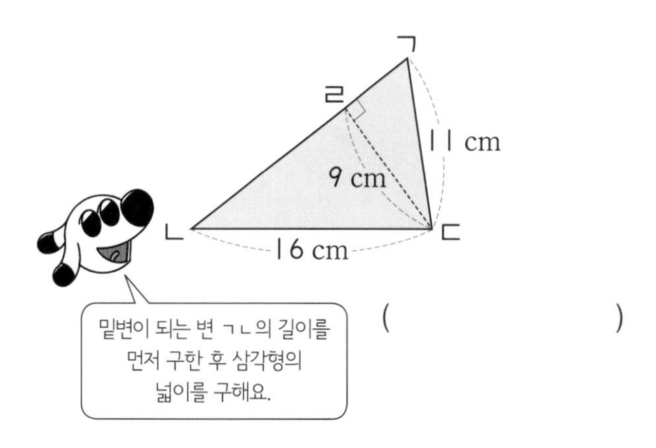

(   )

11

가장 큰 원을 찾아 기호를 쓰세요. (원주율: 3.1)

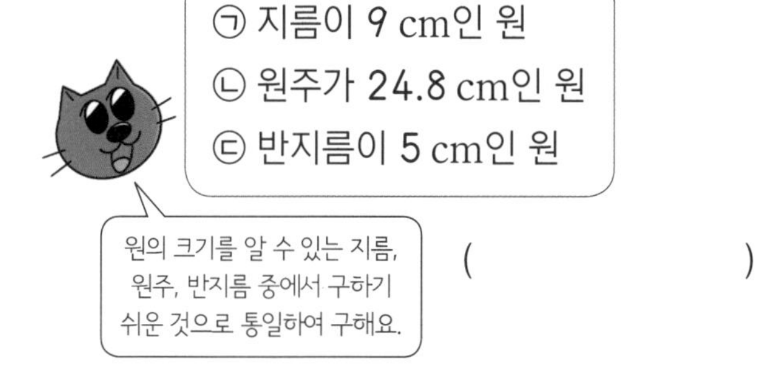

㉠ 지름이 9 cm인 원
㉡ 원주가 24.8 cm인 원
㉢ 반지름이 5 cm인 원
원의 크기를 알 수 있는 지름, 원주, 반지름 중에서 구하기 쉬운 것으로 통일하여 구해요.

(   )

12

넓이가 75 cm^2인 원 모양의 거울이 있습니다. 이 거울의 반지름은 몇 cm인지 구하세요. (원주율: 3)

(   )

평면도형 통과 문제 2

1

두 직각 삼각자를 이어 붙여서 각을 만들었습니다. ㉠의 각도를 구하세요.

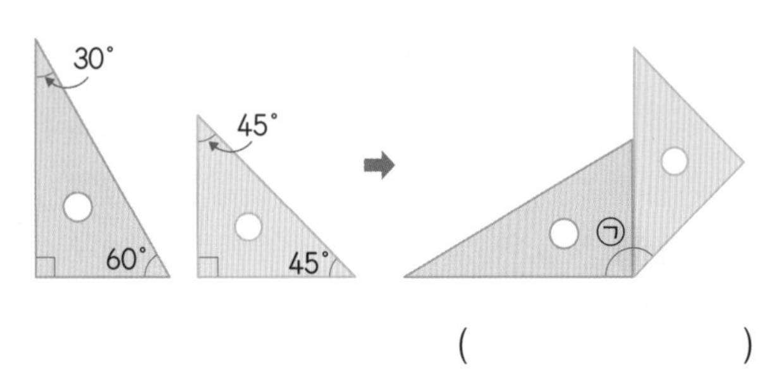

(　　　　　　)

2

삼각형 ㄱㄴㄷ은 이등변삼각형입니다. 이 삼각형의 둘레가 24 cm일 때 변 ㄱㄷ의 길이는 몇 cm인지 구하세요.

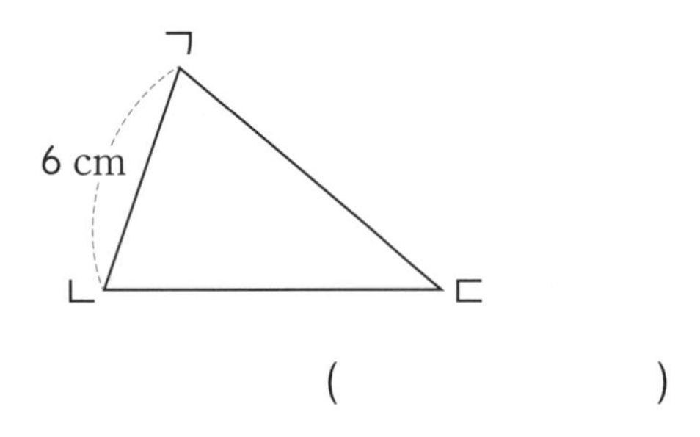

(　　　　　　)

3

직선 가, 나, 다가 서로 평행할 때, 직선 가와 직선 다 사이의 거리를 구하세요.

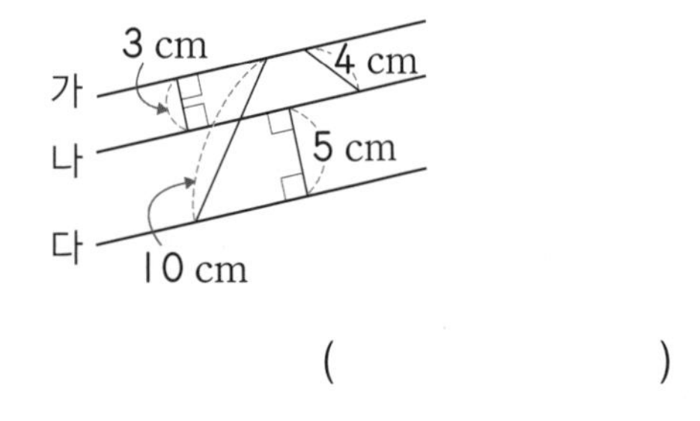

(　　　　　　)

4

길이가 128 cm인 끈을 겹치지 않게 모두 사용하여 마름모 한 개를 만들었습니다. 이 마름모의 한 변의 길이는 몇 cm인지 구하세요.

(　　　　　　)

5

도형에서 각 ㄹㄷㅁ의 크기를 구하세요.

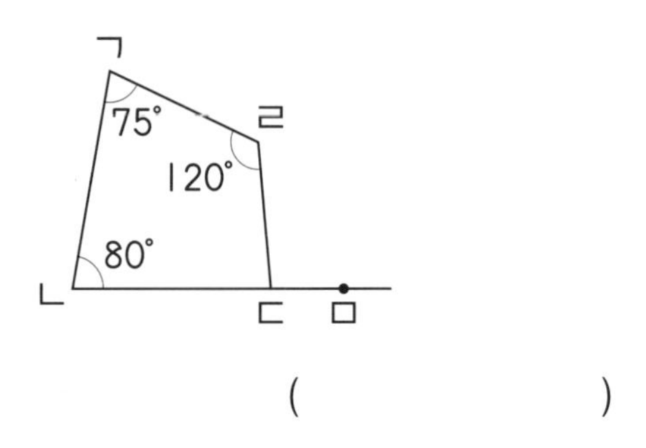

(　　　　　　)

6

크기가 다른 직사각형 모양의 종이띠 2장을 겹친 것입니다. 겹친 부분의 이름이 될 수 있는 것을 모두 고르세요. (　　　　)

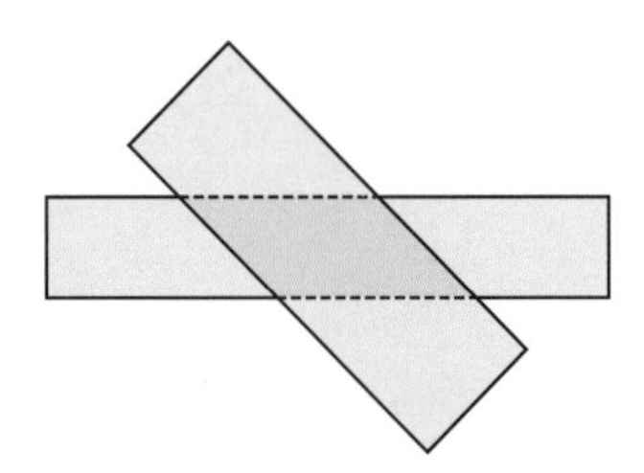

① 직사각형　② 마름모　③ 정사각형
④ 사다리꼴　⑤ 평행사변형

7

정사각형과 직사각형의 넓이가 같을 때 직사각형의 가로는 몇 cm인지 구하세요.

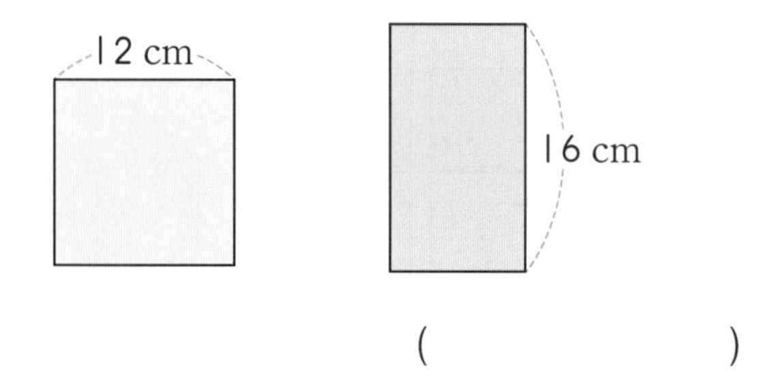

(　　　　　　)

8

대각선에 대한 설명 중 틀린 것은 어느 것인가요? (　　)

① 마름모의 두 대각선은 서로 수직으로 만납니다.
② 정사각형의 두 대각선은 길이가 같습니다.
③ 직사각형의 두 대각선은 서로 수직으로 만납니다.
④ 평행사변형의 한 대각선은 다른 대각선을 똑같이 둘로 나눕니다.
⑤ 정사각형의 한 대각선은 다른 대각선을 똑같이 둘로 나눕니다.

9

원 안에 그을 수 있는 가장 긴 선분의 길이가 18 cm인 원의 넓이는 몇 cm^2인지 구하세요.
(원주율: 3)

(　　　　　　)

10

사다리꼴의 넓이가 54 cm^2일 때 변 ㄷㄹ의 길이는 몇 cm인지 구하세요.

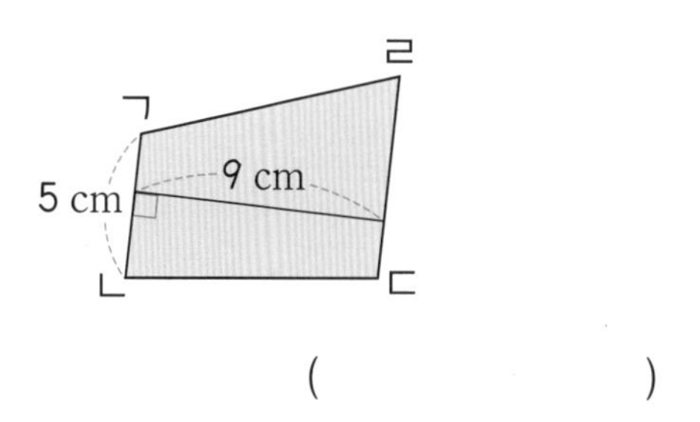

(　　　　　　)

11

반지름이 12 cm인 바퀴를 몇 바퀴 굴렸습니다. 바퀴가 굴러간 거리가 1116 cm일 때, 바퀴를 몇 바퀴 굴렸는지 구하세요. (원주율: 3.1)

(　　　　　　)

12

삼각형 ㄱㄴㄷ과 삼각형 ㄹㄷㄴ은 서로 합동입니다. 각 ㅁㄷㄹ의 크기를 구하세요.

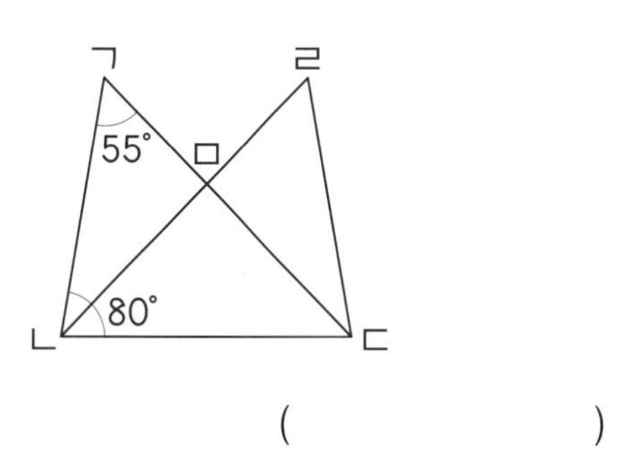

(　　　　　　)

입체도형

21 직육면체와 정육면체

직육면체와 정육면체

• 직육면체: 직사각형 6개로 둘러싸인 도형

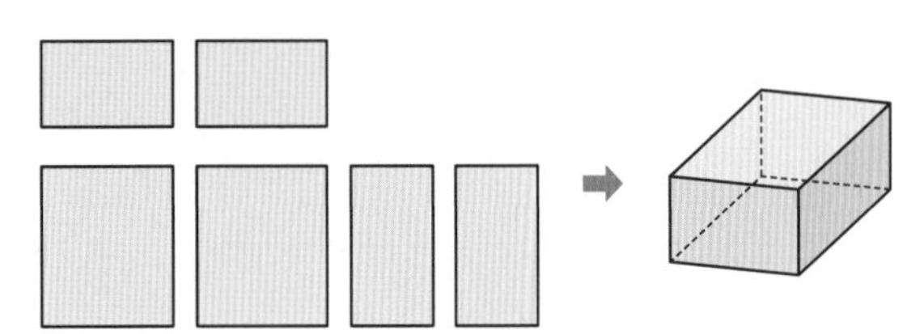

• 정육면체: 정사각형 6개로 둘러싸인 도형

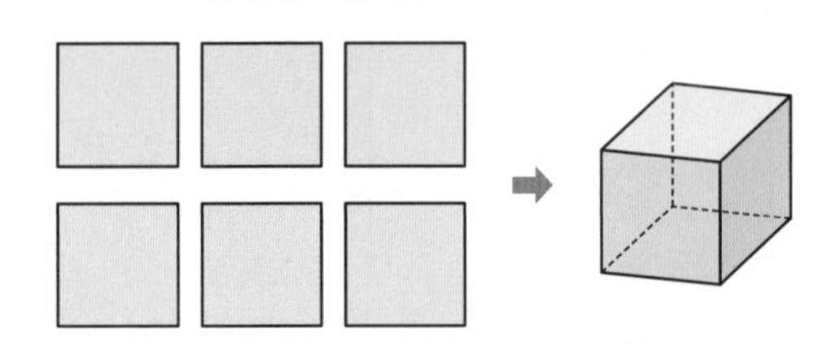

정육면체는 직육면체라고
할 수 있어요.

직육면체의 구성 요소

• 면: 선분으로 둘러싸인 부분 ➡ 6개

• 모서리: 면과 면이 만나는 선분 ➡ 12개

• 꼭짓점: 모서리와 모서리가 만나는 점 ➡ 8개

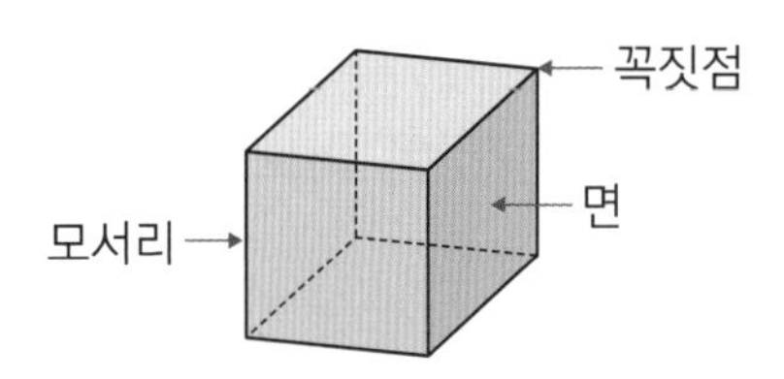

직육면체의 밑면과 옆면

• 밑면: 서로 마주 보고 있는 평행한 두 면

• 옆면: 밑면과 수직인 면

직육면체에는 평행한 면이 3쌍 있고
이 평행한 면은 각각 밑면이 될 수 있어요.

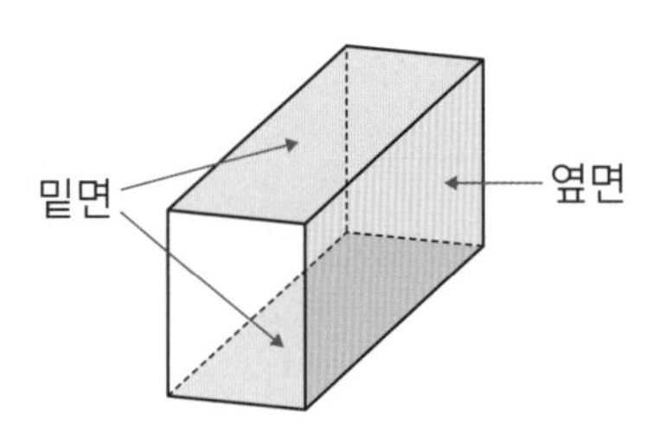

직육면체의 전개도: 직육면체의 모서리를 잘라서 펼친 그림

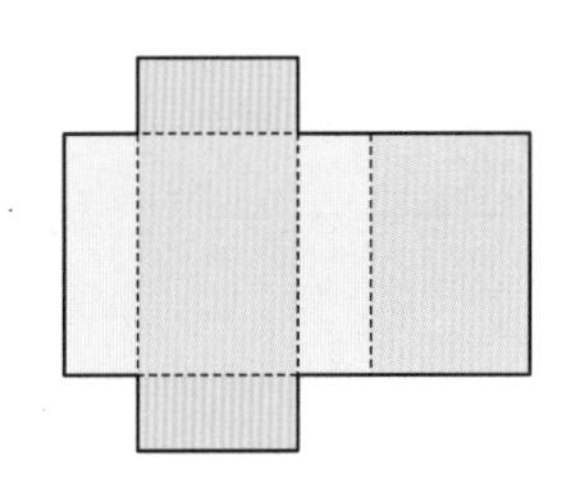

색이 같은 면끼리
모양과 크기가 같고
서로 평행해요.

바빠 개념 확인 문제

✔ 다음을 구하세요.

1

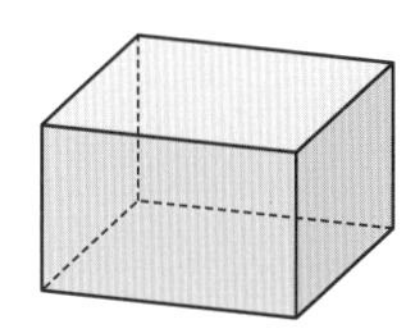

➡ 직육면체의 면은 ☐개, 모서리는 ☐개, 꼭짓점은 ☐개입니다.

2

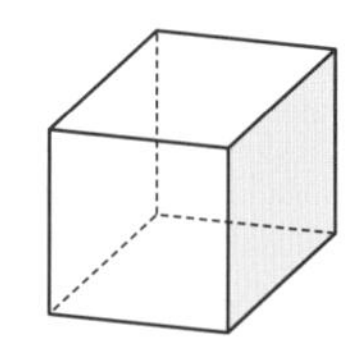

➡ 색칠한 면과 수직으로 만나는 면은 모두 ☐개입니다.

3

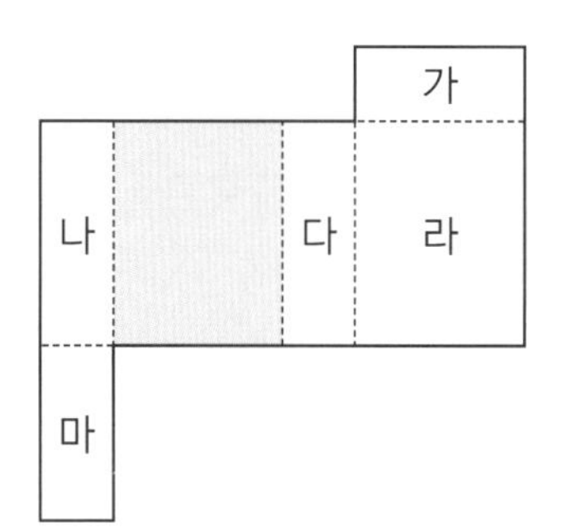

➡ 색칠한 면과 평행한 면은 면 ☐입니다.

바빠 다지기 문제

✔ 다음을 구하세요.

1-1

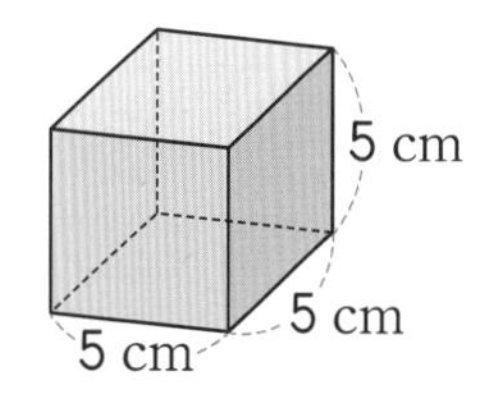

➡ (정육면체의 모든 모서리의 길이의 합)

= ☐ cm

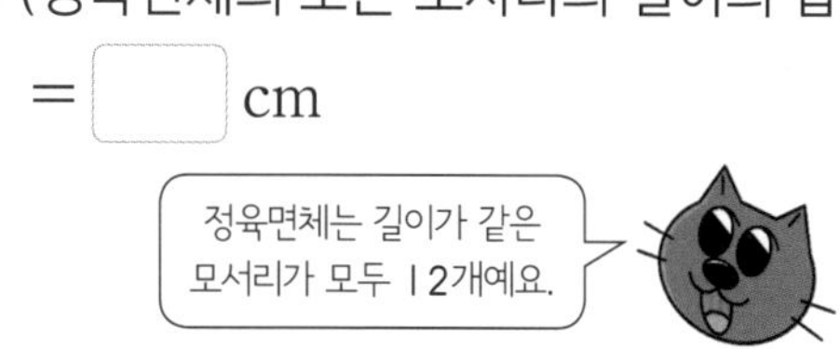

2-1

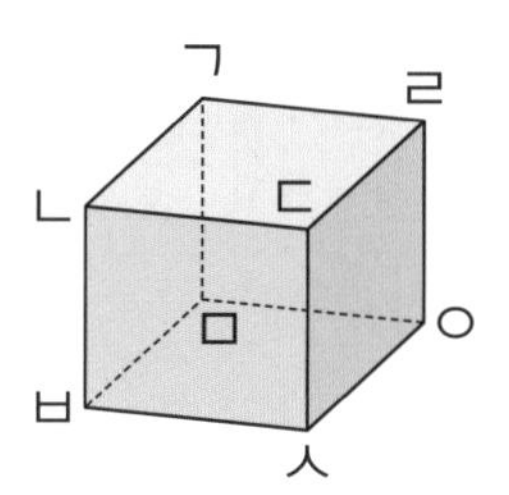

➡ 면 ㄴㅂㅅㄷ과 평행한 면: ____________

3-1

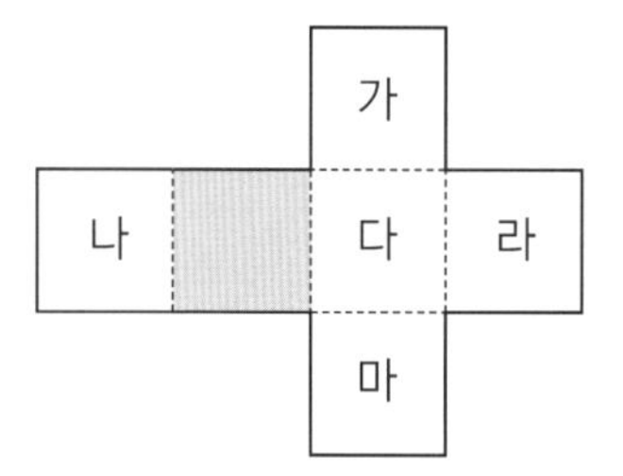

➡ 색칠한 면과 수직으로 만나는 면을 모두 찾아 쓰면 ____________ 입니다.

입체도형

22 직육면체의 부피와 겉넓이

부피의 단위

• 1 cm^3 : 한 모서리의 길이가 1 cm인 정육면체의 부피

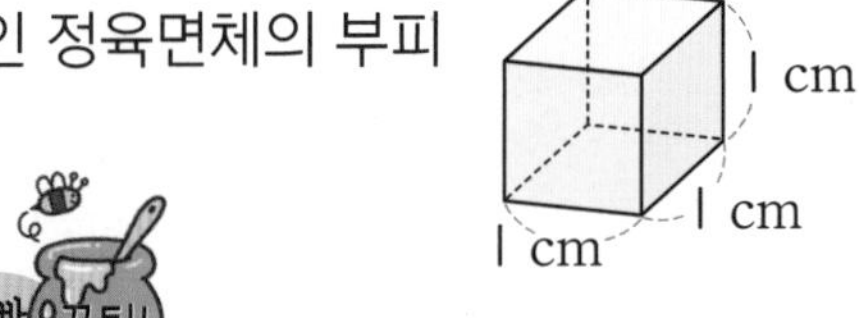

1 m = 100 cm　　1 m^2 = 10000 cm^2　　1 m^3 = 1000000 cm^3

직육면체와 정육면체의 부피

• 직육면체의 부피

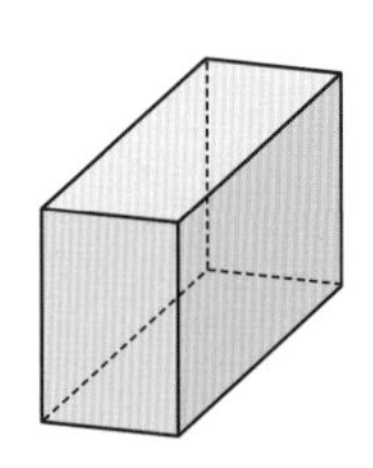

(직육면체의 부피)
=(가로)×(세로)×(높이)

• 정육면체의 부피

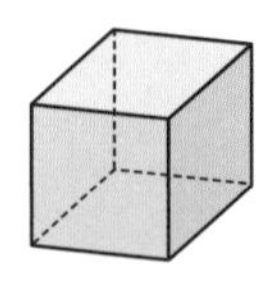

(정육면체의 부피)
=(한 모서리의 길이)×(한 모서리의 길이)
×(한 모서리의 길이)

직육면체와 정육면체의 겉넓이

• 직육면체의 겉넓이

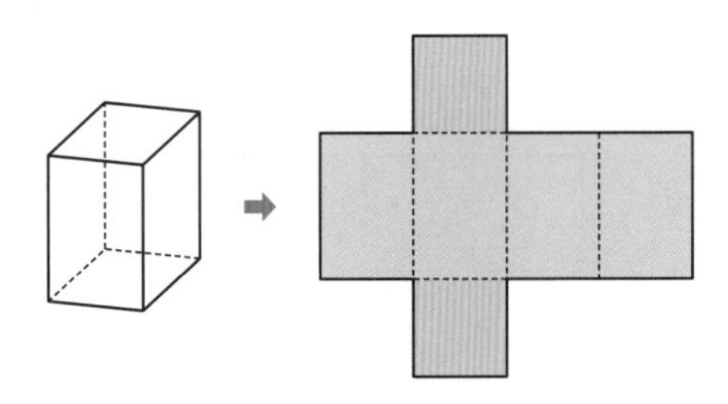

(직육면체의 겉넓이)
=(두 밑면의 넓이)+(옆면의 넓이)

• 정육면체의 겉넓이

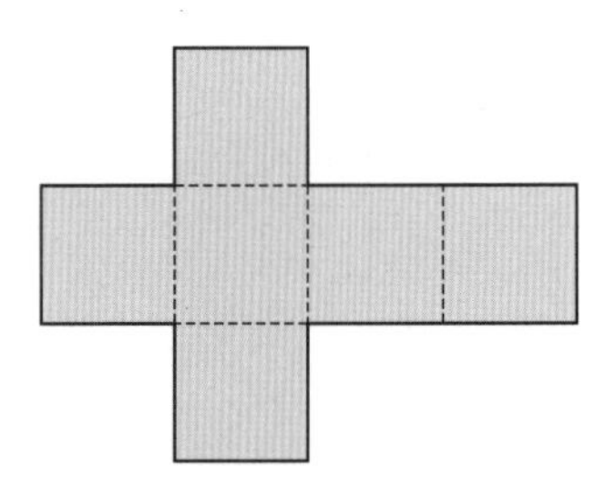

(정육면체의 겉넓이)
=(한 면의 넓이)×6

✔ 다음을 구하세요.

1

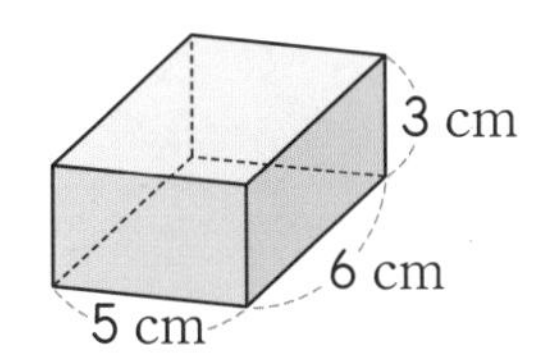

➡ (직육면체의 부피) = 5 × ☐ × ☐

= ☐ (cm^3)

2

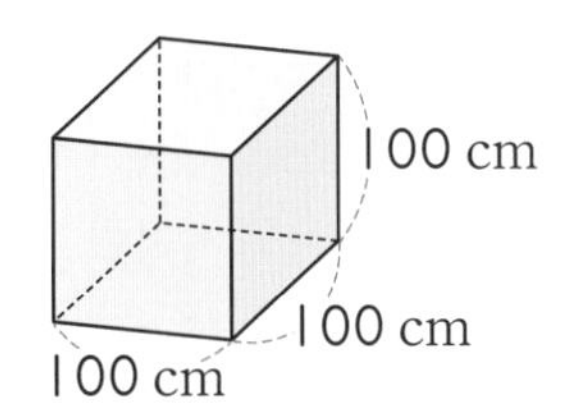

➡ (정육면체의 부피)

= ☐ cm^3

= ☐ m^3

3

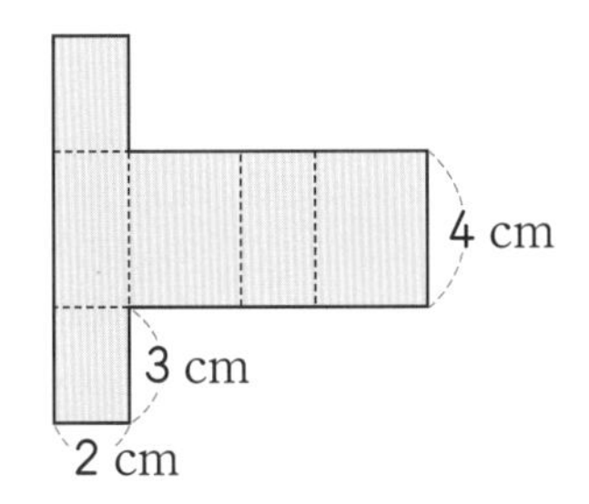

➡ (직육면체의 겉넓이)

= (두 밑면의 넓이) + (옆면의 넓이)

= 2 × ☐ × 2 + (2 + 3 + 2 + 3) × ☐

= ☐ + ☐ = ☐ (cm^2)

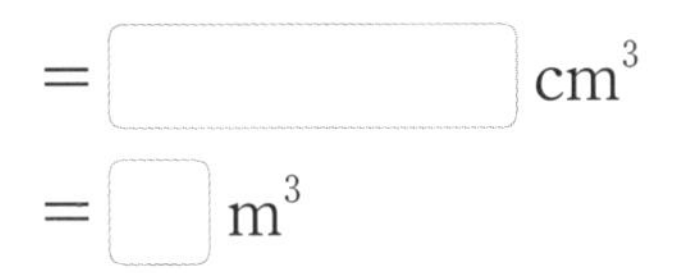

바빠 다지기 문제

✔ 다음을 구하세요.

1-1

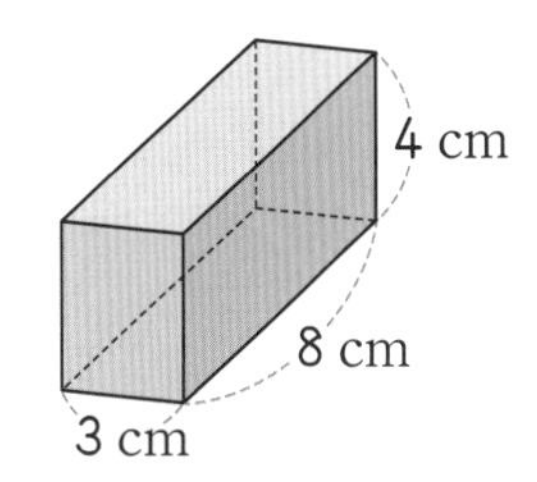

➡ (직육면체의 부피) = ☐ cm^3

2-1

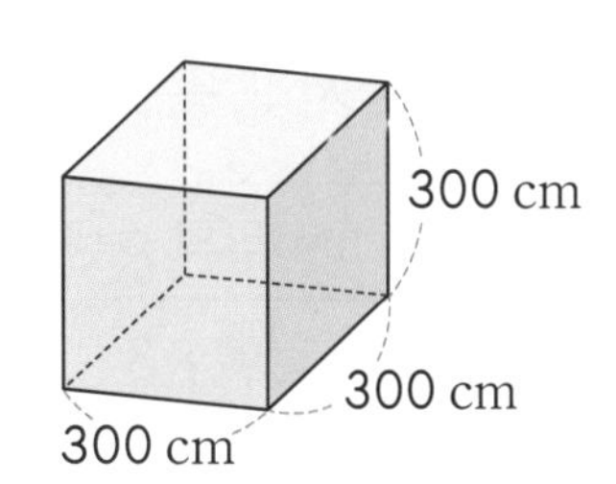

➡ (정육면체의 부피)

= ☐ cm^3

= ☐ m^3

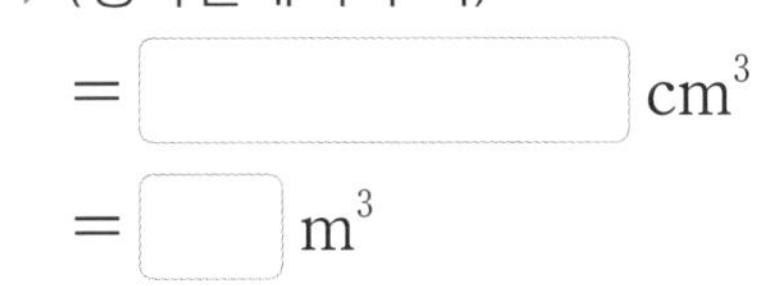

3-1

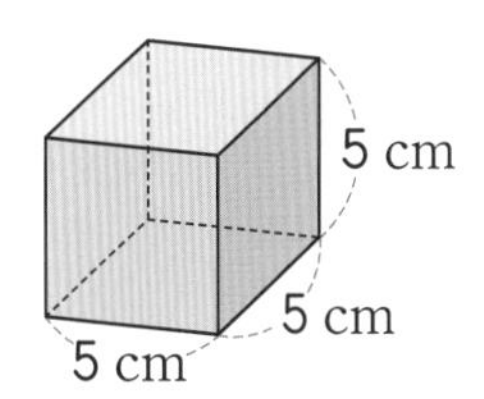

➡ (정육면체의 겉넓이)

= (한 면의 넓이) × ☐

= 5 × ☐ × ☐

= ☐ (cm^2)

입체도형

23 각기둥과 각뿔

각기둥: 두 면이 서로 평행 하고 합동 인 다각형으로 이루어진 기둥 모양의 입체도형

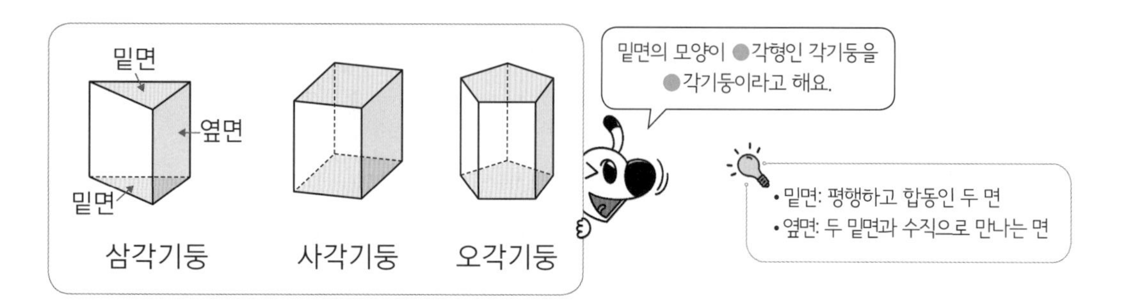

- 밑면: 평행하고 합동인 두 면
- 옆면: 두 밑면과 수직으로 만나는 면

각기둥의 구성 요소

- 높이: 두 밑면 사이의 거리
- ●각기둥의 면, 모서리, 꼭짓점의 수

면의 수(개)	모서리의 수(개)	꼭짓점의 수(개)
●+2	●×3	●×2

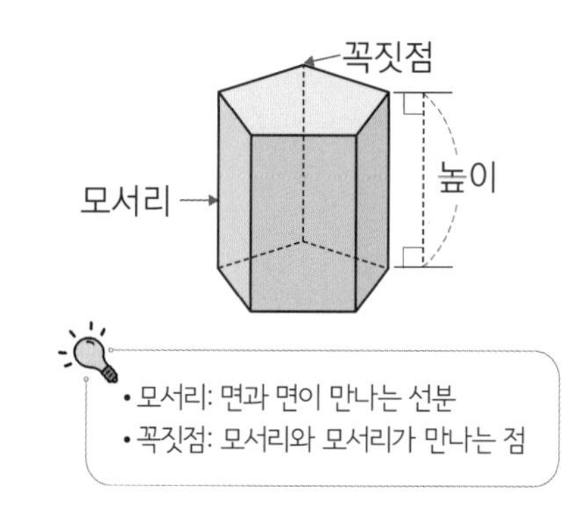

- 모서리: 면과 면이 만나는 선분
- 꼭짓점: 모서리와 모서리가 만나는 점

각뿔: 한 면이 다각형이고 다른 면이 모두 삼각형 인 입체도형

- 밑면: 각뿔을 놓았을 때 바닥에 놓인 면
- 옆면: 밑면과 만나는 면

각뿔의 구성 요소

- 각뿔의 꼭짓점: 꼭짓점 중에서 옆면이 모두 만나는 점
- 높이: 각뿔의 꼭짓점에서 밑면에 수직으로 그은 선분의 길이
- ●각뿔의 면, 모서리, 꼭짓점의 수

면의 수(개)	모서리의 수(개)	꼭짓점의 수(개)
●+1	●×2	●+1

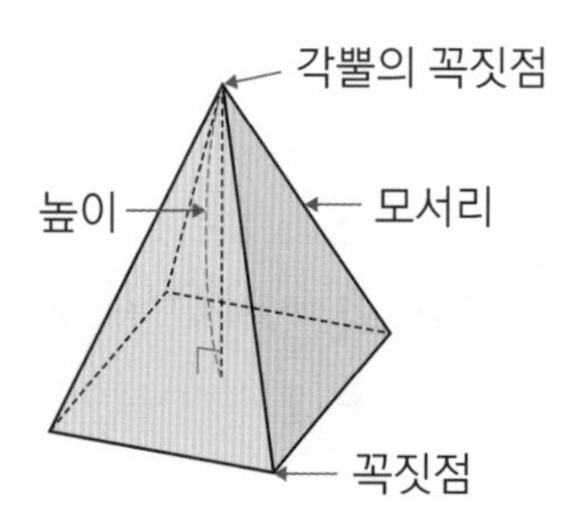

✔ 다음을 구하세요.

1

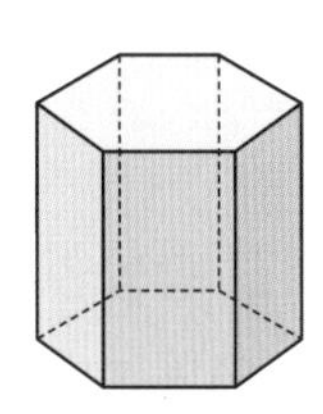

➡ 밑면의 모양: ☐

각기둥의 이름: ☐

2

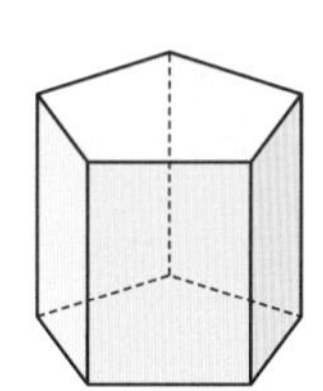

➡ (모서리의 수) = 5 × ☐ = ☐ (개)

(꼭짓점의 수) = 5 × ☐ = ☐ (개)

3

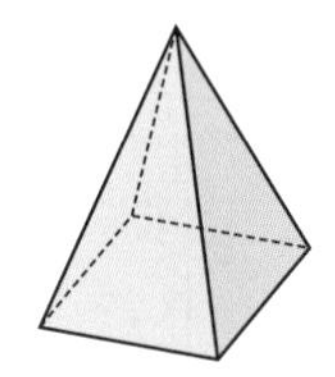

➡ (모서리의 수) = 4 × ☐ = ☐ (개)

(꼭짓점의 수) = 4 + ☐ = ☐ (개)

바빠 다지기 문제

✔ 다음을 구하세요.

1-1

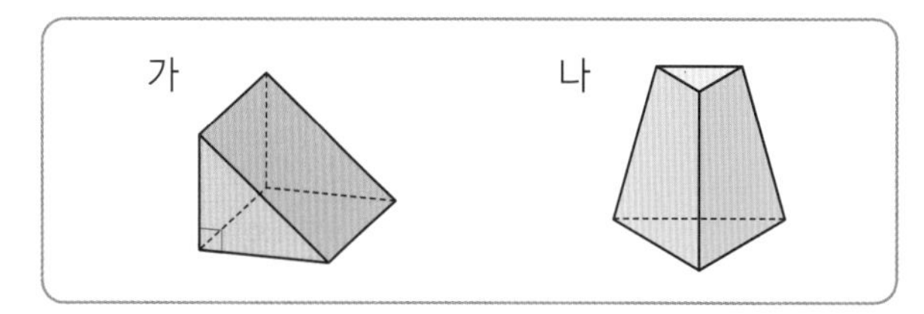

➡ 각기둥을 찾으면 ☐ 이고, 그 이름은 ☐ 입니다.

2-1

칠각기둥	
면의 수(개)	
모서리의 수(개)	
꼭짓점의 수(개)	

3-1

구각뿔	
면의 수(개)	
모서리의 수(개)	
꼭짓점의 수(개)	

입체도형

24 원기둥, 원뿔, 구

원기둥: 마주 보는 두 면이 서로 평행 하고 합동 인 원으로 된 둥근 기둥 모양의 입체도형

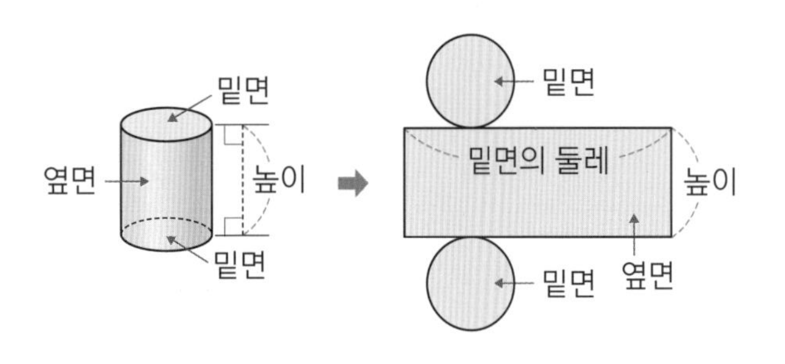

- 밑면: 서로 평행하고 합동인 면
- 옆면: 두 밑면과 만나는 면으로 굽은 면
- 높이: 두 밑면에 수직인 선분의 길이

원뿔: 평평한 면이 원 이고 옆을 둘러싼 면이 굽은 면인 뿔 모양의 입체도형

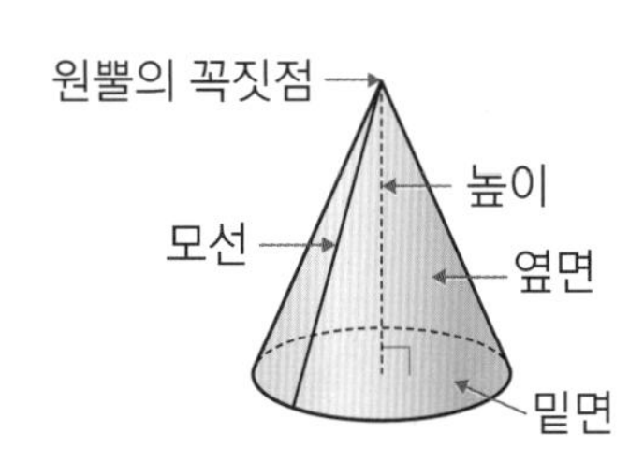

- 밑면: 평평한 면
- 옆면: 옆을 둘러싼 굽은 면
- 원뿔의 꼭짓점: 뾰족한 부분의 점
- 모선: 원뿔의 꼭짓점과 밑면인 원의 둘레의 한 점을 이은 선분
- 높이: 원뿔의 꼭짓점에서 밑면에 수직인 선분의 길이

구: 어느 쪽에서 보아도 똑같은 원 모양인 공 모양의 입체도형

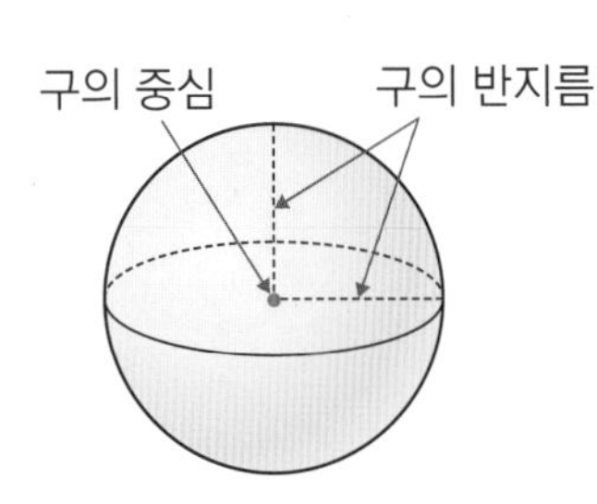

- 구의 중심: 가장 안쪽에 있는 점
- 구의 반지름: 구의 중심에서 구의 겉면의 한 점을 이은 선분

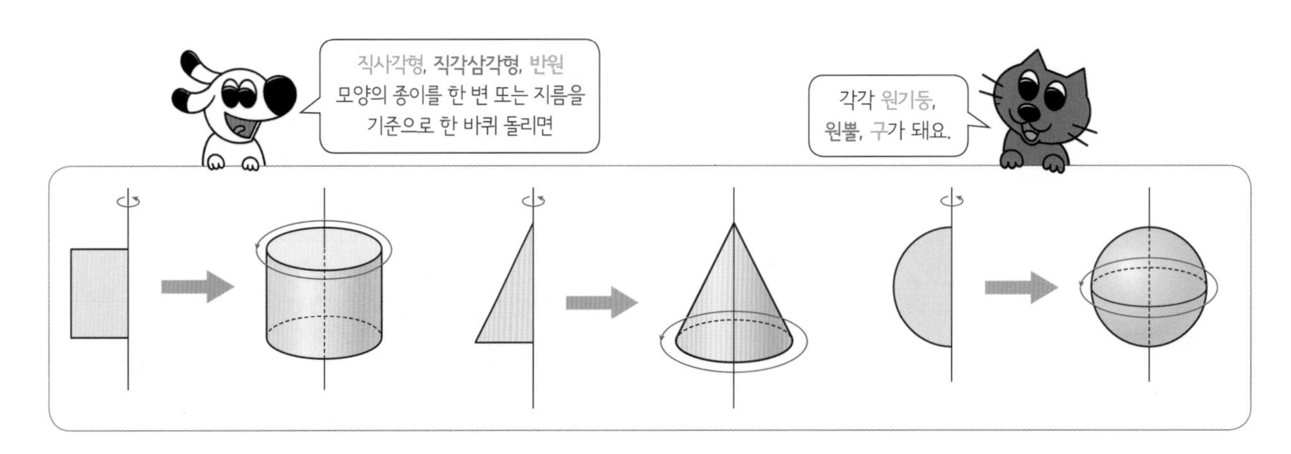

✔ 다음을 구하세요.

1

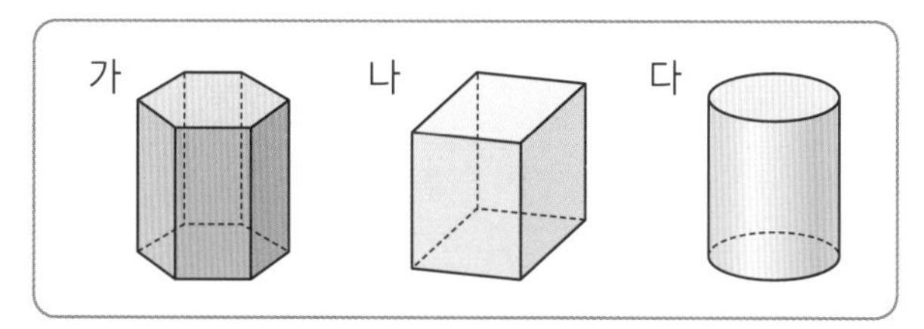

➡ 원기둥을 찾으면 ☐ 입니다.

2

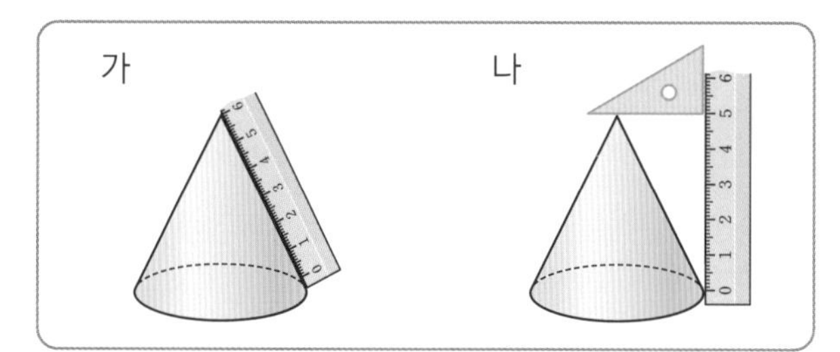

➡ 모선의 길이를 재는 방법을 찾으면 ☐ 입니다.

3

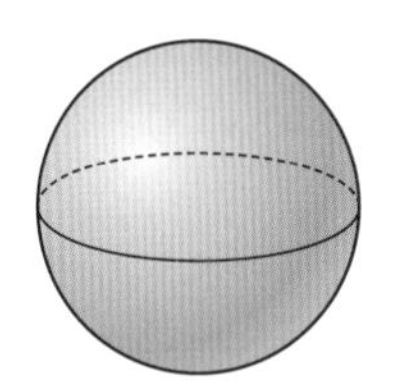

➡ 구를 앞에서 본 모양은 ☐ 이고, 옆에서 본 모양은 ☐ 입니다.

다지기 문제

✔ 다음을 구하세요.

1-1

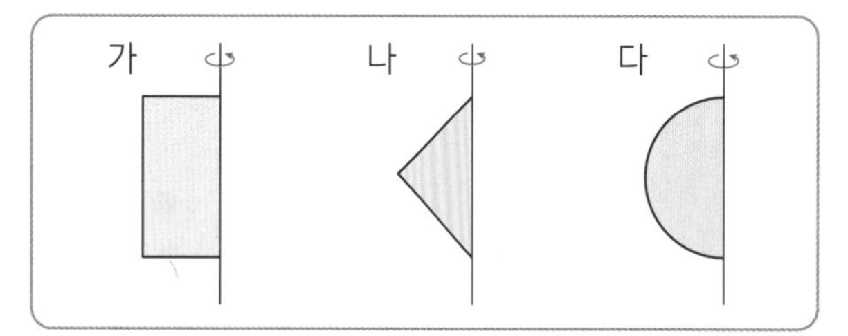

➡ 평면도형을 한 변을 기준으로 한 바퀴 돌렸을 때 만들어지는 도형이 원기둥인 것은 ☐ 입니다.

2-1

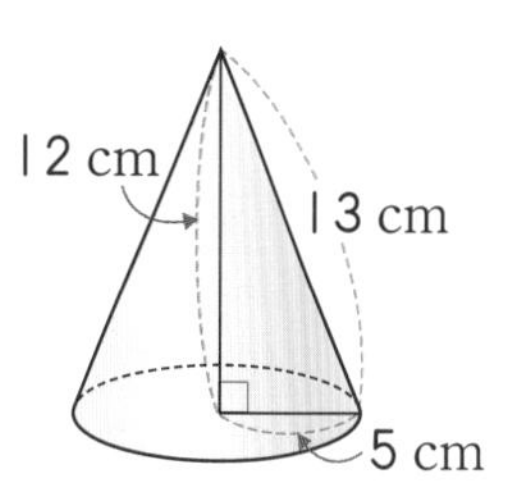

➡ (원뿔의 높이) = ☐ cm

3-1

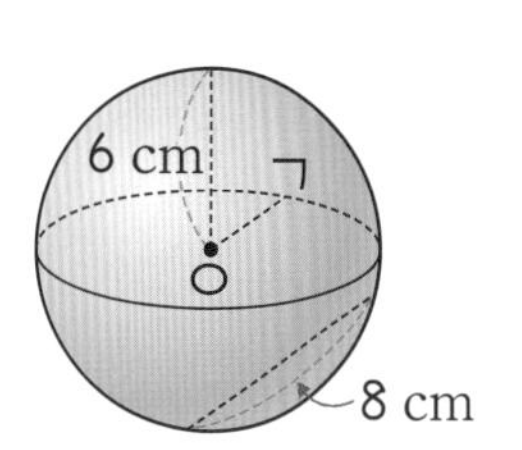

➡ (선분 ㄱㅇ의 길이) = ☐ cm

입체도형 대표 문장제

1 모든 모서리의 길이의 합이 60 cm인 정육면체의 부피는 몇 cm^3인가요?

(정육면체의 부피)
=(한 변의 길이)
×(한 변의 길이)
×(한 변의 길이)

정육면체는 길이가 같은
모서리가 모두 12개예요.

2 전개도를 접어서 만들 수 있는 직육면체의 겉넓이는 몇 cm^2인지 구하세요.

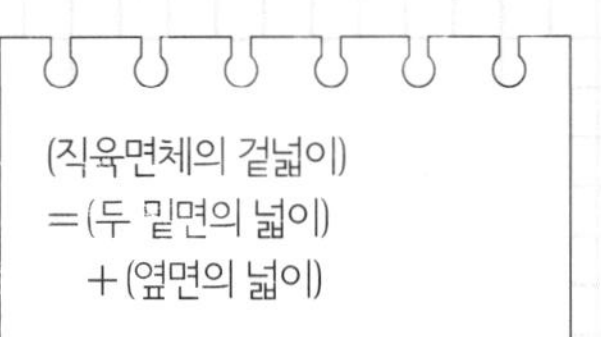

(직육면체의 겉넓이)
=(두 밑면의 넓이)
+(옆면의 넓이)

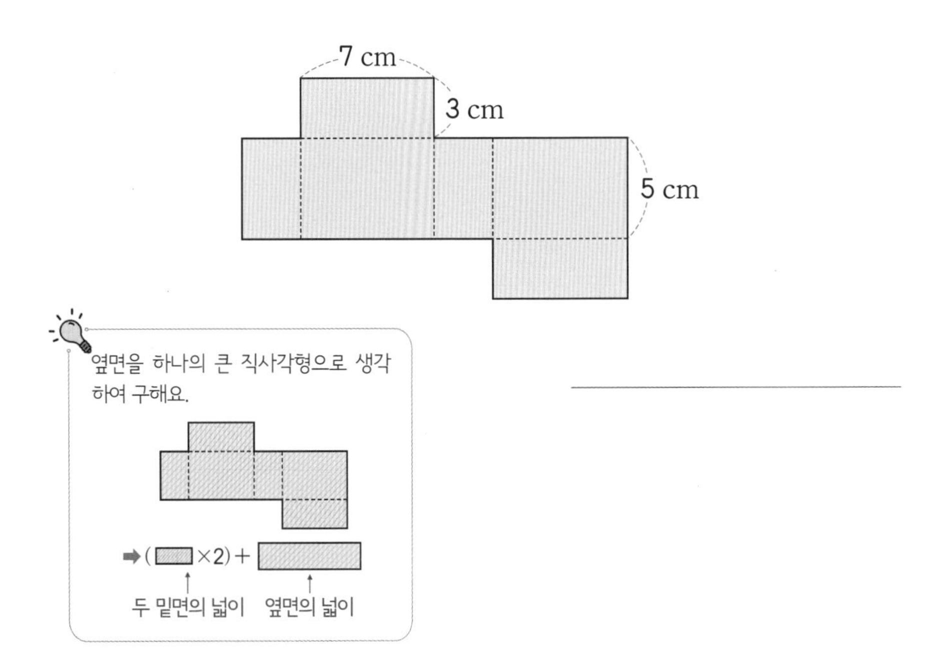
7 cm
3 cm
5 cm
옆면을 하나의 큰 직사각형으로 생각하여 구해요.
➡ (×2)+
두 밑면의 넓이
옆면의 넓이

3 구각기둥과 팔각뿔의 꼭짓점의 수의 합은 몇 개인지 구하세요.

입체도형	●각기둥	●각뿔
면의 수(개)	●+2	●+1
모서리의 수(개)	●×3	●×2
꼭짓점의 수(개)	●×2	●+1

4 원뿔을 앞에서 본 모양과 위에서 본 모양의 넓이의 합은 몇 cm^2인가요? (원주율: 3)

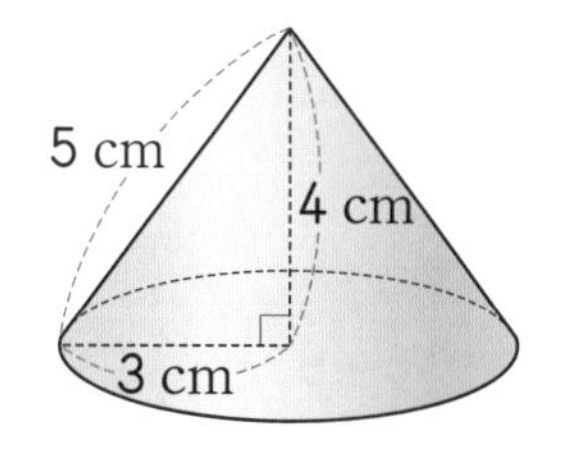

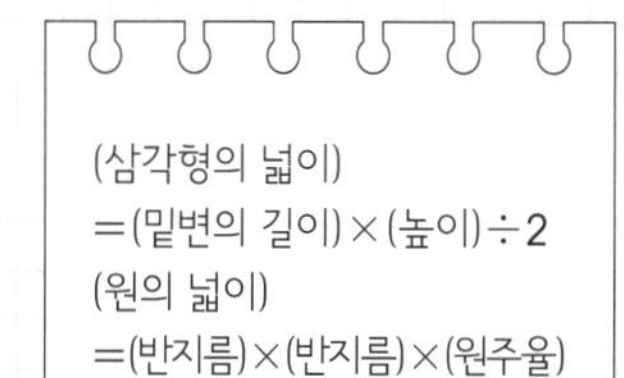

(삼각형의 넓이)
=(밑변의 길이)×(높이)÷2
(원의 넓이)
=(반지름)×(반지름)×(원주율)

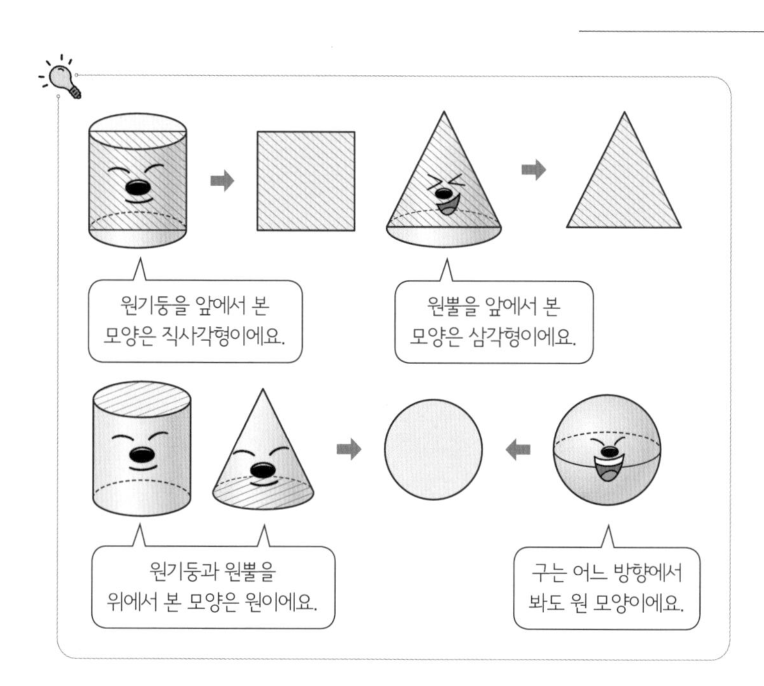

원기둥을 앞에서 본
모양은 직사각형이에요.
원뿔을 앞에서 본
모양은 삼각형이에요.
원기둥과 원뿔을
위에서 본 모양은 원이에요.
구는 어느 방향에서
봐도 원 모양이에요.

5 밑면의 반지름이 10 cm인 원기둥의 전개도에서 옆면의 가로는 몇 cm인가요? (원주율: 3.1)

(원의 둘레)=(지름)×(원주율)임을
잊지 않았죠?

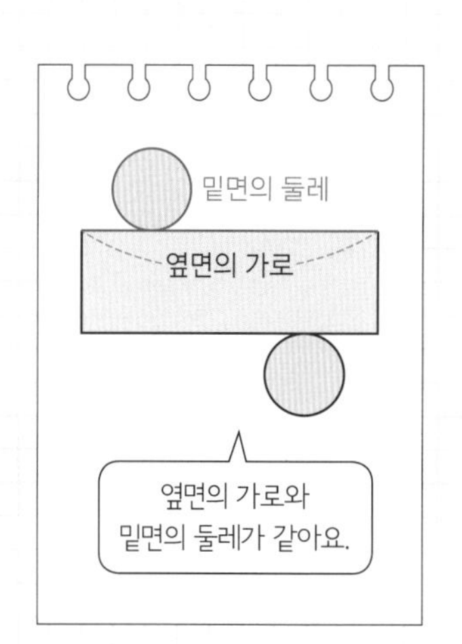

입체도형 통과 문제 1

1

직육면체를 모두 고르세요. (　　　　　)

① 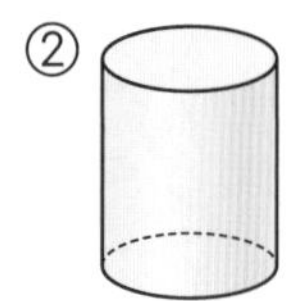 ② ③ 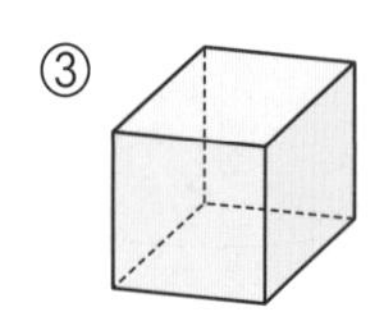

④ 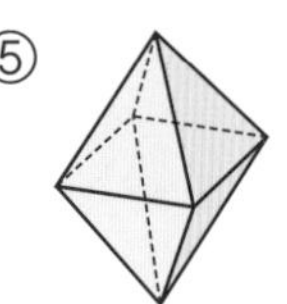 ⑤

2

각기둥의 높이는 몇 cm인가요?

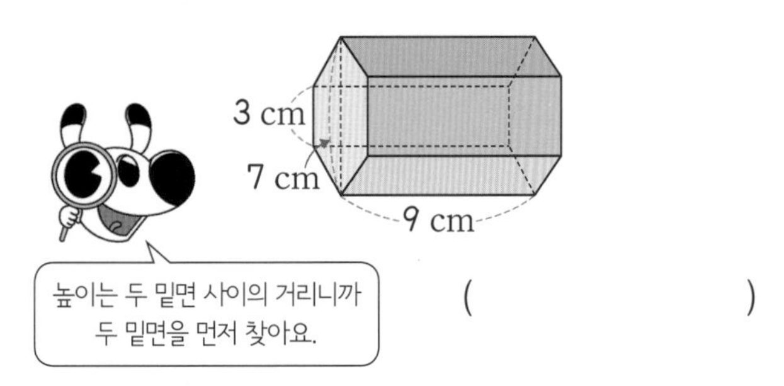

3 cm
7 cm
9 cm
높이는 두 밑면 사이의 거리니까 두 밑면을 먼저 찾아요.

(　　　　　)

3

직육면체와 정육면체의 공통점을 모두 찾아 기호를 쓰세요.

㉠ 면의 수
㉡ 면의 모양
㉢ 꼭짓점의 수
㉣ 모서리의 길이의 합

(　　　　　)

4

전개도를 접어 직육면체를 만들었을 때 선분 ㅈㅇ과 겹치는 선분을 찾아 쓰세요.

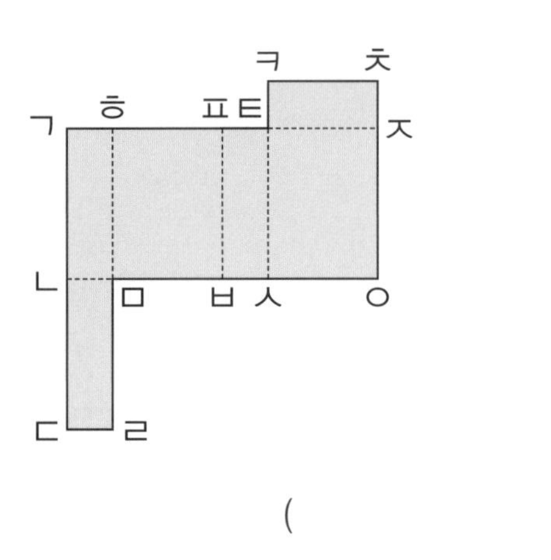

(　　　　　)

5

면의 수가 가장 적은 각기둥의 꼭짓점은 몇 개인지 구하세요.

(　　　　　)

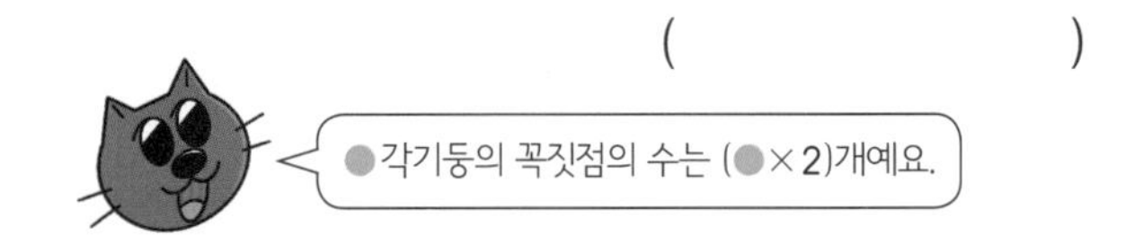

●각기둥의 꼭짓점의 수는 (●×2)개예요.

6

삼각형의 변 ㄴㄷ을 기준으로 한 바퀴 돌려 만든 입체도형의 모선의 길이는 몇 cm인가요?

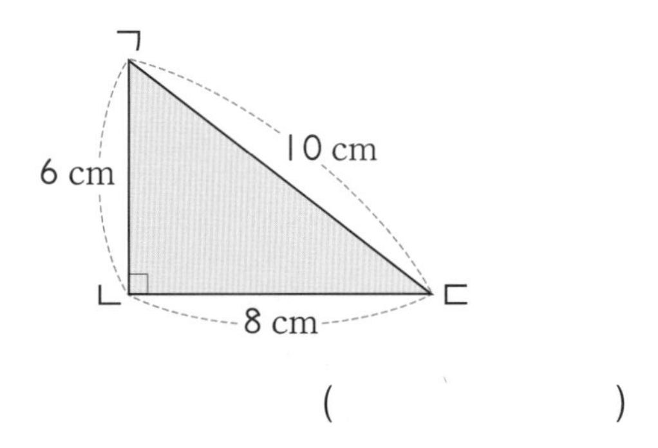

(　　　　　)

맞힌 개수
/ 12개

맞힌 개수 11개 이상: 통과! 틀린 문제를 확인하고 '통과 문제 2'를 푸세요!
맞힌 개수 8~10개: 21~24과를 틀린 부분 위주로 다시 공부하세요!
맞힌 개수 7개 이하: '바빠 입체도형 계산'으로 기본 개념부터 다시 공부하세요!

7

주사위에서 서로 평행한 두 면의 눈의 수의 합은 7입니다. 눈의 수가 1인 면과 수직인 면의 눈의 수의 합을 구하세요.

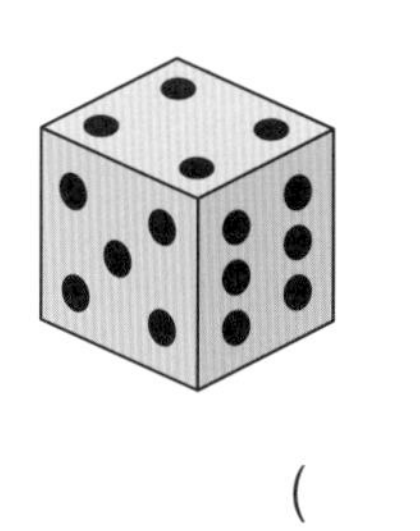

(　　　　　　　)

8

구를 위에서 본 모양의 넓이는 몇 cm^2인지 구하세요. (원주율: 3)

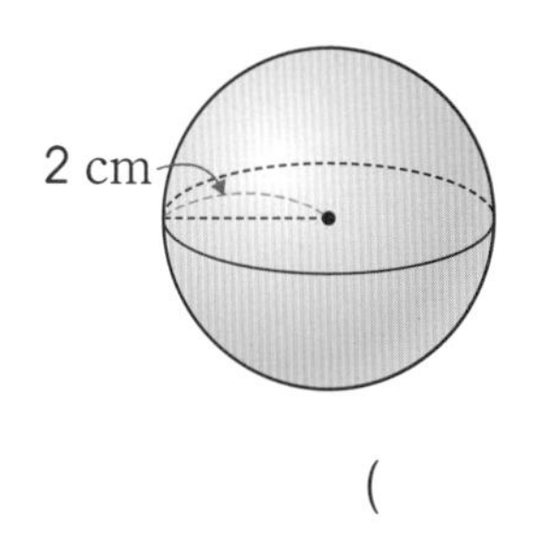

(　　　　　　　)

9

밑면의 모양이 다음과 같은 각뿔의 모서리의 수와 면의 수의 합은 몇 개인가요?

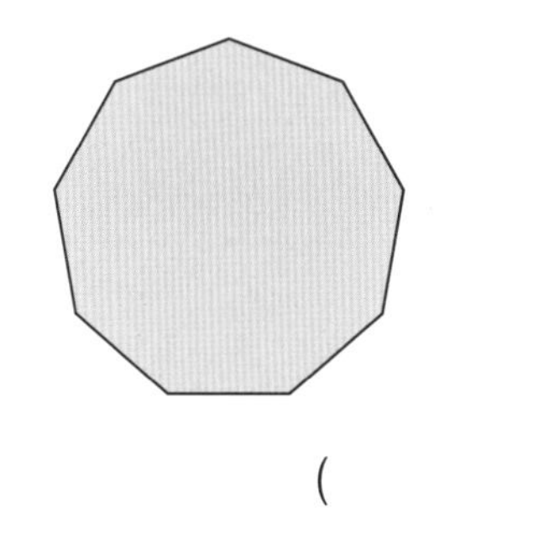

(　　　　　　　)

10

겉넓이가 150 cm^2인 정육면체의 한 모서리의 길이는 몇 cm인지 구하세요.

(　　　　　　　)

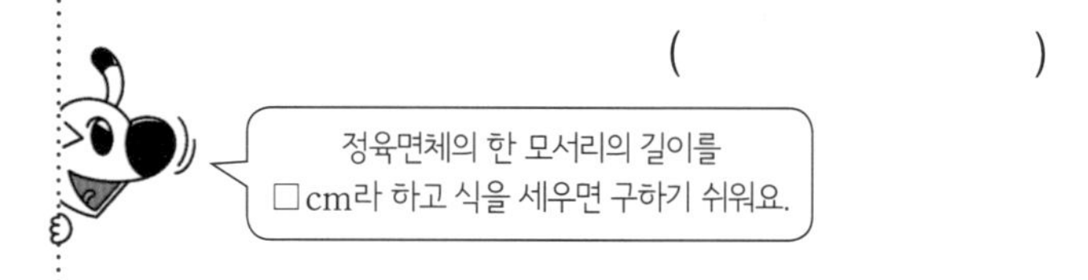

정육면체의 한 모서리의 길이를
□cm라 하고 식을 세우면 구하기 쉬워요.

11

원기둥을 앞에서 본 모양의 둘레는 몇 cm인지 구하세요.

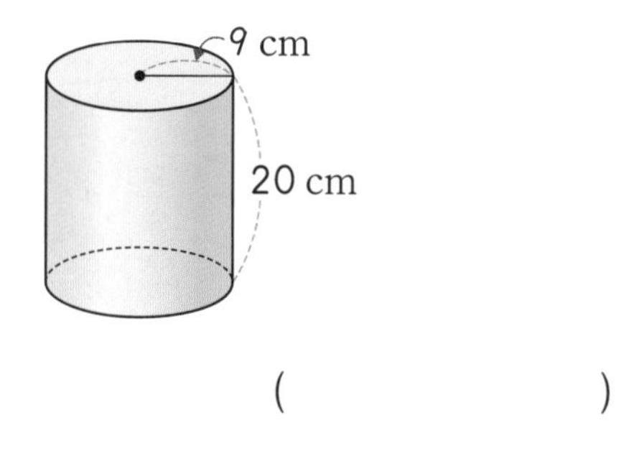

(　　　　　　　)

12

두 직육면체의 부피의 차는 몇 cm^3인지 구하세요.

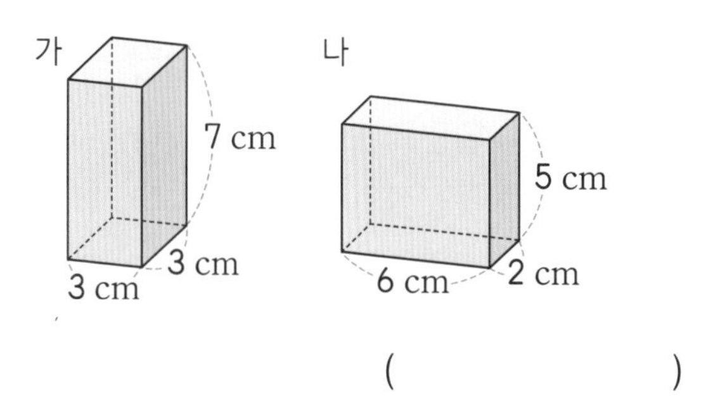

(　　　　　　　)

1

정육면체를 옆에서 본 모양은 어떤 도형인지 구하세요.

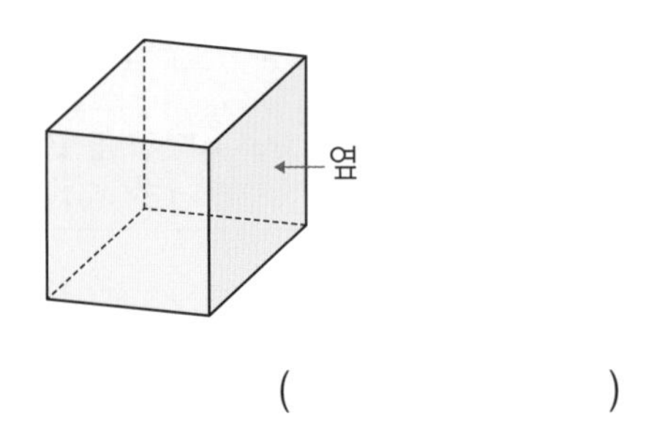

(　　　　　　　)

2

직육면체에서 면 ㄱㄴㄷㄹ과 수직인 면이 아닌 것은 어느 것인가요? (　　)

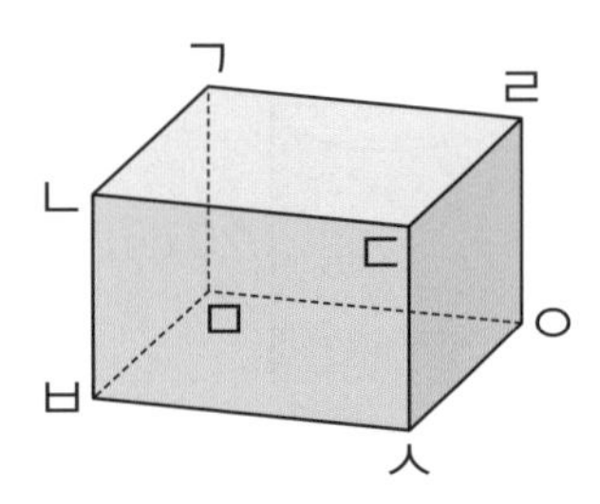

① 면 ㄱㅁㅂㄴ　② 면 ㄱㅁㅇㄹ
③ 면 ㄴㅂㅅㄷ　④ 면 ㄷㅅㅇㄹ
⑤ 면 ㅁㅂㅅㅇ

3

원뿔과 각뿔의 공통점을 찾아 기호를 쓰세요.

㉠ 옆면의 모양이 같습니다.
㉡ 밑면의 모양이 같습니다.
㉢ 꼭짓점의 수가 같습니다.
㉣ 밑면의 수가 같습니다.

(　　　　　　　)

4

직육면체의 모서리는 꼭짓점보다 몇 개 더 많은가요?

(　　　　　　　)

5

정육면체의 전개도를 잘못 그린 것을 찾아 기호를 쓰세요.

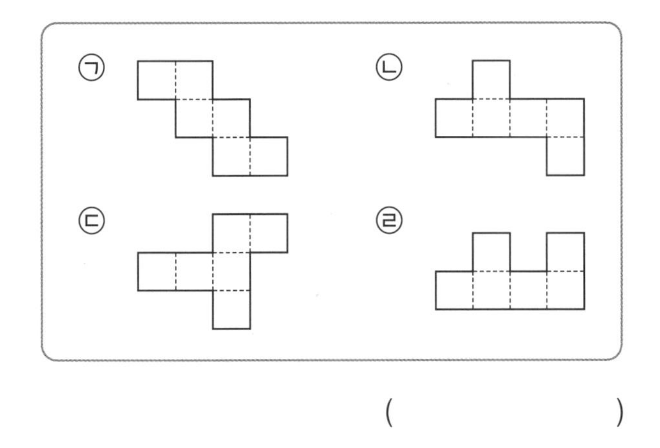

(　　　　　　　)

6

반원 모양의 종이를 지름을 기준으로 한 바퀴 돌려 만든 입체도형의 반지름은 몇 cm인가요?

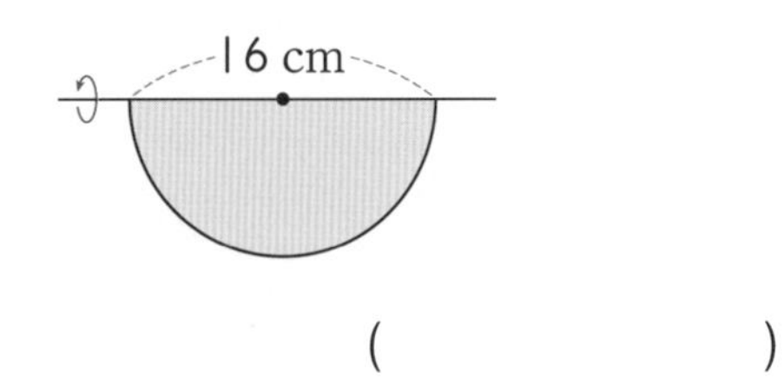

(　　　　　　　)

7

팔각기둥과 십각뿔의 꼭짓점의 수의 합은 몇 개인가요?

(　　　　　　)

8

원뿔을 앞에서 본 모양의 넓이는 몇 cm^2인지 구하세요.

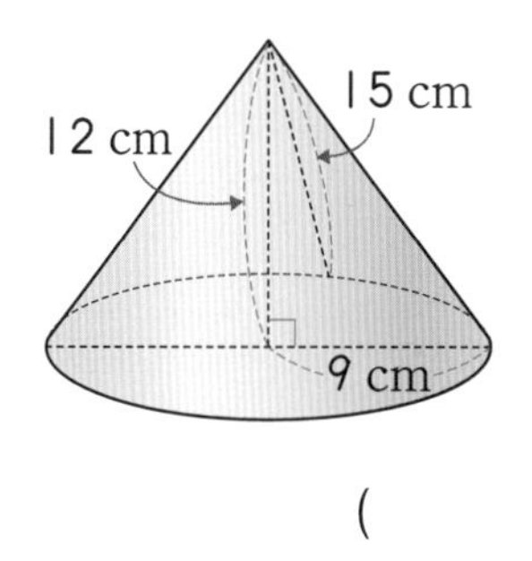

(　　　　　　)

9

전개도를 접어서 만들 수 있는 직육면체의 겉넓이는 몇 cm^2인지 구하세요.

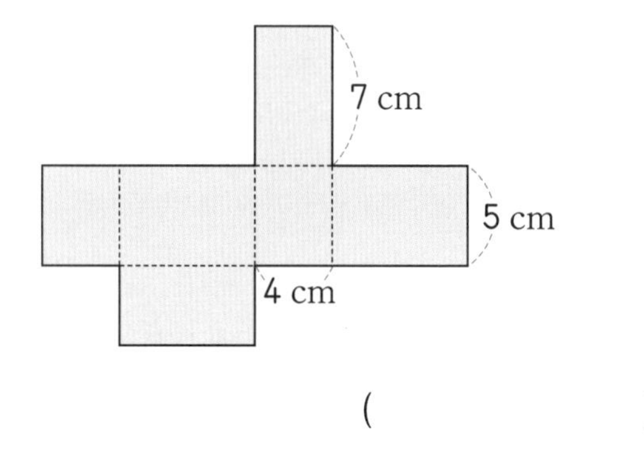

(　　　　　　)

10

부피가 64 cm^3인 정육면체의 한 모서리의 길이는 몇 cm인지 구하세요.

(　　　　　　)

11

밑면의 모양이 다음과 같이 정오각형인 각기둥이 있습니다. 이 각기둥의 높이가 3 cm일 때 모든 모서리의 길이의 합은 몇 cm인지 구하세요.

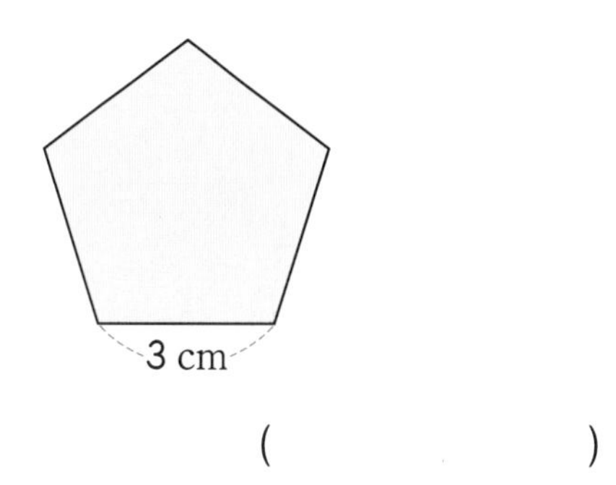

(　　　　　　)

12

원기둥의 전개도에서 옆면의 둘레는 몇 cm인지 구하세요. (원주율: 3)

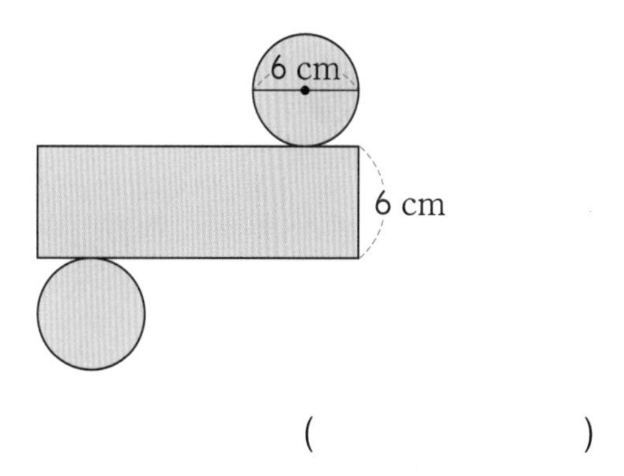

(　　　　　　)

변화와 관계

'비와 비례'는 중·고등 수학의 꽃이라 불리는 '함수'의 기초가 되는 중요한 개념이에요. 초등학교 6학년 1학기에 '비와 비율' 단원, 6학년 2학기에 '비례식과 비례배분'을 배우는데, 이후 이 두 단원은 중·고등 수학의 대부분을 차지하는 방정식, 부등식, 함수, 도형, 측정 등의 단원에 적용돼요. 특히, 고등 수학의 90 %를 차지하는 '함수'를 잘하기 위해서는 초등 수학에서 '비와 비례'를 정확하게 알고 넘어가야 해요.

또한 비와 비례에서 배우는 '소금물의 농도, 빠르기, 톱니바퀴'와 같은 유형의 활용 문제는 초등 수학 시험은 물론이고, 중·고등 수학 시험에도 자주 출제된답니다. 이렇게 중요한 비와 비례의 기초 개념, 이 책을 통해 완벽하게 익히고 넘어가세요!

단원명	공부할 내용	중학 수학 연계
비와 비례	25 비, 비율, 백분율	정비례와 반비례, 함수
	26 비례식, 비례식의 성질	일차방정식, 도형의 닮음
	27 비례배분	도형의 닮음

비와 비례

25 비, 비율, 백분율

비: 두 수를 나눗셈 으로 비교하기 위해 기호 :을 사용하여 나타낸 것

3 : 4 ➡ 읽는 법
- 3 대 4
- 3과 4의 비
- 3의 4에 대한 비
- 4에 대한 3의 비

비율: 비의 값을 나타낸 것으로 (비교하는 양)÷(기준량)의 몫

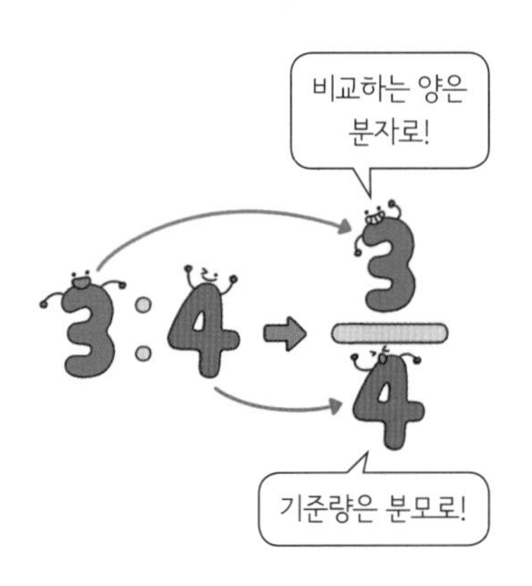

비교하는 양은 분자로!
기준량은 분모로!

백분율: 기준량인 분모를 100으로 할 때의 비율로 기호 % 를 사용하여 나타냅니다.

• 비율을 백분율로 나타내기

$\frac{3}{4}$ → 기준량을 100으로!

방법 1 분모가 100인 분수 만들기

$$\frac{3}{4}=\frac{3\times25}{4\times25}=\frac{75}{100}=75\ \%$$

방법 2 비율에 100을 곱하기

$$\frac{3}{\cancel{4}_{1}}\times\cancel{100}^{25}=75\ \%$$

✔ 다음을 구하세요.

1

(1) 2 대 7

➡ ☐ : ☐

(2) 5의 6에 대한 비

➡ ☐ : ☐

2

4 : 5

비율 ➡ 분수: ☐

소수: ☐

3

비율	백분율
$\frac{9}{50}$	㉮
0.7	㉯

➡ ㉮ $= \frac{☐}{100} =$ ☐ %

㉯ $= 0.7 \times$ ☐ $=$ ☐ %

✔ 다음을 구하세요.

1-1

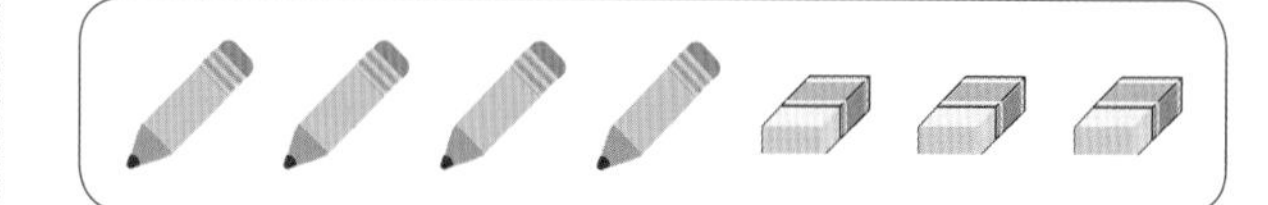

(1) 연필 수와 지우개 수의 비

➡ ☐ : ☐

(2) 지우개 수에 대한 연필 수의 비

➡ ☐ : ☐

2-1

8과 25의 비

비율 ➡ 분수: ☐

소수: ☐

3-1

비율	백분율
$\frac{3}{20}$	㉮
0.09	㉯

➡ ㉮ = ☐ %

㉯ = ☐ %

비와 비례

26 비례식, 비례식의 성질

비의 성질

비의 전항과 후항에 각각 0이 아닌 같은 수를 곱하거나 나누어도 비율 은 같습니다.

기호 ':' 앞에 있는 수 / 기호 ':' 뒤에 있는 수

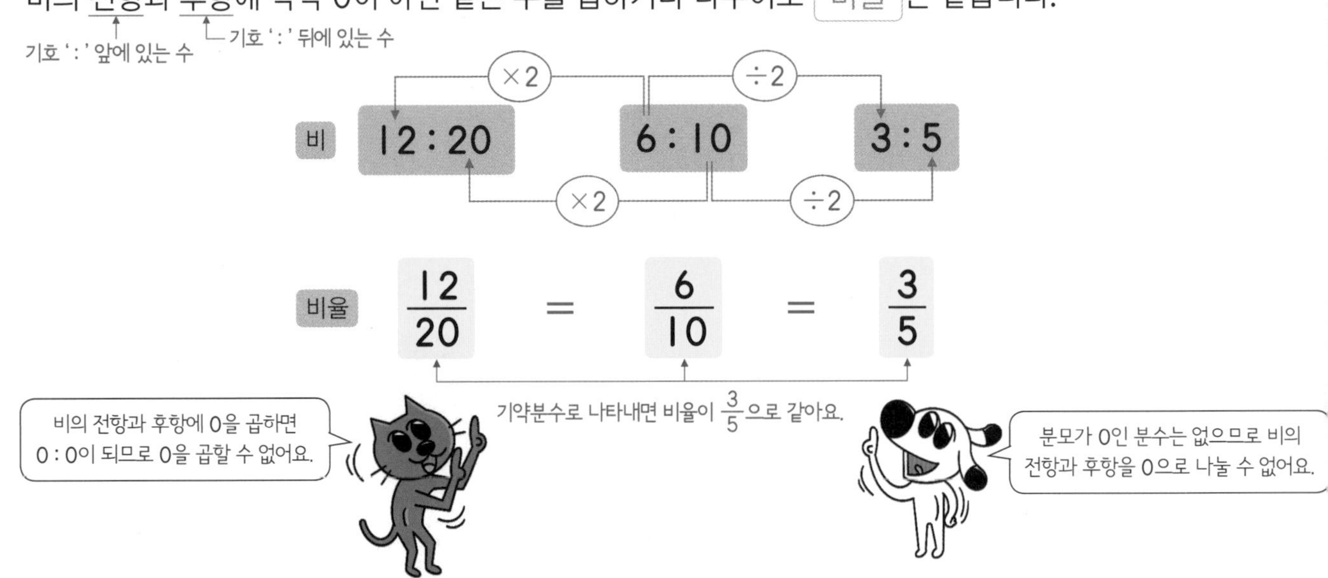

×2
÷2
비
12 : 20
6 : 10
3 : 5
×2
÷2
비율
$\frac{12}{20}$ = $\frac{6}{10}$ = $\frac{3}{5}$
기약분수로 나타내면 비율이 $\frac{3}{5}$으로 같아요.
비의 전항과 후항에 0을 곱하면 0 : 0이 되므로 0을 곱할 수 없어요.
분모가 0인 분수는 없으므로 비의 전항과 후항을 0으로 나눌 수 없어요.

비례식: 비율 이 같은 두 비를 기호 '='를 사용하여 나타낸 식

비		비율		비례식
2 : 3	➡	$\frac{2}{3}$	= ➡	2 : 3 = 4 : 6
4 : 6	➡	$\frac{4}{6}=\frac{2}{3}$		

외항: 2, 6 / 내항: 3, 4

비례식의 성질

비례식에서 외항의 곱과 내항의 곱은 같습니다.

$2\times6=12$

$2 : 3 = 4 : 6$

$3\times4=12$

(외항의 곱) = (내항의 곱)

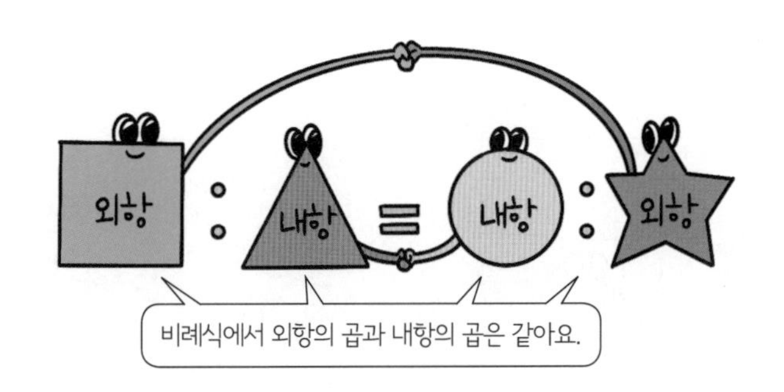

외항
내항
내항
외항
비례식에서 외항의 곱과 내항의 곱은 같아요.

다음을 구하세요.

1

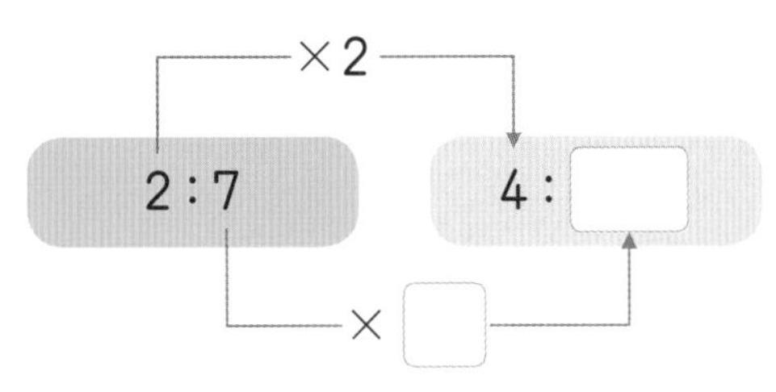

2 : 7의 전항과 후항에 각각 □ 을/를 곱하여도 비율은 같습니다.

2

6 : 18의 비율: $\frac{\square}{18} = \frac{\square}{\square}$

9 : 27의 비율: $\frac{\square}{27} = \frac{\square}{\square}$

➡ 두 비의 비율이 같으므로
6 : 18 ◯ 9 : 27로 나타낼 수 있습니다.
비례식

3

16 : 4 = 8 : 2

(외항의 곱) = □ × □ = □

(내항의 곱) = □ × □ = □

➡ (외항의 곱) ◯ (내항의 곱)

다지기 문제

다음을 구하세요.

1-1

6 : 4　　24 : 12　　36 : 24

➡ 12 : 8과 비율이 같은 비: ________________

2-1

6 : 16　　12 : 36　　15 : 40

비율이 같은 두 비를 찾아 비례식으로 나타내면 ________________ 입니다.

3-1

25 : 10 = ● : 4

25 × □ = □ × ●
외항의 곱　내항의 곱

➡ ● = □

비와 비례

27 비례배분

두 양을 전체의 분수만큼으로 나타내기

전체를 1로 생각하고, 전체를 전항과 후항의 합 만큼으로 나눈 도형에서 두 양을 전체의 분수만큼으로 나타낼 수 있습니다.

• 칸 수의 비가 2 : 3일 때 각 칸 수는 전체의 몇 분의 몇인지 알아보기

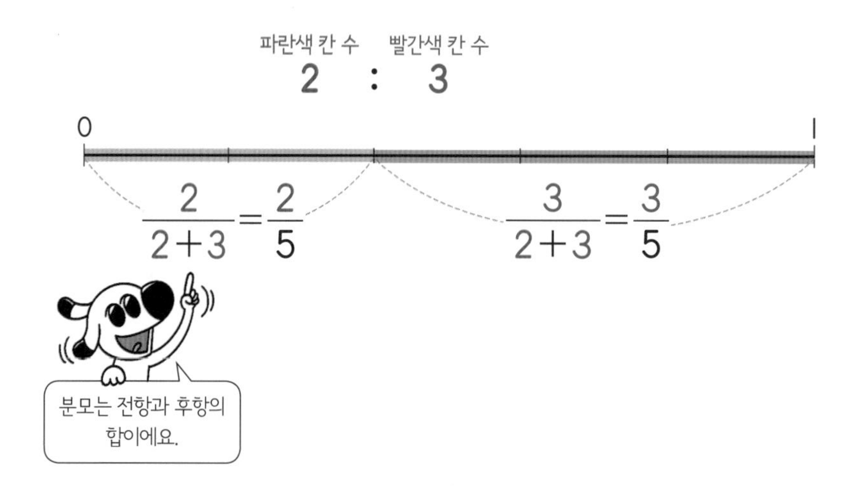

비례배분

전체를 주어진 비로 배분하는 것을 비례배분 이라고 합니다.

• 10칸을 2 : 3이 되도록 나누면 각각 몇 칸인지 알아보기

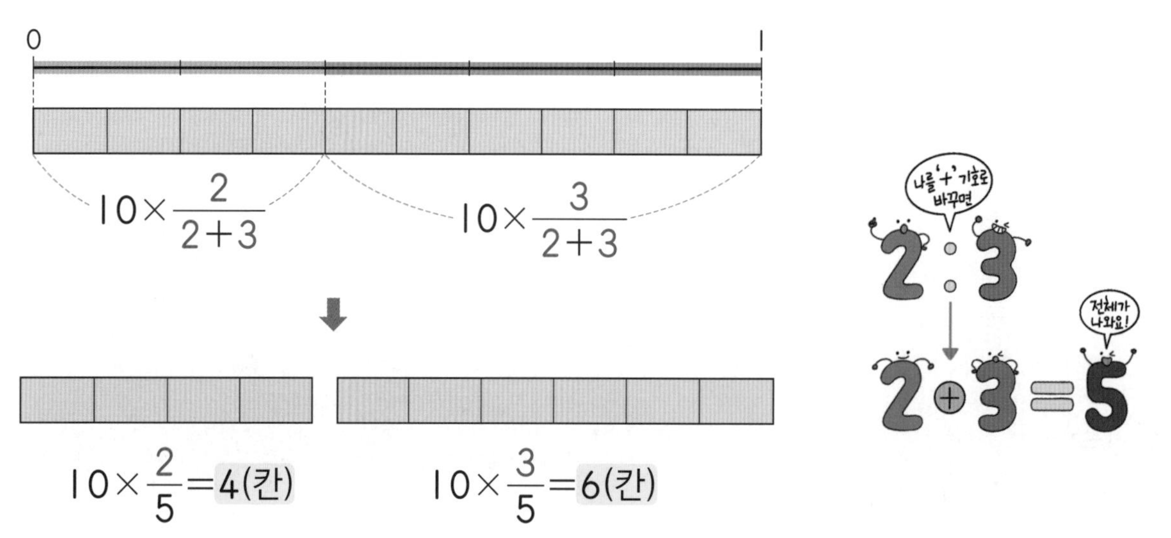

✔ 다음을 구하세요.

1

(선분 AB) : (선분 BC)=4 : 5

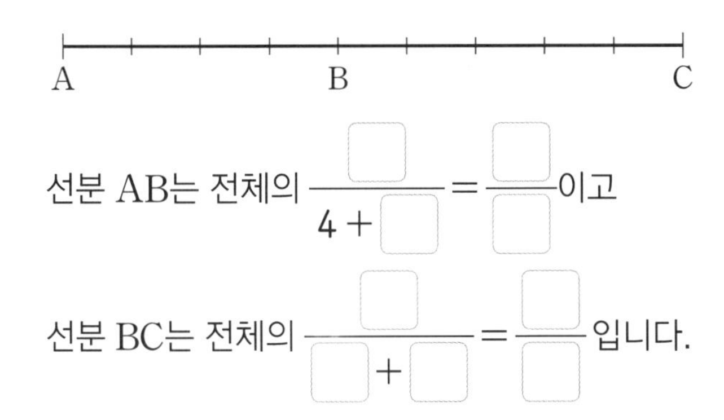

선분 AB는 전체의 $\frac{\square}{4+\square}=\frac{\square}{\square}$이고

선분 BC는 전체의 $\frac{\square}{\square+\square}=\frac{\square}{\square}$입니다.

2

39를 4 : 9로 비례배분하면

➡ $39\times\frac{\square}{4+\square}=\square$

$39\times\frac{\square}{4+\square}=\square$

3

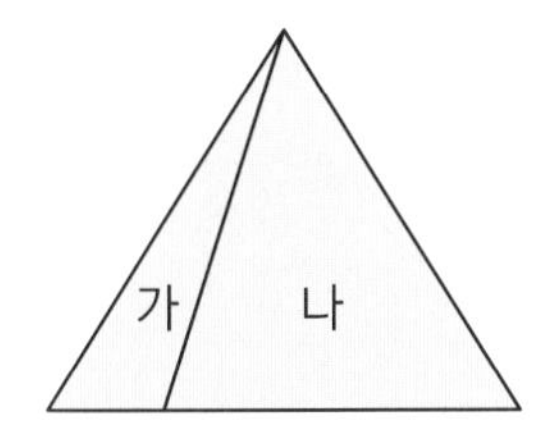

전체 넓이: 16 cm^2

(가의 넓이) : (나의 넓이)=1 : 3

➡ (가의 넓이) = 16 × $\square$ = $\square$ (cm^2)

(나의 넓이) = 16 × $\square$ = $\square$ (cm^2)

✔ 다음을 구하세요.

1-1

(선분 AB) : (선분 BC)=8 : 3

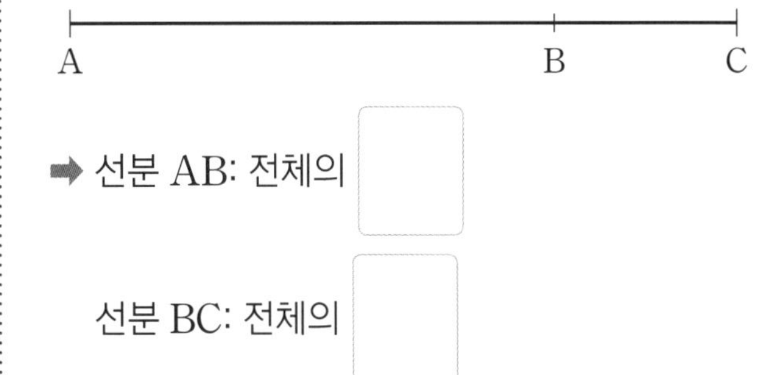

➡ 선분 AB: 전체의 $\square$

선분 BC: 전체의 $\square$

2-1

48을 5 : 3으로 비례배분하면

[$\square$, $\square$]입니다.

3-1

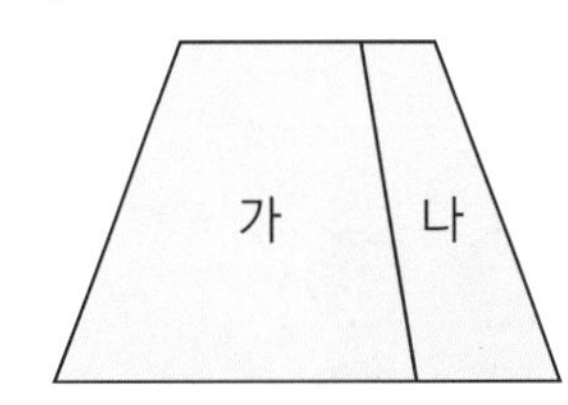

전체 넓이: 56 cm^2

(가의 넓이) : (나의 넓이)=5 : 2

➡ (가의 넓이) = $\square$ cm^2

(나의 넓이) = $\square$ cm^2

비와 비례 대표 문장제

1 야구 연습을 하는데 연지는 120타수 중에서 안타를 36번 쳤고, 현수는 80타수 중에서 안타를 28번 쳤습니다. 타수에 대한 안타의 비율이 더 높은 사람은 누구인가요?

> 기준량이 다른 두 대상을 비교할 때는 비율을 구해 그 크기를 비교하면 돼요.

____

비교하는 양 : 기준량 ➡ $\frac{\text{비교하는 양}}{\text{기준량}}$

안타를 더 많이 친 사람을 구하는 게 아니에요!

2 과자가 16개 있었는데 4개를 먹었습니다. 전체 과자 수에 대한 남은 과자 수의 비율을 백분율로 나타내면 몇 %인지 구하세요.

> 기준량과 비교하는 양을 나타내는 것이 무엇인지 정확하게 확인해야 해요.

____

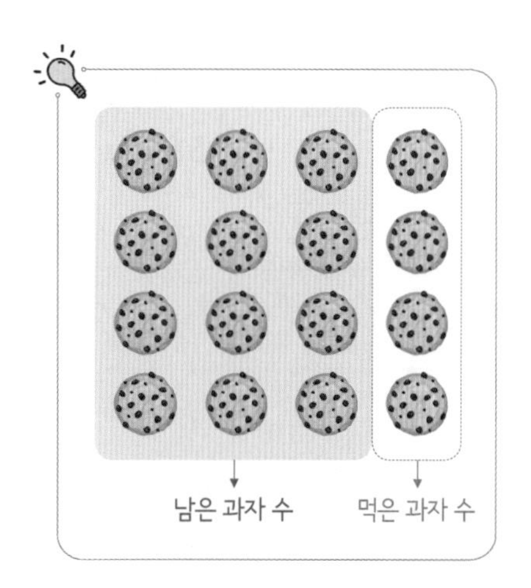

남은 과자 수를 먹은 과자 수로 계산하지 않도록 주의해요.

3 물에 딸기 원액을 타서 딸기 주스를 만들었습니다. 빠독이와 쁘냥이 중 누가 만든 딸기 주스가 더 진한지 구하세요.

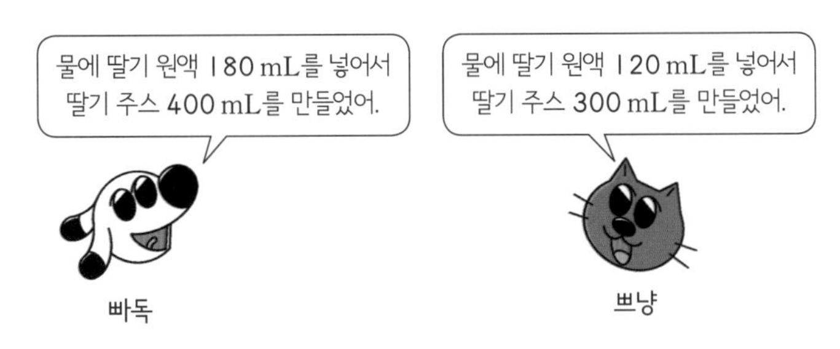

물에 딸기 원액 180 mL를 넣어서 딸기 주스 400 mL를 만들었어.
물에 딸기 원액 120 mL를 넣어서 딸기 주스 300 mL를 만들었어.
빠독
쁘냥

____

• (딸기 주스의 진하기) $=\frac{(\text{딸기 원액의 양})}{(\text{딸기 주스의 양})}$
• 진하기는 비율 그대로 비교해도 되지만 백분율로 나타내어 비교하면 더 간편해요.

4 농구 게임에서 상협이와 희주가 넣은 골의 수의 비는 5 : 2입니다. 희주가 6골 넣었을 때 상협이가 넣은 골은 몇 골인가요?

____

상협이가 넣은 골의 수를 □골이라 하고 비례식을 세워 구해요.

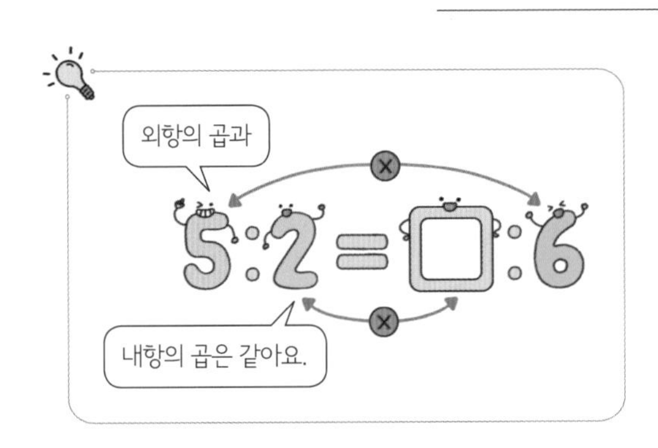

5 하영이네 모둠은 3명, 경주네 모둠은 4명입니다. 초콜렛 56개를 모둠원 수의 비로 나누어 가지면 하영이네 모둠이 가지게 되는 초콜렛은 몇 개인지 구하세요.

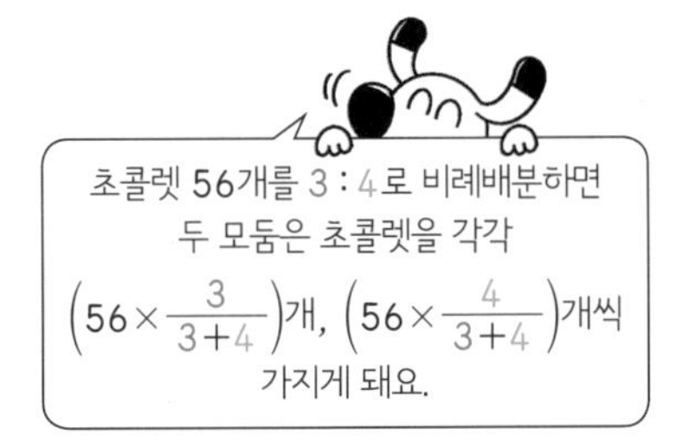

____

모둠원 수의 비
(하영이네 모둠) : (경주네 모둠)
= 3 : 4

비와 비례 통과 문제 1

1

삼각형의 밑변의 길이에 대한 높이의 비를 구하세요.

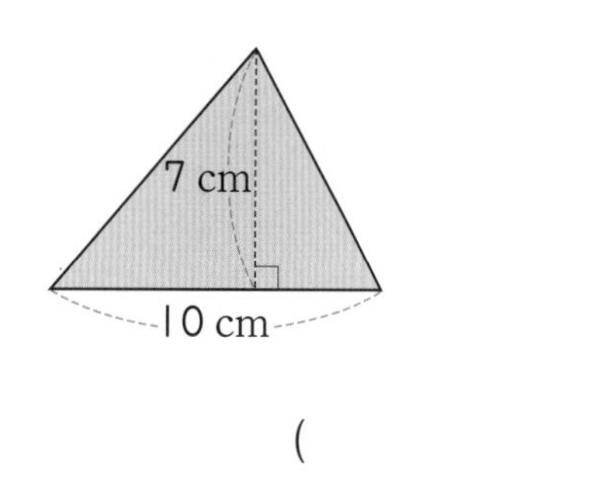

(　　　　　　)

2

비율이 같은 비를 만들려고 합니다. □ 안에 들어갈 수 없는 수는 어느 것인가요? (　　)

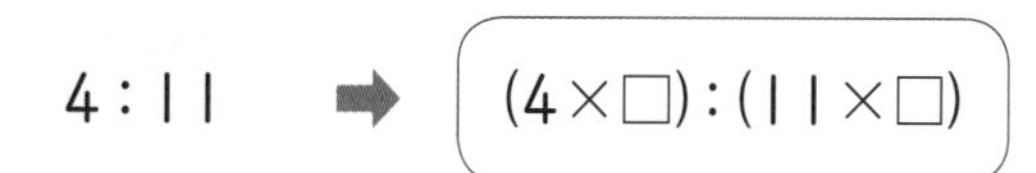

① 0　② $\frac{1}{2}$　③ 0.8
④ 20　⑤ 100

3

기준량이 다른 하나는 어느 것인가요? (　　)

① 2 : 5　② 3과 5의 비
③ 4의 5에 대한 비　④ 6 대 5
⑤ 8에 대한 5의 비

4

비율이 $\frac{1}{2}$보다 큰 비를 찾아 기호를 쓰세요.

㉠ 12 : 36　㉡ 4 : 16
㉢ 35 : 50　㉣ 27 : 54

(　　　　　　)

5

2 : 9와 비율이 같은 비를 찾아 ○표 하고 비례식으로 나타내세요.

4 : 20　6 : 27　8 : 35

2 : 9 = □ : □

6

넓이에 대한 인구 수의 비율이 높을수록 인구가 더 밀집된 지역이에요.

기쁨시와 사랑시의 인구와 넓이를 나타낸 표입니다. 넓이에 대한 인구 수의 비율을 구해 인구가 더 밀집된 지역을 구하세요.

지역	기쁨시	사랑시
인구(명)	5400	7200
넓이(km^2)	30	36

(　　　　　　)

7

어느 마트에서 물건을 구입하면 일정 금액을 적립해 준다고 합니다. 이 마트에서 40000원짜리 물건을 구입하고 2000원이 적립되었다면 구입 금액에 대한 적립 금액의 비율은 몇 %인지 구하세요.

( )

8

소영이의 공책의 긴 쪽은 21 cm이고, 짧은 쪽은 15 cm입니다. 공책의 긴 쪽에 대한 짧은 쪽의 비를 간단한 자연수의 비로 나타내세요.

( )

전항과 후항을 각각 두 수의 최대공약수로 나누어 간단한 자연수의 비로 나타내요.

9

비례식이 아닌 것을 찾아 기호를 쓰세요.

㉠ $11:3=66:18$

㉡ $\frac{1}{4}:\frac{1}{10}=5:2$

㉢ $8:14=0.2:0.7$

( )

10

선아와 현수가 귤 32개를 $5:3$으로 나누어 가지려고 합니다. 현수가 가지게 되는 귤은 몇 개인지 구하세요.

( )

11

하루 중 서현이가 깨어 있는 시간과 자고 있는 시간의 비가 $2:1$일 때, 서현이가 깨어 있는 시간은 몇 시간인지 구하세요.

( )

12

밑변의 길이와 높이의 비가 $3:2$인 평행사변형의 밑변의 길이가 12 cm일 때, 평행사변형의 넓이는 몇 cm^2인지 구하세요.

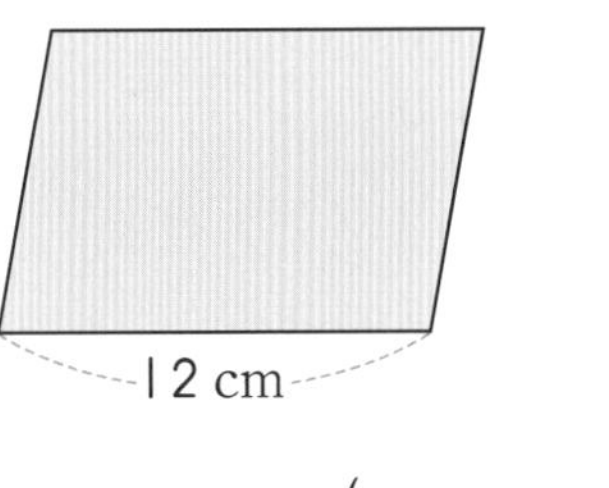

( )

1

사과 수와 오렌지 수의 비를 구하세요.

(　　　　　　)

2

직사각형의 가로에 대한 세로의 비율을 기약분수로 나타내세요.

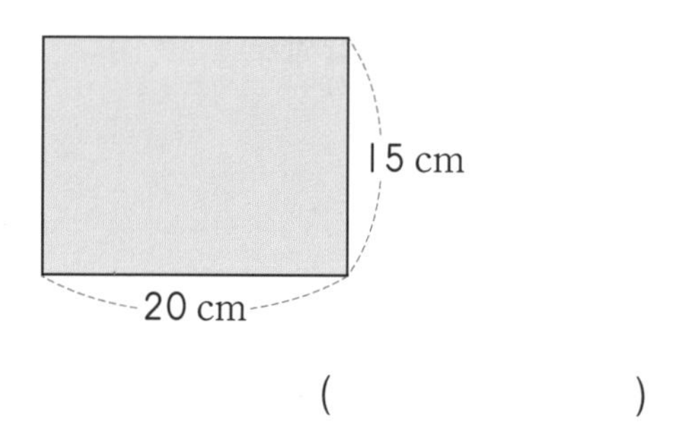

(　　　　　　)

3

기준량이 비교하는 양보다 큰 것을 찾아 기호를 쓰세요.

㉠ 6 : 1
㉡ 9 대 4
㉢ 3의 7에 대한 비
㉣ 5에 대한 11의 비

(　　　　　　)

4

노란 버스와 초록 버스의 이동 거리와 이동 시간을 나타낸 표입니다. 이동 시간에 대한 이동 거리의 비율을 구해 더 빠른 버스를 구하세요.

버스	노란 버스	초록 버스
이동 거리(km)	280	360
이동 시간(시간)	4	6

(　　　　　　)

5

어느 공장에서 700개의 마스크를 만들 때 불량품이 21개 나온다고 합니다. 전체 마스크 수에 대한 불량품 수의 비율은 몇 %인지 구하세요.

(　　　　　　)

6

수지는 문구점에서 정가 8000원짜리 장난감을 6400원에 구매했습니다. 장난감의 할인율은 몇 %인지 구하세요.

(　　　　　　)

7

비율이 $\frac{3}{10}$인 두 비를 찾아 비례식으로 나타내세요.

10 : 3	9 : 30	3 : 5
12 : 40	50 : 15	18 : 45

(　　　　　　　　)

8

한 모서리의 길이가 각각 2 cm, 4 cm인 정육면체 가와 나의 겉넓이의 비를 간단한 자연수의 비로 나타내세요.

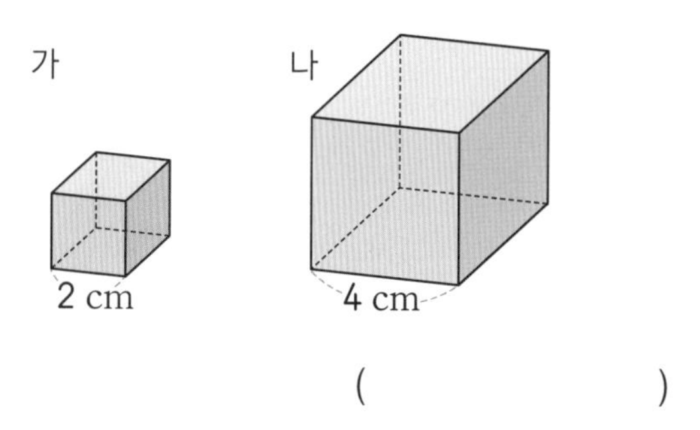

(　　　　　　　　)

9

비례식을 만족시키는 세 수 A, B, C의 합을 구하세요.

$2 : 9 = A : 45$
$1.2 : 0.7 = 12 : B$
$C : 48 = 3 : 8$

(　　　　　　　　)

10

핫케이크를 만들려면 핫케이크 가루 135 g에 우유 75 mL가 필요합니다. 우유가 200 mL 있다면 필요한 핫케이크 가루의 양은 몇 g인지 구하세요.

(　　　　　　　　)

11

길이가 80 cm인 끈을 겹치지 않게 모두 사용하여 가로와 세로의 비가 7 : 3인 직사각형 모양을 만들었습니다. 만든 직사각형의 세로는 몇 cm인지 구하세요.

(　　　　　　　　)

12

두 삼각형 가, 나의 넓이의 합은 216 cm^2입니다. 삼각형 가의 넓이는 몇 cm^2인지 구하세요.

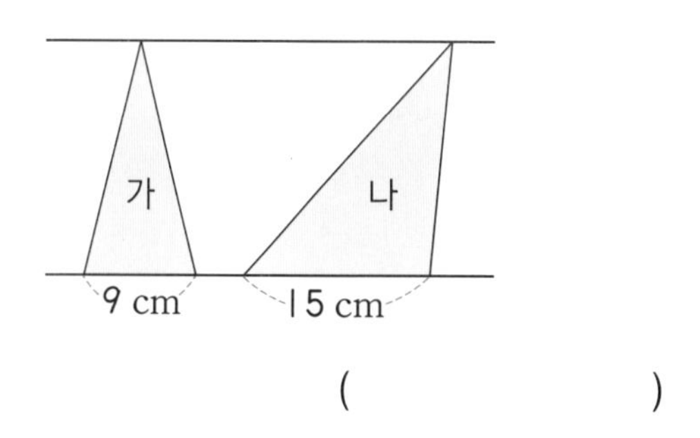

(　　　　　　　　)

IV
자료와 가능성

드디어 마지막 영역이에요!
중학교 1학년 때 배우는 '통계'의 '히스토그램, 도수분포표'는 초등 수학의 '막대그래프, 꺾은선그래프, 여러 가지 그래프'가 확장된 개념이에요. 중학교 2학년 때 배우는 '경우의 수와 확률' 역시 초등 수학에서 배운 '평균과 가능성'이 그대로 확장된 개념으로, 초등에서의 풀이 방법이 그대로 연결된답니다.

이 책으로 '그래프'와 '평균과 가능성'의 개념을 점검하고 넘어가면, 중학 수학의 확률과 통계를 잘하는 계기가 될 거예요. 핵심만 짧게 압축했으니 즐거운 마음으로 초등학교 수학 공부를 마무리 하세요!

단원명	공부할 내용	중학 수학 연계
그래프	28 막대그래프, 꺾은선그래프	좌표평면과 그래프
	29 띠그래프, 원그래프	좌표평면과 그래프
평균과 가능성	30 평균	대푯값과 산포도
	31 가능성	경우의 수와 확률

그래프

28 막대그래프, 꺾은선그래프

막대그래프: 조사한 자료를 막대 모양으로 나타낸 그래프

가지고 있는 구슬 수

이름	주희	수아	지호	승우	합계
구슬 수(개)	4	6	3	7	20

가지고 있는 구슬 수

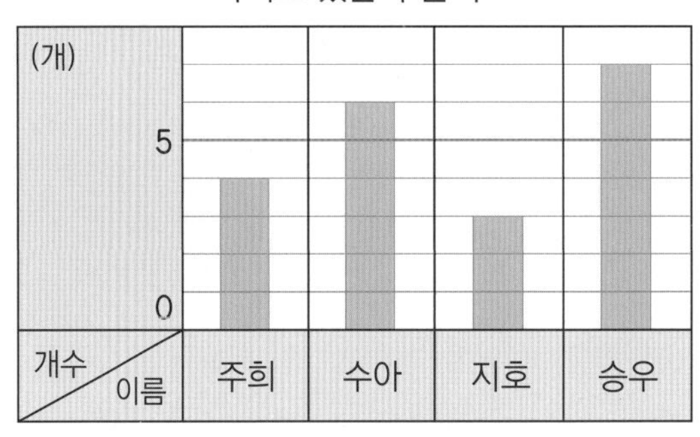

항목별 수량을 한눈에
비교하기 쉬워요.

꺾은선그래프: 연속적으로 변화하는 양을 점으로 표시하고, 그 점들을 선분으로 이어 그린 그래프

오늘의 기온

시각	오전 10시	오전 11시	낮 12시	오후 1시	오후 2시	오후 3시
기온(℃)	6	8	11	12	14	13

오늘의 기온

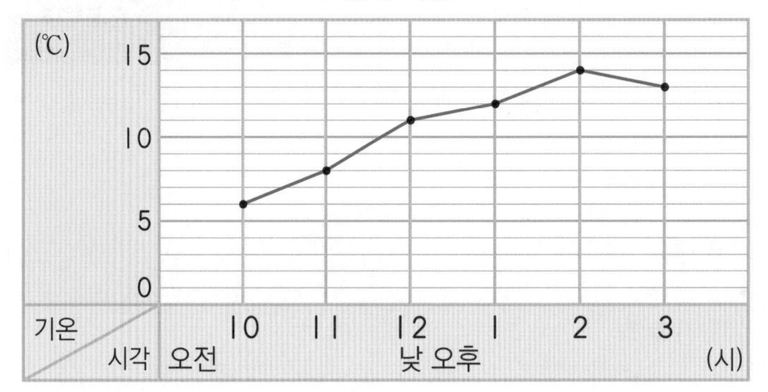

항목별 변화를 한눈에
알아보기 쉬워요.

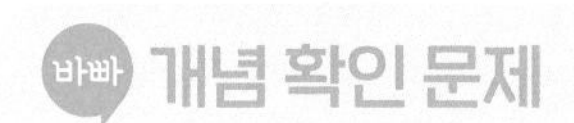

✔ 다음을 구하세요.

1

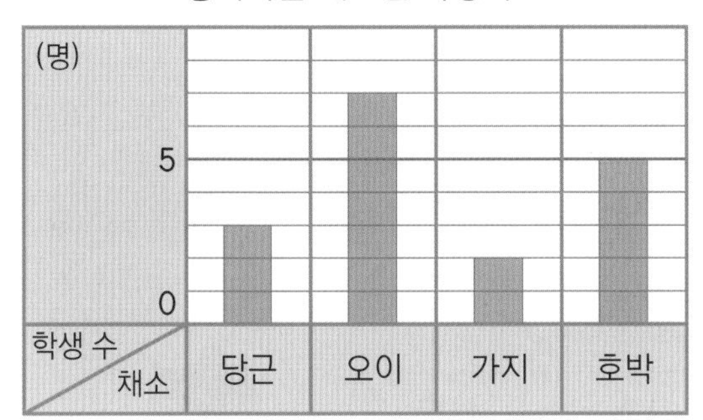

➡ 학생들이 가장 좋아하는 채소는 ☐이고 호박을 좋아하는 학생은 가지를 좋아하는 학생보다 ☐명 더 많습니다.

2

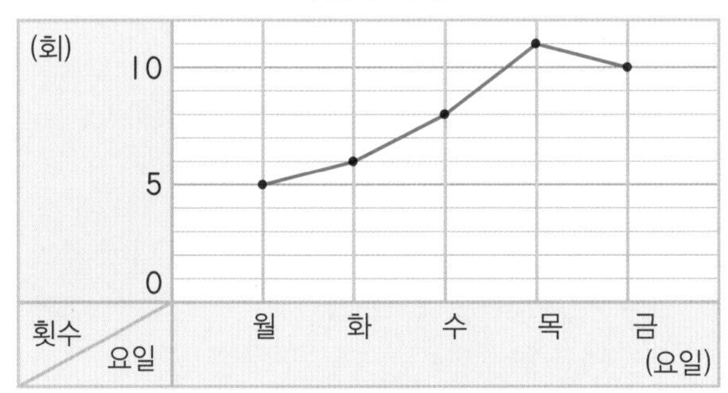

➡ 턱걸이 기록이 전날보다 줄어든 날은 ☐요일입니다.

바빠 다지기 문제

✔ 다음을 구하세요.

1-1

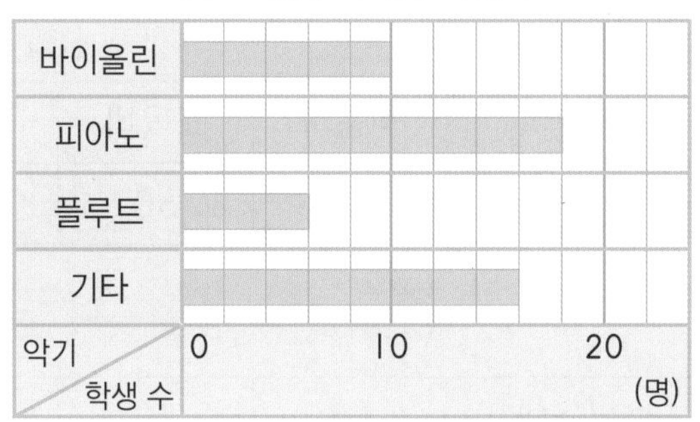

➡ 가로 눈금 한 칸이 나타내는 학생 수: ☐명

기타를 배우고 싶은 학생 수: ☐명

막대그래프의 막대를
가로로 나타낼 수도 있어요.

2-1

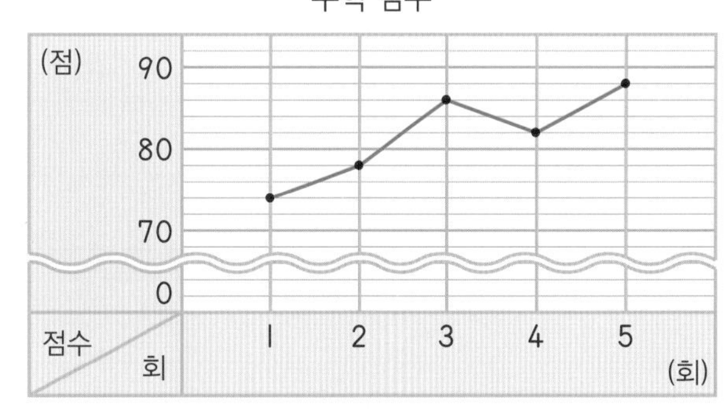

➡ 수학 점수가 가장 많이 오른 때: ☐회와 ☐회 사이

물결선(≈)을 이용하여
필요 없는 부분을 줄여서 나타내면
변화하는 모습이 더 잘 나타나요.

그래프

29 띠그래프, 원그래프

■ **띠그래프**: 전체에 대한 각 부분의 비율을 띠 모양에 나타낸 그래프

한 달 생활비

생활비	식품비	교육비	저축	기타	합계
금액(만 원)	90	60	30	20	200
	$\left(\frac{90}{200}\times 100\right)$	$\left(\frac{60}{200}\times 100\right)$	$\left(\frac{30}{200}\times 100\right)$	$\left(\frac{20}{200}\times 100\right)$	
백분율(%)	45	30	15	10	100

백분율은
$\frac{(\text{항목의 수})}{(\text{전체})}\times 100$
으로 구해요.

한 달 생활비

0 10 20 30 40 50 60 70 80 90 100(%)

식품비 (45%) | 교육비 (30%) | 저축 (15%) | 기타 (10%)

가로 길이를 100등분 하여 띠 모양에 나타내요.

■ **원그래프**: 전체에 대한 각 부분의 비율을 원 모양에 나타낸 그래프

여행하고 싶은 나라별 학생 수

나라	영국	프랑스	독일	스페인	합계
학생 수(명)	15	10	5	20	50
백분율(%)	30	20	10	40	100

여행하고 싶은 나라별 학생 수

띠그래프와 원그래프는
전체에 대한 각 항목별 비율을
한눈에 비교할 수 있어요.

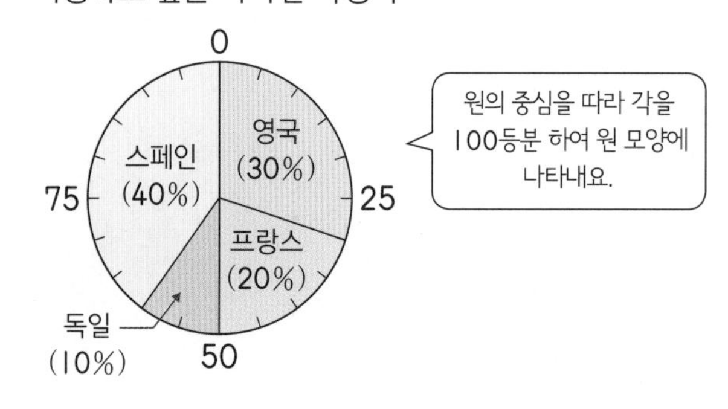

원의 중심을 따라 각을 100등분 하여 원 모양에 나타내요.

✔ 다음을 구하세요.

1

동아리별 회원 수

0 10 20 30 40 50 60 70 80 90 100(%)

마술 (30%) | 뮤지컬 (40%) | 독서 (10%) | 댄스 (20%)

(1) 가장 많은 회원들이 속한 동아리는 ☐이며 전체의 ☐%입니다.

(2) 조사한 전체 회원 수가 50명일 때 마술 동아리 회원은 $50\times\frac{\square}{100}=\square$(명)입니다.

2

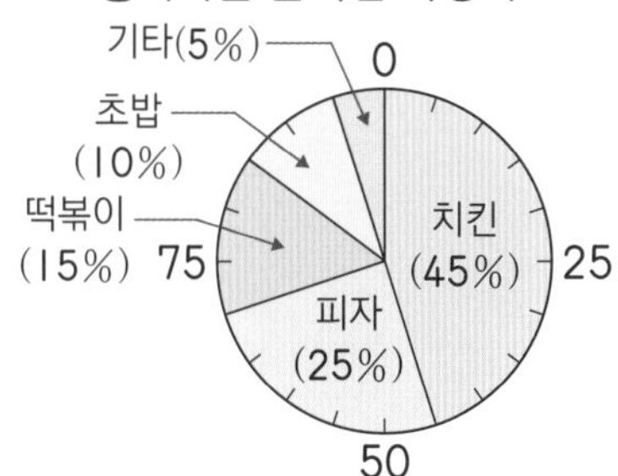

(1) 치킨을 좋아하는 학생 수는 떡볶이를 좋아하는 학생 수의 ☐배입니다.

(2) 떡볶이를 좋아하는 학생이 12명일 때, 치킨을 좋아하는 학생은 $12\times\square=\square$(명)입니다.

바빠 다지기 문제

✔ 다음을 구하세요.

1-1

받고 싶은 선물별 학생 수

선물	장난감	만화책	신발	합계
학생 수(명)	8	7	5	20
백분율(%)				100

표를 완성하고 띠그래프로 나타내어 보세요.

받고 싶은 선물별 학생 수

0 10 20 30 40 50 60 70 80 90 100(%)

2-1

마을별 학생 수

마을	행복	소망	장미	합계
학생 수(명)	25	15	10	
백분율(%)				

표를 완성하고 원그래프로 나타내어 보세요.

마을별 학생 수

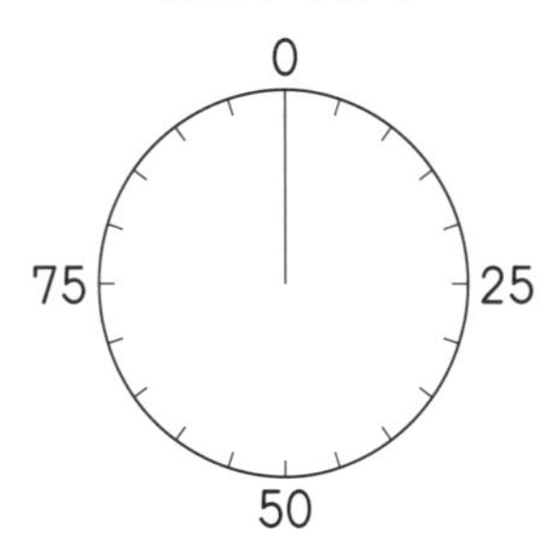

1 형준이네 반 학생들이 태어난 계절을 조사하여 나타낸 막대그래프입니다. 전체 학생 수는 36명이고, 가을에 태어난 학생은 봄에 태어난 학생보다 4명 적습니다. 겨울에 태어난 학생은 몇 명인가요?

가을에 태어난 학생 수를 먼저 구한 후 겨울에 태어난 학생 수를 구해요.

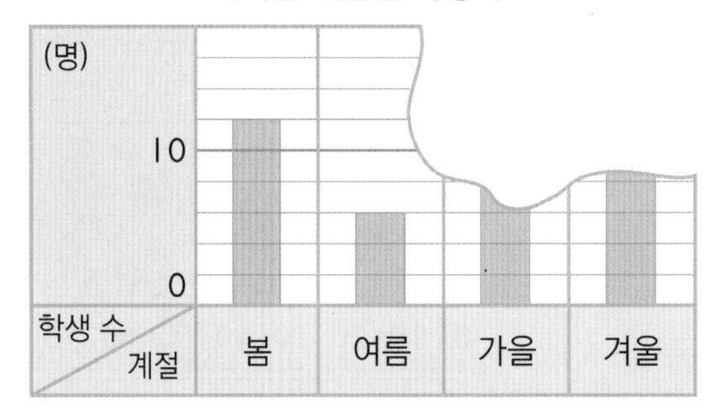

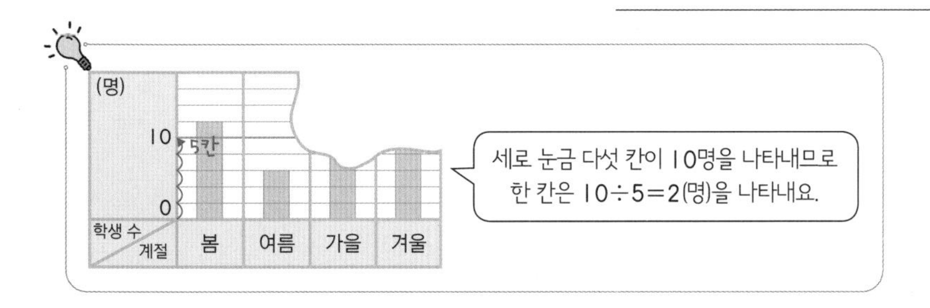

2 어느 지역의 강수량을 매년 5월에 조사하여 나타낸 꺾은선그래프입니다. 전년에 비해 강수량의 변화가 가장 큰 때의 강수량은 몇 mm인가요?

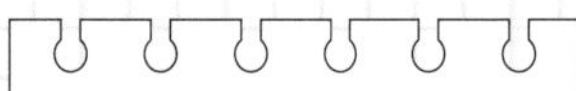

변화가 큼 변화가 작음

선이 많이 기울어질수록 변화가 커요.

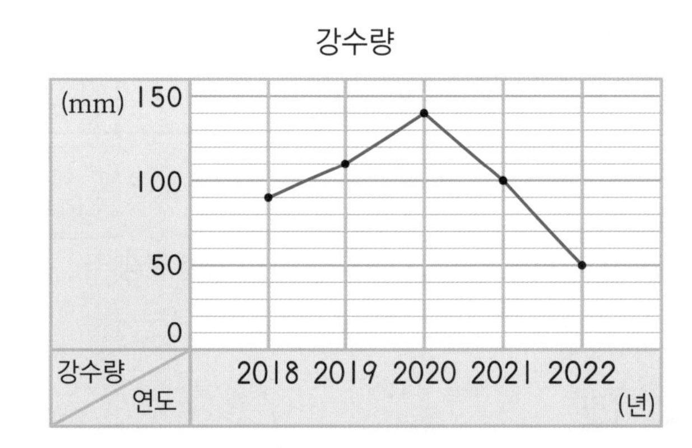

★막대그래프는 항목별 수량을, 꺾은선그래프는 항목별 변화를 비교하기 쉬워요.
★띠그래프와 원그래프는 전체에 대한 각 항목별 비율을 알기 편해요.

3 반려동물 동호회 회원 50명이 키우는 동물을 조사하여 나타낸 띠그래프입니다. 고양이를 키우는 회원은 몇 명인가요?

백분율의 합계는 100 %예요.

키우는 동물별 회원 수

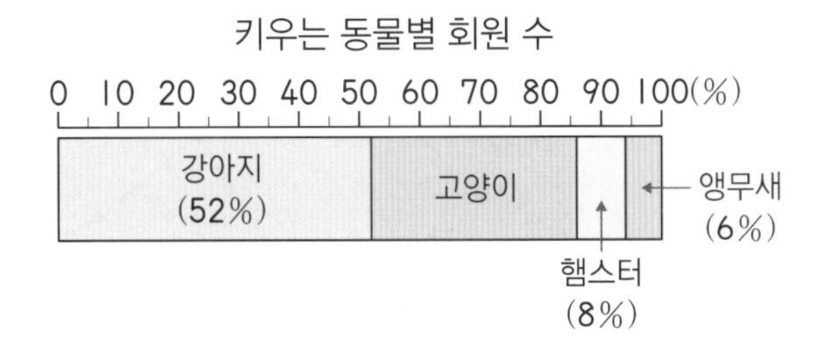

전체 ●의 ▲%는 ●×▲/100 예요.

4 어떤 마을에서 하루 동안 배출한 쓰레기양을 조사하여 나타낸 원그래프입니다. 음식물 배출량은 일반쓰레기 배출량의 몇 배인가요?

원그래프는 비율을 나타내므로 전체에 대한 각 부분의 비율을 한눈에 알아보기 쉬울 뿐만 아니라 각 항목끼리의 비율도 쉽게 비교할 수 있어요.

쓰레기 배출량별 무게

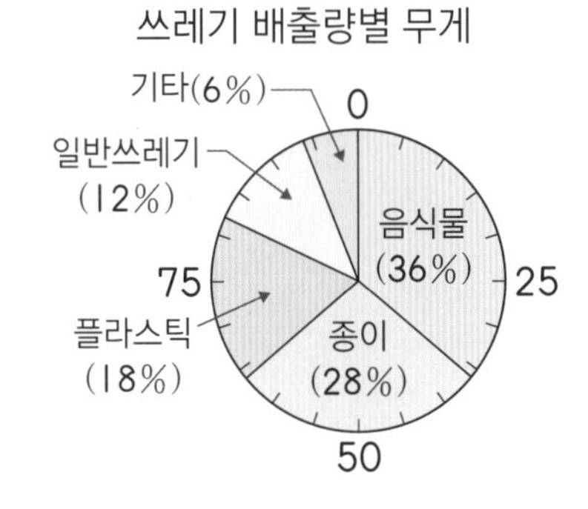

[1~4]

송미네 반 학생들의 혈액형을 조사하여 나타낸 표와 막대그래프입니다. 물음에 답하세요.

혈액형별 학생 수

혈액형	A형	B형	O형	AB형	합계
학생 수(명)	7	10	8	5	

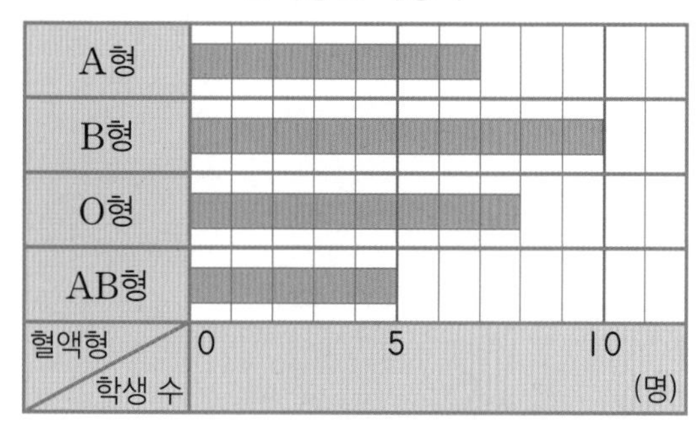

1

조사한 전체 학생 수는 몇 명인가요?

( )

2

혈액형이 O형인 학생은 몇 명인가요?

( )

3

학생 수가 AB형의 2배인 혈액형은 무엇인가요?

( )

4

표와 막대그래프 중 가장 적은 학생들의 혈액형이 무엇인지 알아보기 쉬운 것은 무엇인가요?

( )

[5~8]

어느 문구점의 형광펜 판매량을 조사하여 나타낸 꺾은선그래프입니다. 물음에 답하세요.

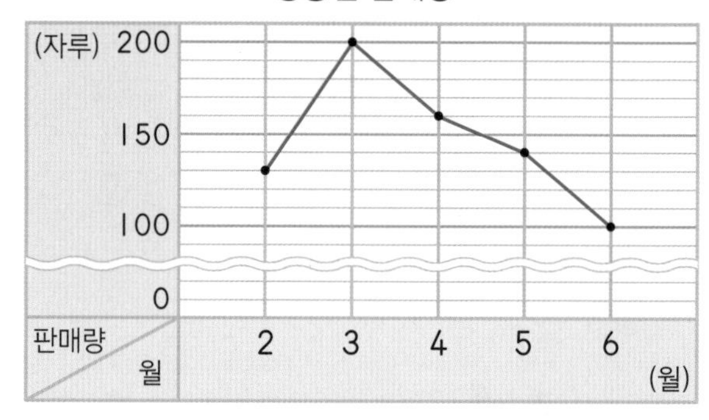

5

세로 눈금 한 칸은 몇 자루를 나타내나요?

( )

6

형광펜 판매량이 가장 많은 때는 몇 월인가요?

( )

7

형광펜 판매량이 줄어들기 시작한 때는 몇 월인가요?

( )

8

형광펜 판매량의 변화가 가장 큰 때는 몇 월과 몇 월 사이인가요?

( )

9

요리 동아리 회원 40명이 만든 음식을 조사하여 나타낸 막대그래프입니다. 파스타를 만든 회원이 떡볶이를 만든 회원보다 4명 많다면 볶음밥을 만든 회원은 몇 명인가요?

만든 음식별 회원 수

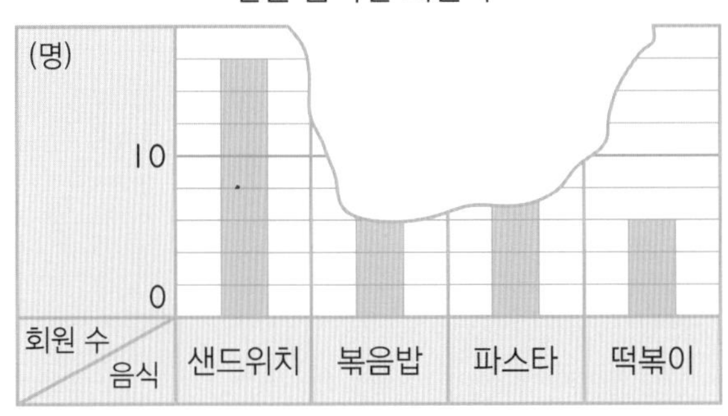

( )

[10~11]

유진이네 반 학생 25명이 먹고 싶은 빵을 조사하여 나타낸 띠그래프입니다. 물음에 답하세요.

먹고 싶은 빵별 학생 수

0 10 20 30 40 50 60 70 80 90 100(%)

초코빵 (20%)	소시지빵 (40%)	크림빵 (24%)	소금빵

10

가장 많은 학생들이 먹고 싶은 빵은 무엇인가요?

( )

11

소금빵이 먹고 싶은 학생은 몇 명인가요?

( )

[12~14]

어느 과수원의 올해 과일별 수확량을 조사하여 나타낸 원그래프입니다. 물음에 답하세요.

과일별 수확량

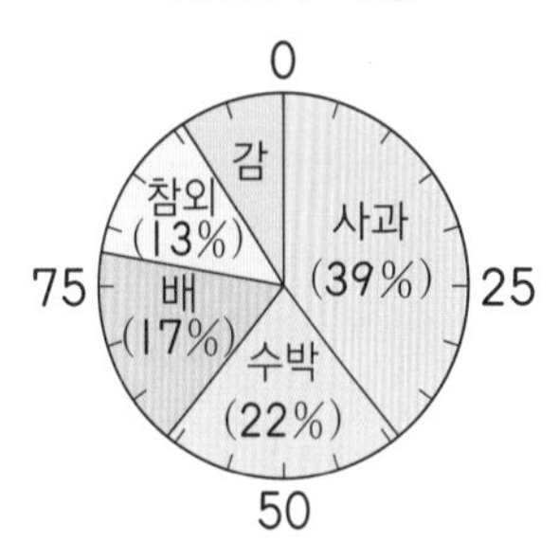

12

감의 수확량은 전체의 몇 %인가요?

( )

13

사과의 수확량은 참외의 수확량의 몇 배인가요?

( )

14

사과, 배, 감은 가을에 수확합니다. 이 과수원에서 가을에 수확한 과일의 수확량은 전체의 몇 %인가요?

( )

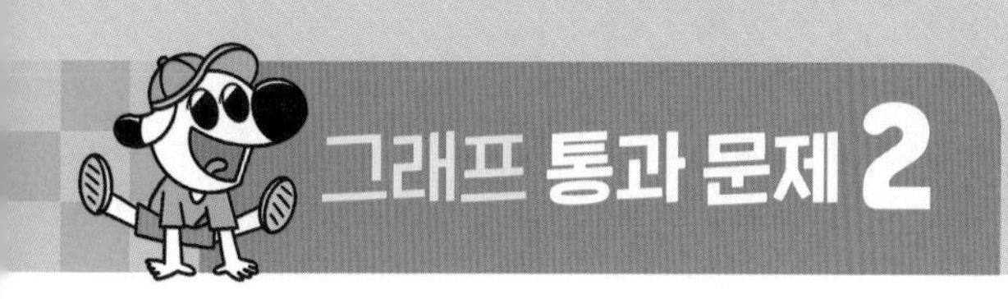

[1~4]

현주네 학교 6학년 학생들이 좋아하는 과목을 조사하여 나타낸 막대그래프입니다. 물음에 답하세요.

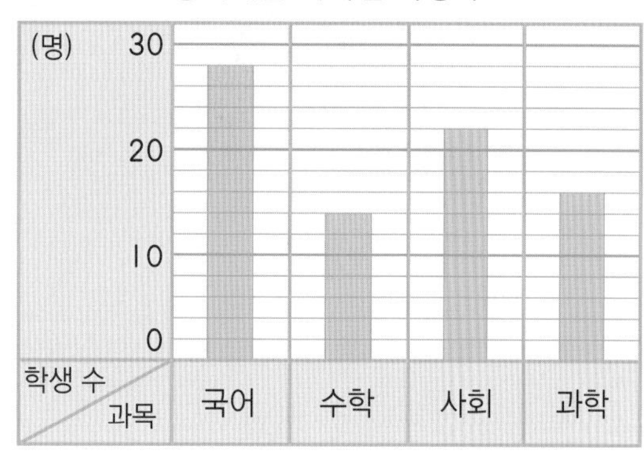

1

세로 눈금 한 칸은 몇 명을 나타내나요?

( )

2

수학을 좋아하는 학생은 몇 명인가요?

( )

3

두 번째로 많은 학생들이 좋아하는 과목은 무엇인가요?

( )

4

16명보다 많은 학생들이 좋아하는 과목은 몇 과목인가요?

( )

[5~7]

성진이가 키우는 파의 키를 2일 간격으로 조사하여 나타낸 꺾은선그래프입니다. 물음에 답하세요.

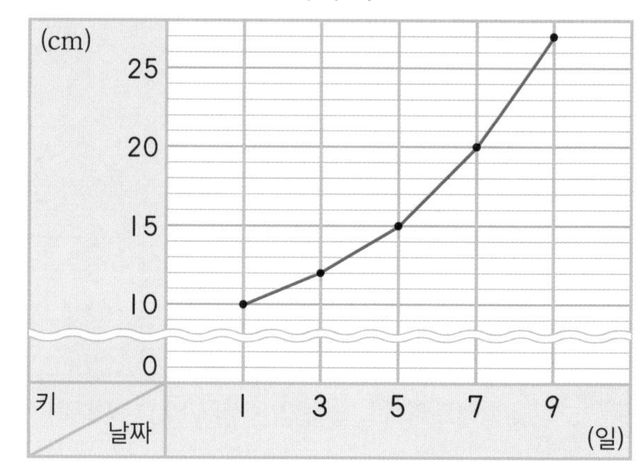

5

1일부터 9일까지 파의 키는 어떻게 변하였나요?

( )

6

파의 키의 변화가 가장 큰 때는 며칠과 며칠 사이인가요?

( )

7

조사한 기간 동안 늘어난 파의 키는 모두 몇 cm인가요?

( )

[8~9]

규성이네 학교 5, 6학년 학생들이 좋아하는 운동을 조사하여 나타낸 띠그래프입니다. 물음에 답하세요.

좋아하는 운동별 학생 수

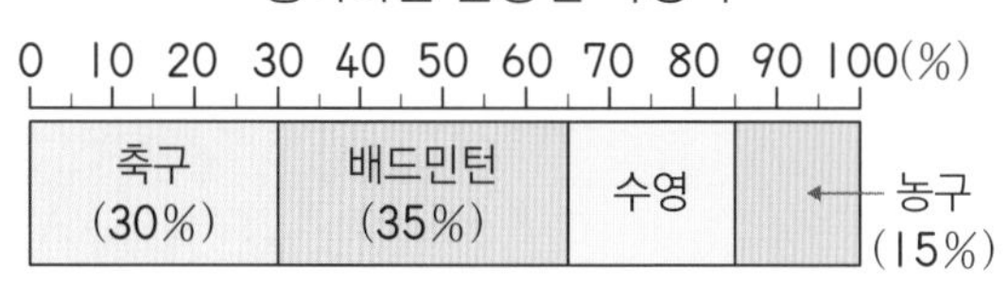

8

수영을 좋아하는 학생은 전체의 몇 %인가요?

(　　　　　)

9

농구를 좋아하는 학생이 30명일 때, 축구를 좋아하는 학생은 몇 명인가요?

(　　　　　)

10

이안이네 반 학생들이 선호하는 소풍 장소를 조사하여 길이가 20 cm인 띠그래프로 나타낸 것입니다. 동물원을 선호하는 학생은 전체의 몇 %인지 구하세요.

선호하는 소풍 장소별 학생 수

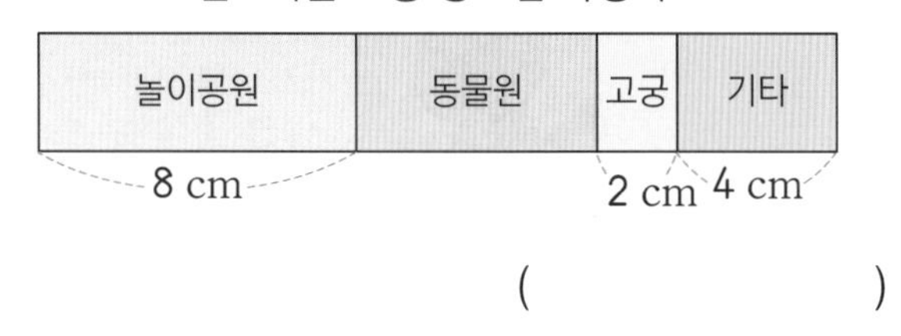

(　　　　　)

[11~14]

지아네 학교에서 나오는 잡곡밥에 들어 있는 잡곡의 양을 조사하여 나타낸 원그래프입니다. 물음에 답하세요.

잡곡의 양

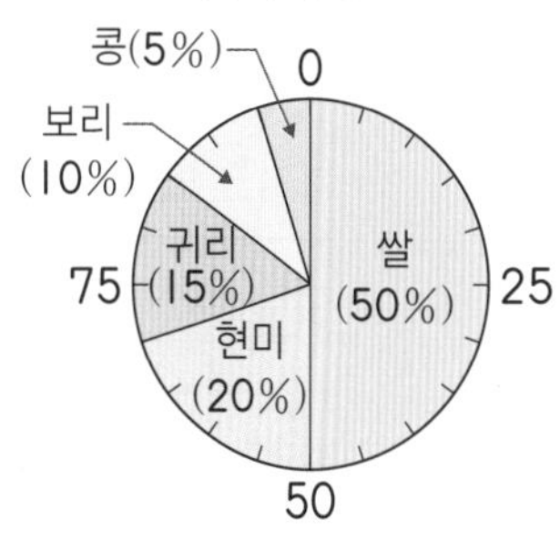

11

귀리의 양은 전체의 몇 %인가요?

(　　　　　)

12

잡곡밥에 두 번째로 많이 들어 있는 잡곡은 무엇인가요?

(　　　　　)

13

잡곡밥에 들어 있는 현미의 양은 콩의 양의 몇 배인가요?

(　　　　　)

14

잡곡밥 한 공기의 무게가 180 g일 때, 잡곡밥 한 공기에 들어 있는 귀리의 무게는 몇 g인가요?

(　　　　　)

30 평균

■ **평균**: 각 자료의 값을 모두 더해 자료의 수로 나눈 값

(평균)=(자료의 값을 모두 더한 수)÷(자료의 수)

$=\frac{(\text{자료의 값을 모두 더한 수})}{(\text{자료의 수})}$

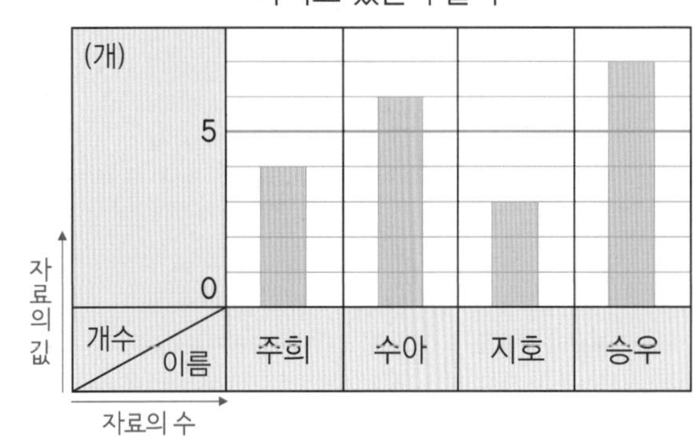

자료의 수 → 가지고 있는 구슬 수

이름	주희	수아	지호	승우
구슬 수(개)	4	6	3	7

자료의 값 →

➡ (평균)=(4+6+3+7)÷4=20÷4=5(개)

(4+6+3+7): 자료의 값을 모두 더한 수, 4: 자료의 수

■ **평균을 보고 자료 완성하기**

하연이의 과목별 단원 평가 점수

과목	국어	수학	사회	과학	평균
점수(점)	95		80	85	90

하연이의 과목별 단원 평가 점수의 평균은 90점이에요.

(1) 하연이의 과목별 단원 평가 점수의 합 구하기 (자료의 값을 모두 더한 수(자료 값의 총합))

(하연이의 과목별 단원 평가 점수의 합)=90×4=360(점)

4: 자료의 수(과목 수)

자료의 값을 모두 더한 수는 (평균)×(자료의 수)예요.

(2) 수학 점수 구하기

95+(수학 점수)+80+85=360 ➡ (수학 점수)=360−260=100(점)

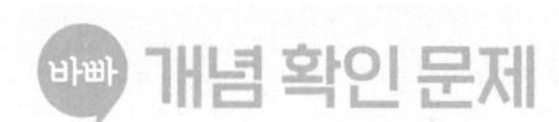

✔ 다음을 구하세요.

1

12 18 16 22

➡ (네 수의 평균)

=(12+□+□+□)÷□

=□÷□=□

2

보드게임 동아리 회원의 나이

이름	영지	재성	세욱	수연
나이(살)	15	18	16	15

➡ (나이의 평균)

$= \frac{15+\square+\square+\square}{\square}$

$= \frac{\square}{\square} = \square$(살)

3

32 28 29 33 ★

평균: 31

(자료의 값을 모두 더한 수)

=□×5=□

➡ ★=□−(32+28+29+33)

=□

다지기 문제

✔ 다음을 구하세요.

1-1

8 17 7 13 20

➡ (다섯 수의 평균)=□

2-1

해인이의 제기차기 기록

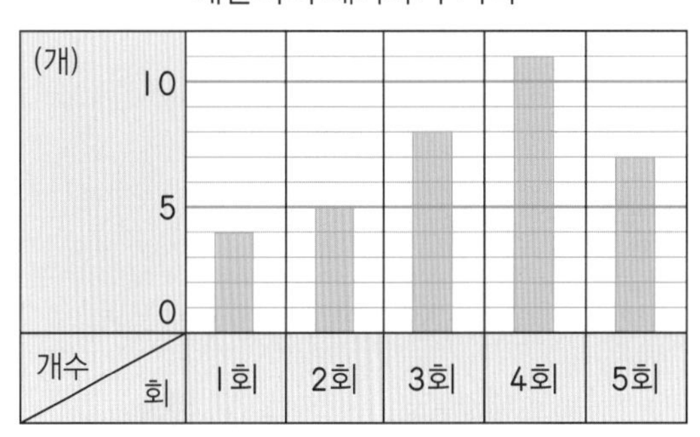

➡ (제기차기 기록의 평균)=□개

3-1

효주의 과목별 단원 평가 점수

과목	국어	수학	영어	과학	평균
점수(점)	82	90		93	88

(효주의 과목별 단원 평가 점수의 합)=□점

➡ (영어 점수)=□점

평균과 가능성

31 가능성

가능성: 어떠한 상황에서 특정한 일이 일어나길 기대할 수 있는 정도

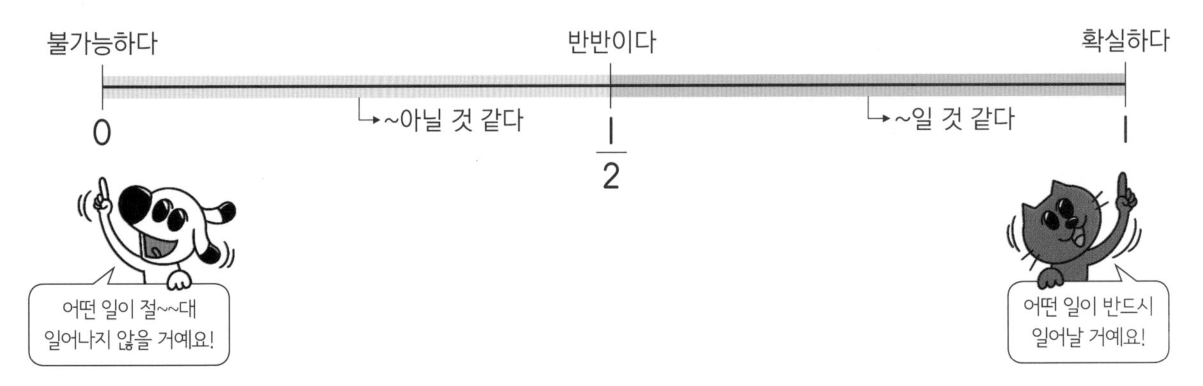

불가능하다
반반이다
확실하다
0
~아닐 것 같다
$\frac{1}{2}$
~일 것 같다
1
어떤 일이 절~~대 일어나지 않을 거예요!
어떤 일이 반드시 일어날 거예요!

➡ 일이 일어날 가능성은 0과 1 사이에 있습니다. 확실하게 일어날 일의 가능성은 1, 불가능한 일이 일어날 가능성은 0으로 표현할 수 있습니다.

가능성 비교하기

• 화살이 빨간색에 멈출 가능성 비교하기

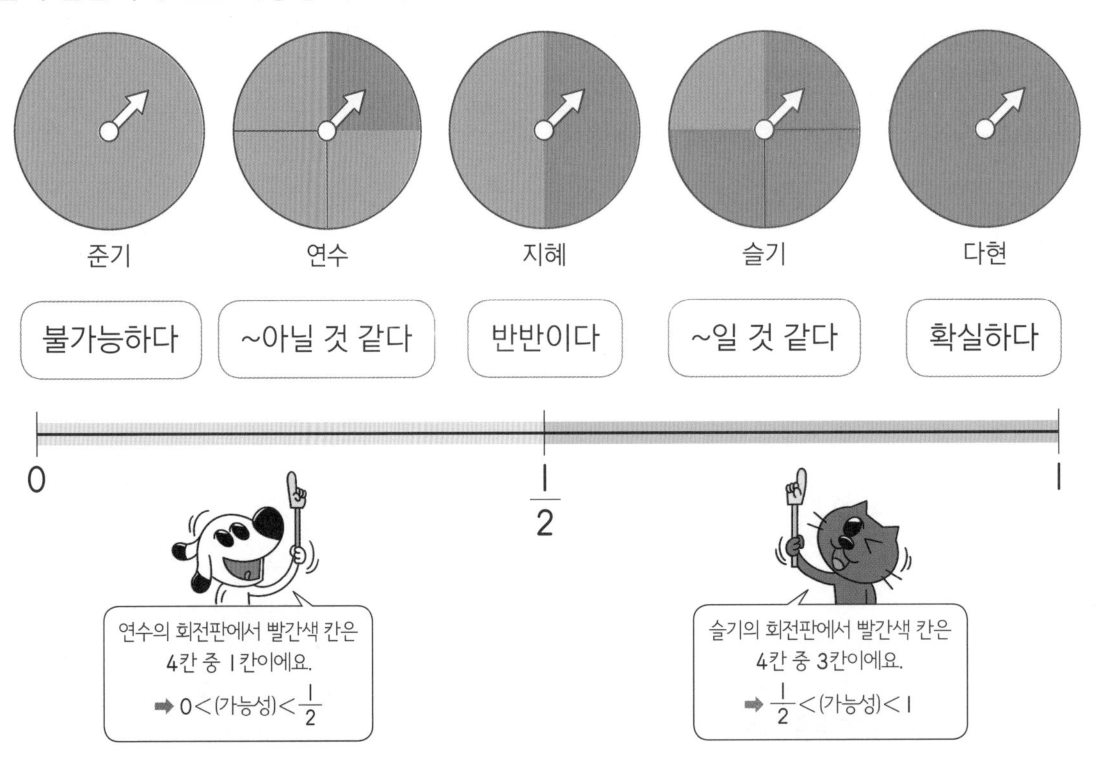

준기
연수
지혜
슬기
다현
불가능하다
~아닐 것 같다
반반이다
~일 것 같다
확실하다
0
$\frac{1}{2}$
1
연수의 회전판에서 빨간색 칸은 4칸 중 1칸이에요. ➡ 0<(가능성)<$\frac{1}{2}$
슬기의 회전판에서 빨간색 칸은 4칸 중 3칸이에요. ➡ $\frac{1}{2}$<(가능성)<1

➡ 화살이 빨간색에 멈출 가능성은 다현이가 가장 높고, 준기가 가장 낮습니다.

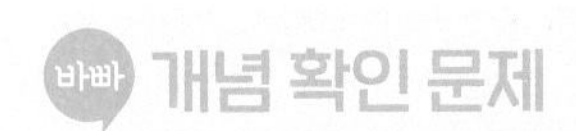
바빠 개념 확인 문제

✔ 다음을 구하세요.

1

주머니에서 구슬
한 개를 꺼내야지!

➡ 꺼낸 구슬이 노란색일 가능성을 말로 표현하면 '[ ]'입니다.

2

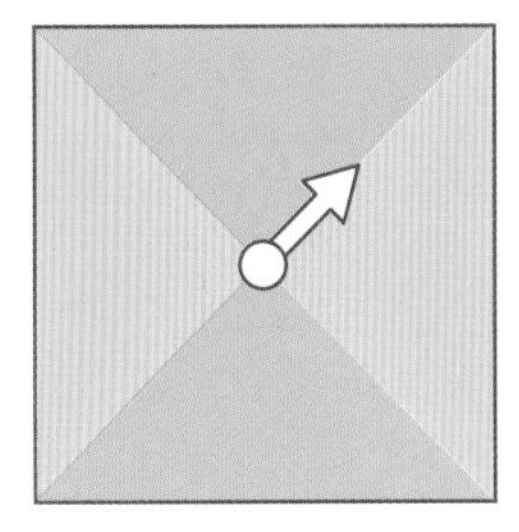

➡ 화살이 빨간색에 멈출 가능성을 수로 표현하면 [ ]입니다.

3

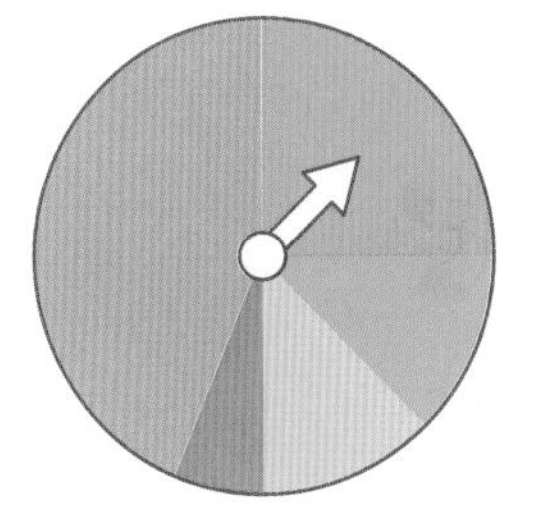

➡ 화살이 멈출 가능성이 가장 낮은 색은 [ ]입니다.

바빠 다지기 문제

✔ 다음을 구하세요.

1-1

주사위를 굴리면 주사위 눈의 수가
5 이하로 나올 것입니다.

➡ 일이 일어날 가능성을 말로 표현하면
'[ ]'입니다.

2-1

동전을 던지면 그림 면이 나올 것입니다.

➡ 일이 일어날 가능성을 수로 표현하면
[ ]입니다.

3-1

㉠ 내일은 해가 동쪽에서 뜰 것입니다.
㉡ 주사위를 굴리면 주사위 눈의 수가 3의 약수로 나올 것입니다.

➡ 일이 일어날 가능성이 더 높은 것은 [ ]입니다.

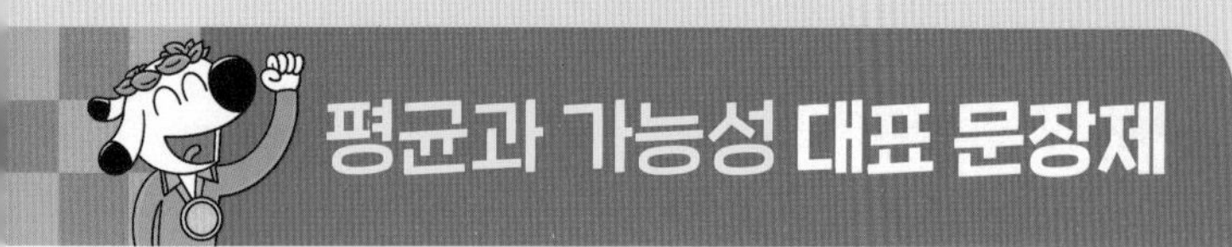
평균과 가능성 대표 문장제

1 승규네 모둠과 예슬이네 모둠의 100 m 달리기 기록을 나타낸 표입니다. 어느 모둠이 더 잘했다고 볼 수 있나요?

승규네 모둠의 100 m 달리기 기록

이름	승규	영채	유나	서진
기록(초)	14	15	18	17

예슬이네 모둠의 100 m 달리기 기록

이름	예슬	요한	미주
기록(초)	16	14	15

기록의 평균이 더 빠른 모둠이
더 잘했다고 볼 수 있어요.

두 모둠의 기록을 비교할 때는 기록의 평균을 구하여 어느 모둠이 더 잘했는지 알 수 있어요.

2 지수와 영진이의 줄넘기 기록의 평균이 같을 때 영진이의 마지막 줄넘기 기록은 몇 개인가요?

지수 62 63 57 58 영진 65 59 54 ●

두 사람의 '평균'과
'자료의 수'는 각각 같아.

그렇다면 두 사람의
자료 값의 총합도 같겠네!

(평균)×(자료의 수)
=(자료 값의 총합)

★ $(\text{평균})=\dfrac{(\text{자료의 값을 모두 더한 수})}{(\text{자료의 수})}$

★ 가능성은 어떠한 상황에서 특정한 일이 일어나길 기대할 수 있는 정도로 0, $\frac{1}{2}$, 1의 수로 표현할 수 있어요.

3 시완, 민채, 하진 세 사람의 나이의 평균은 14살이고, 혜선이의 나이는 18살입니다. 네 사람의 나이의 평균은 몇 살인가요?

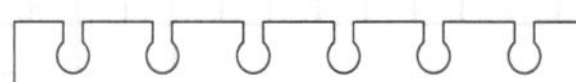

(시완, 민채, 하진 세 사람의 나이의 합)
=(세 사람의 나이의 평균)×3

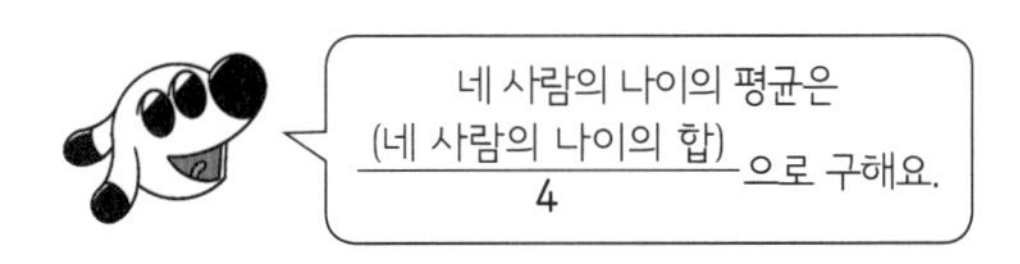

4 상자 안에 1번부터 15번까지의 번호표가 있습니다. 상자 안에서 번호표를 한 개 꺼낼 때 16번 번호표를 꺼낼 가능성을 말로 표현해 보세요.

상자 안에 있는 번호표인지 확인하여 일이 일어날 가능성을 말로 표현해요.

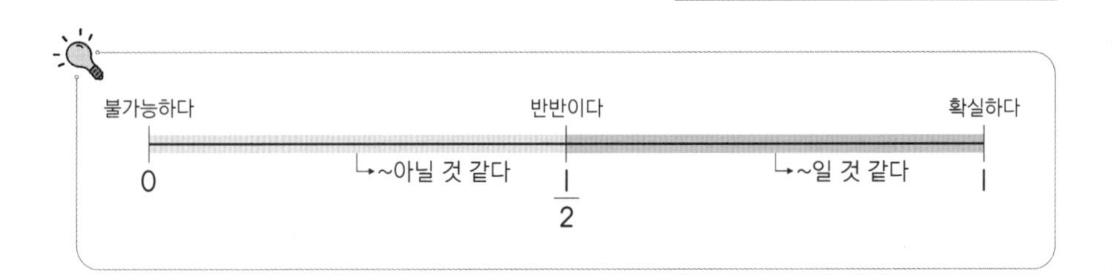

5 빨간색 구슬 2개, 노란색 구슬 3개, 파란색 구슬 1개가 들어 있는 상자에서 구슬 1개를 꺼냈습니다. 꺼낸 공이 노란색이 아닐 가능성을 수로 표현해 보세요.

전체 구슬 수와 노란색이 아닌 구슬 수를 비교해 가능성을 구해요.

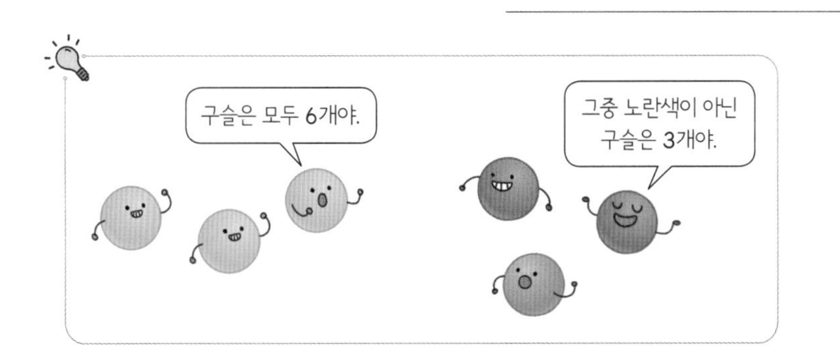

구슬은 모두 6개야.
그중 노란색이 아닌 구슬은 3개야.

평균과 가능성 통과 문제 1

1

오형이네 모둠이 읽은 책의 수의 평균을 구하세요.

오형이네 모둠이 읽은 책의 수

이름	오형	진수	영주	세홍
책의 수(권)	19	23	16	18

(　　　　　　)

2

재윤이는 하루에 컴퓨터를 평균 2시간 합니다. 재윤이가 4월 한 달 동안 컴퓨터를 한 시간을 구하세요.

(　　　　　　)

4월은 30일까지 있어요.

3

5장의 수 카드 중 한 장을 뽑을 때 뽑은 카드의 수가 35보다 클 가능성을 말로 표현해 보세요.

31　36　34　29　40

(　　　　　　)

4

민호와 지현이의 훌라후프 돌리기 기록입니다. 훌라후프 돌리기 기록의 평균이 더 높은 사람은 누구인지 구하세요.

민호　20　28　25　19　23

지현　26　32　17　23　22

(　　　　　　)

5

화살이 빨간색에 멈출 가능성이 더 높은 회전판을 찾아 기호를 쓰고, 가능성을 말로 표현해 보세요.

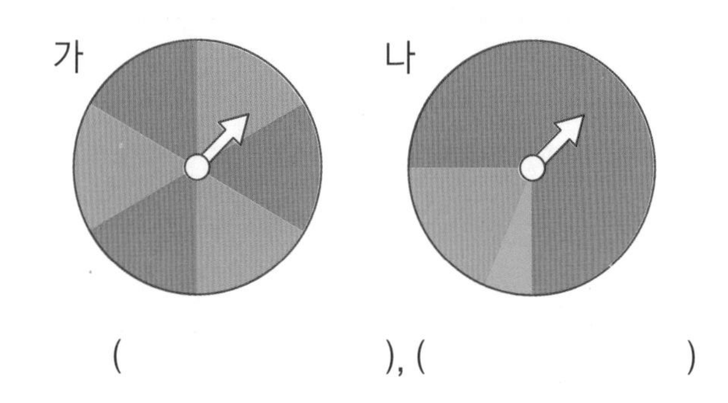

(　　　　　　), (　　　　　　)

6

1부터 12까지의 수가 적힌 카드가 12장 있습니다. 이 중에서 카드 1장을 뽑을 때, 12의 약수가 적힌 카드가 나올 가능성에 ↓로 나타내세요.

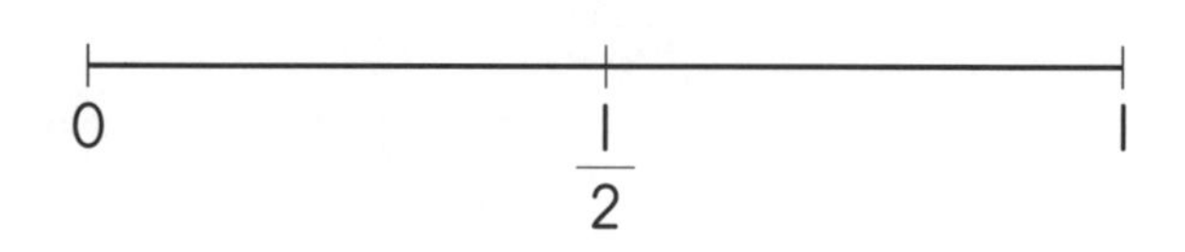

[7~8]

보검이와 유정이의 영어 점수를 나타낸 표입니다. 물음에 답하세요.

보검이의 영어 점수

회	1회	2회	3회	4회
점수(점)	82	90	86	78

유정이의 영어 점수

회	1회	2회	3회	4회
점수(점)	84	88	77	

7

3회까지의 영어 점수의 평균이 더 높은 학생을 구하세요.

(　　　　　　)

8

보검이와 유정이의 4회까지의 영어 점수의 평균이 같을 때, 유정이의 4회 영어 점수는 몇 점인가요?

(　　　　　　)

9

일이 일어날 가능성이 '확실하다'인 것은 어느 것인가요? (　　)

① 동전을 던질 때 숫자 면이 나올 가능성

② 12월 32일이 있을 가능성

③ 파란색 구슬만 3개 들어 있는 주머니에서 꺼낸 구슬이 흰색일 가능성

④ 일요일 다음날이 월요일일 가능성

⑤ 주사위를 굴릴 때 눈의 수가 1이 나올 가능성

10

파란색 구슬 3개, 주황색 구슬 8개, 보라색 구슬 5개가 들어 있는 상자에서 구슬 1개를 꺼냈습니다. 꺼낸 구슬이 주황색이 아닐 가능성을 말로 표현해 보세요.

(　　　　　　)

11

일이 일어날 가능성을 수로 표현했을 때 0인 것을 찾아 기호를 쓰세요.

㉠ 초록색 구슬만 3개 들어 있는 주머니에서 꺼낸 구슬이 초록색일 가능성

㉡ 빨간색 색종이 1장과 노란색 색종이 1장 중에서 고른 색종이가 빨간색일 가능성

㉢ 청바지 2벌이 들어 있는 옷장에서 치마 한 벌을 고를 가능성

(　　　　　　)

다섯 사람의 기록의 평균은 $\frac{(다섯 사람의 기록의 합)}{5}$으로 구할 수 있어요.

12

지아, 영지, 현성, 민재 네 사람의 제기차기 기록의 평균은 13개이고, 호영이의 제기차기 기록은 18개입니다. 다섯 사람의 제기차기 기록의 평균을 구하세요.

(　　　　　　)

평균과 가능성 통과 문제 2

1

바나나 5개의 무게를 잰 것입니다. 바나나 1개의 무게는 평균 몇 g인가요?

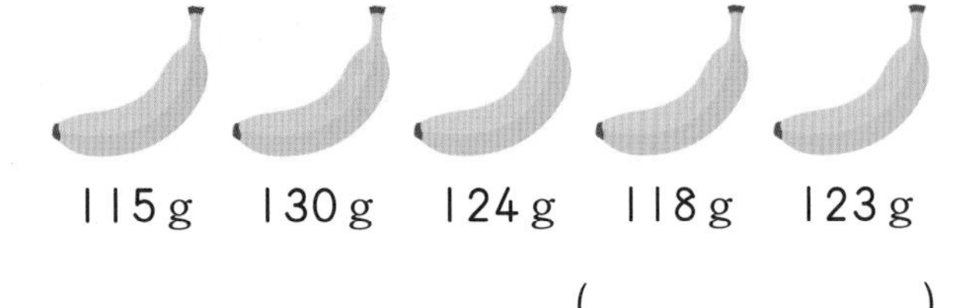

(　　　　　　)

2

카드 6장 중 한 장을 뽑을 때, 하트가 그려진 카드를 뽑을 가능성은 $\frac{1}{2}$입니다. 마지막 카드에 그려진 모양은 어느 것인가요? (　　　)

① ◆　② ♥　③ ♣
④ ★　⑤ ●

3

현주네 모둠과 규호네 모둠의 제기차기 기록을 나타낸 표입니다. 어느 모둠이 더 잘했다고 볼 수 있나요?

현주네 모둠의 제기차기 기록

이름	현주	지민	경호	민서
개수(개)	14	21	18	11

규호네 모둠의 제기차기 기록

이름	규호	석진	나연	영찬	유미
개수(개)	9	15	22	18	11

(　　　　　　)

[4~6]

지선이의 수학 수행 평가 점수를 나타낸 표입니다. 물음에 답하세요.

지선이의 수학 수행 평가 점수

회	1회	2회	3회	4회	5회
점수(점)	78	83	79	88	

4

1회부터 4회까지의 수학 수행 평가 점수의 평균을 구하세요.

(　　　　　　)

5

5회 수학 수행 평가를 치른 후 1회부터 5회까지의 점수의 평균이 4회까지의 점수의 평균보다 1점 높아졌습니다. 5회 수학 수행 평가 점수를 구하세요.

(　　　　　　)

6

1회부터 5회까지의 점수의 평균보다 더 높은 점수를 받은 회차를 모두 쓰세요.

(　　　　　　)

7

1부터 8까지의 수가 적힌 8개의 구슬이 들어 있는 주머니에서 구슬 1개를 뽑았습니다. 짝수인 수가 적힌 구슬을 뽑을 가능성을 수로 표현해 보세요.

( )

8

일이 일어날 가능성을 찾아 선으로 이어 보세요.

동물원에 용이 있을 가능성 •	• 확실하다
흰 우유와 초코 우유 중 흰 우유를 고를 가능성 •	• 반반이다
4월 30일 다음 날이 5월 1일일 가능성 •	• 불가능하다

9

일이 일어날 가능성이 낮은 것부터 차례로 기호를 쓰세요.

㉠ 주사위를 굴리면 주사위 눈의 수가 4의 약수가 나올 가능성
㉡ 흰 돌만 3개 들어 있는 주머니에서 꺼낸 돌이 검은 돌일 가능성
㉢ 당첨 제비 2개를 포함한 6개의 제비 중 뽑은 제비가 당첨 제비일 가능성

( )

10

용돈을 민우는 2주일 동안 5600원 모았고, 지혜는 20일 동안 7200원 모았습니다. 하루에 모은 용돈의 평균이 누가 얼마 더 많은지 구하세요.

( ), ( )

11

빨간색, 노란색, 초록색으로 이루어진 회전판을 40회 돌려 화살이 멈춘 횟수를 나타낸 표입니다. 일이 일어날 가능성이 가장 비슷한 회전판을 찾아 기호를 쓰세요.

색깔	빨간색	노란색	초록색
횟수(회)	14	20	6

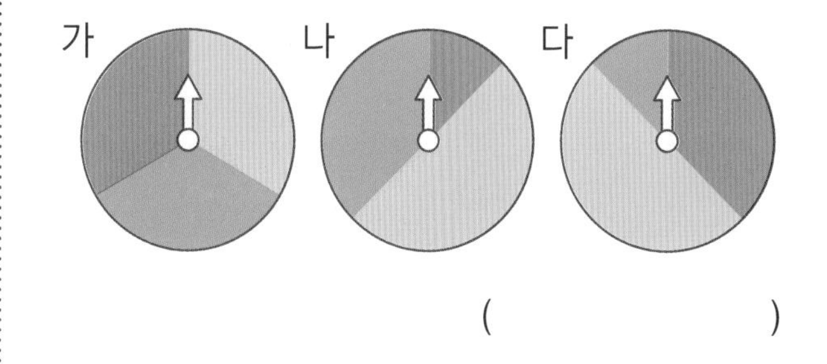

( )

12

연진이네 반 남학생 8명의 평균 키는 160 cm이고, 여학생 12명의 평균 키는 155 cm입니다. 연진이네 반 전체 학생의 키의 평균을 구하세요.

( )

통과 문제를 잘 풀지 못한 단원이 있다면?

바빠 연산법으로 취약한 단원만 빠르게 보강하세요!

Ⅰ 수와 연산 보충 교재

약수와 배수

자연수의 혼합 계산

5·6 분수

Ⅱ 도형과 측정 보충 교재

평면도형 계산

입체도형 계산

Ⅲ 규칙성 보충 교재

비와 비례

Ⅳ 자료와 가능성 보충 교재

확률과 통계

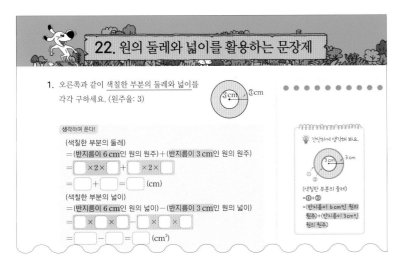

바빠 시리즈 초등 학년별 추천 도서

학년	학기별 연산책 바빠 교과서 연산 학기 중, 선행용으로 추천!	나 혼자 푼다 바빠 수학 문장제 학교 시험 서술형 완벽 대비!
1학년	· 바빠 교과서 연산 1-1 · 바빠 교과서 연산 1-2	· 나 혼자 푼다 바빠 수학 문장제 1-1 · 나 혼자 푼다 바빠 수학 문장제 1-2
2학년	· 바빠 교과서 연산 2-1 · 바빠 교과서 연산 2-2	· 나 혼자 푼다 바빠 수학 문장제 2-1 · 나 혼자 푼다 바빠 수학 문장제 2-2
3학년	· 바빠 교과서 연산 3-1 · 바빠 교과서 연산 3-2	· 나 혼자 푼다 바빠 수학 문장제 3-1 · 나 혼자 푼다 바빠 수학 문장제 3-2
4학년	· 바빠 교과서 연산 4-1 · 바빠 교과서 연산 4-2	· 나 혼자 푼다 바빠 수학 문장제 4-1 · 나 혼자 푼다 바빠 수학 문장제 4-2
5학년	· 바빠 교과서 연산 5-1 · 바빠 교과서 연산 5-2	· 나 혼자 푼다 바빠 수학 문장제 5-1 · 나 혼자 푼다 바빠 수학 문장제 5-2
6학년	· 바빠 교과서 연산 6-1 · 바빠 교과서 연산 6-2	· 나 혼자 푼다 바빠 수학 문장제 6-1 · 나 혼자 푼다 바빠 수학 문장제 6-2

바빠

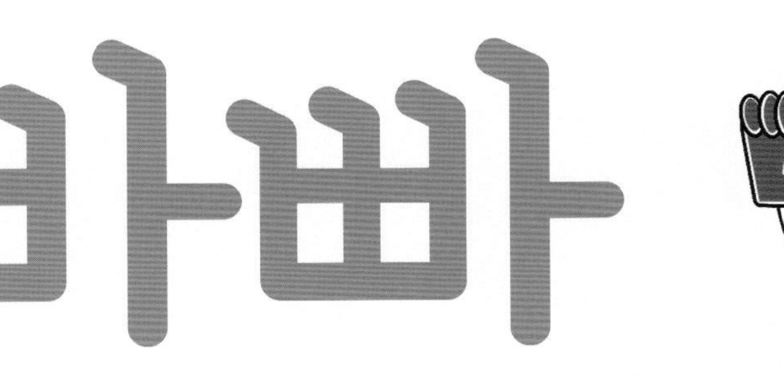

중학 수학으로 연결되는

초등 수학 총정리

13일 완성

이지스에듀

맨날 노는데 수학 잘하는 너! 도대체 비결이 뭐야?

① 정답을 확인한 후 틀린 문제는 ☆표를 쳐 놓으세요.
② 그런 다음 연습장에 틀린 문제를 옮겨 적으세요.
③ 그리고 그 문제들만 한 번 더 풀어 보세요.

시간은 얼마 걸리지 않아요. 그러나 이때 실력이 확 붙는 거예요. 아는 문제를 여러 번 다시 푸는 건 시간 낭비예요.

내가 틀린 문제만 모아서 풀면 아무리 바쁘더라도 수학 실력을 키울 수 있어요!

비결은 간단해!

바빠

중학 수학으로 연결되는

초등 수학 총정리

이지스에듀

바빠 개념 확인 문제

✔ 다음을 구하세요.

1

15÷[1]=15　　15÷[3]=5
15÷[5]=3　　15÷[15]=1

➡ 15의 약수는 [1], [3], [5], [15]입니다.

2

8×1=[8]　　8×2=[16]
8×3=[24]　　8×4=[32]

➡ 8의 배수를 가장 작은 수부터 차례대로 4개 쓰면 [8], [16], [24], [32]입니다.

3

35=1×35　35÷1=35
35=5×7　35÷5=7

➡ 1, 5, 7, 35는 35의 [약수]입니다.
➡ 35는 1, 5, 7, 35의 [배수]입니다.

바빠 다지기 문제

✔ 다음을 구하세요.

1-1
16의 약수를 모두 구하세요.

1, 2, 4, 8, 16

16÷1=16, 16÷2=8, 16÷4=4, 16÷8=2, 16÷16=1

2-1
21의 배수를 가장 작은 수부터 차례대로 4개 쓰세요.

21, 42, 63, 84

21×1=21, 21×2=42, 21×3=63, 21×4=84

3-1

20=1×[20]
20=2×[10]
20=4×[5]

➡ 20은 1, 2, 4, 5, 10, 20의 배수이고, 1, 2, 4, 5, 10, 20은/는 20의 약수입니다.

바빠 개념 확인 문제

✔ 다음을 구하세요.

1

14의 약수: 1, 2, 7, 14
21의 약수: 1, 3, 7, 21

➡ 14와 21의 공약수: [1], [7]

2

26의 약수: 1, 2, 13, 26
39의 약수: 1, 3, 13, 39

➡ 26과 39의 공약수: [1], [13]
➡ 26과 39의 최대공약수: [13]

3

공통된 수를 곱하면 최대공약수가 돼요.

30=2×[3]×[5]
42=2×[3]×[7]

➡ 30과 42의 최대공약수: [2]×[3]=[6]

4

[2]) 12　32
[2]) 6　[16]
　　[3]　[8]

➡ 12와 32의 최대공약수: [2]×[2]=[4]

바빠 다지기 문제

✔ 다음을 구하세요.

1-1
12의 약수: 1, 2, 3, 4, 6, 12
20의 약수: 1, 2, 4, 5, 10, 20
➡ 12와 20의 공약수: 1, 2, 4

2-1
35와 40의 공약수: 1, 5
➡ 35와 40의 최대공약수: 5

35의 약수: 1, 5, 7, 35
40의 약수: 1, 2, 4, 5, 8, 10, 20, 40

3-1
27=3×[3]×[3]
45=3×[3]×[5]
➡ 27과 45의 최대공약수는 [9]입니다.

4-1

3) 30　45
5) 10　15
　　2　3

최대공약수는 두 수를 나누어떨어지게 하는 수 중 가장 큰 수예요.

➡ 30과 45의 최대공약수: 15

바빠 개념 확인 문제

✓ 다음을 구하세요.

1

9의 배수: 9, 18, 27, 36 ……
3의 배수: 3, 6, 9, 12, 15, 18 ……

➡ 9와 3의 공배수: 9, 18 ……

2

10의 배수: 10, 20, 30, 40, 50, 60 ……
15의 배수: 15, 30, 45, 60 ……

➡ 10과 15의 최소공배수: 30

3

공통된 수와 남은 수를 모두 곱하면 최소공배수가 돼요.

8=2×2×2
12=2×2×3
➡ 8과 12의 최소공배수:
2×2×2×3=24
(공통된 수, 남은 수)

4

2) 16 20
2) 8 10
4 5

➡ 16과 20의 최소공배수:
2×2×4×5=80

바빠 다지기 문제

✓ 다음을 구하세요.

1-1

4의 배수: 4, 8, 12, 16, 20, 24 ……
6의 배수: 6, 12, 18, 24, 30 ……
➡ 4와 6의 공배수: 12, 24 ……

2-1

24의 배수: 24, 48, 72, 96 ……
36의 배수: 36, 72, 108 ……
➡ 24와 36의 최소공배수: 72

3-1

18=2×3×3
45=3×3×5
➡ 18과 30의 최소공배수는 90입니다.

4-1

2) 14 42
7) 7 21
1 3

➡ 14와 42의 최소공배수: 42

바빠 개념 확인 문제

✓ 다음을 구하세요.

1

26 54 37

➡ 2의 배수: 26, 54

2

35 63 70

➡ 5의 배수: 35, 70

3

64 132 153

➡ 3의 배수: 132, 153

4

18 39 126

➡ 9의 배수: 18, 126

바빠 다지기 문제

✓ 다음을 구하세요.

1-1

6□

2의 배수이면서 십의 자리 숫자가 6인 두 자리 수

➡ 60, 62, 64, 66, 68

2-1

9□

5의 배수이면서 십의 자리 숫자가 9인 두 자리 수

➡ 90, 95

3-1

16□

3의 배수이면서 백의 자리 숫자가 1, 십의 자리 숫자가 6인 세 자리 수

➡ 162, 165, 168

1+6+□의 값이 3의 배수가 되는 □를 찾아요.

4-1

21□

9의 배수이면서 백의 자리 숫자가 2, 십의 자리 숫자가 1인 세 자리 수

➡ 216

약수와 배수 대표 문장제

★ 최대공약수 활용: '최대한 많은, 가장 큰, 최대~'가 나오면 최대공약수를 이용해요.
★ 최소공배수 활용: '가장 작은(적은), 다음번에, 동시에~'가 나오면 최소공배수를 이용해요.

1 연우는 컵케이크 6개를 친구들에게 남김없이 똑같이 나누어(약수) 주려고 합니다. 나누어 줄 수 있는 사람 수를 모두 찾아 ○표 하세요.

(1명) (2명) (3명) 4명 5명 (6명)

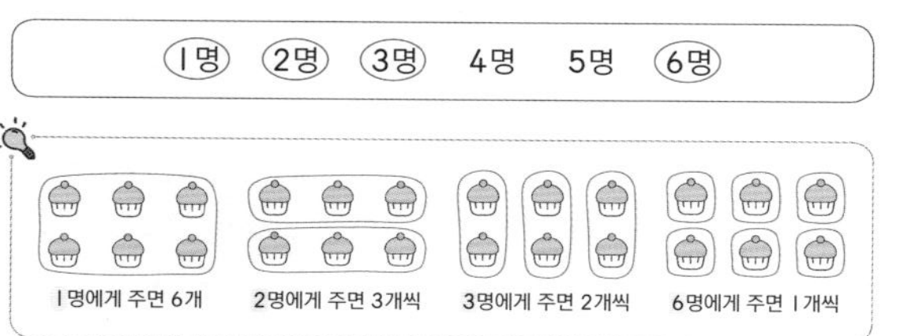

1명에게 주면 6개
2명에게 주면 3개씩
3명에게 주면 2개씩
6명에게 주면 1개씩

6개를 남김없이 똑같이 나누어 줄 수 있는 사람 수
↓
6을 나누어떨어지게 하는 수 구하기

2 자두 30개와 딸기 70개를 최대한 많은(최대) 학생에게 남김없이 똑같이 나누어(공약수) 주려고 할 때, 한 학생이 받을 수 있는 자두와 딸기는 각각 몇 개인가요?

3개, 7개

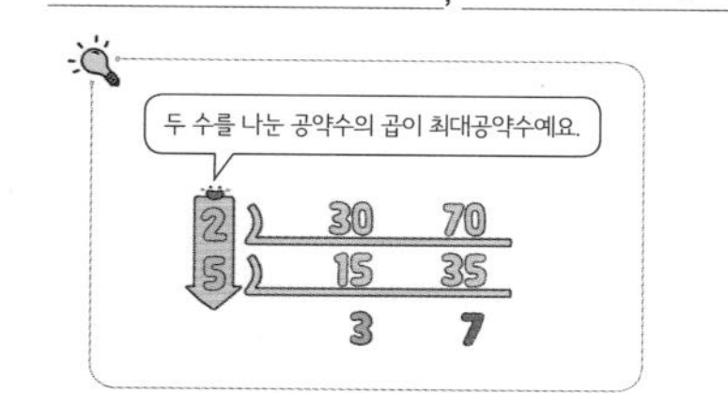

두 수를 나눈 공약수의 곱이 최대공약수예요.
2) 30 70
5) 15 35
3 7

최대한 많은 학생에게 남김없이 똑같이 나누어 주는 문제는 최대공약수를 활용하는 문제입니다.

2) 30 70
5) 15 35
3 7 ➡ 한 학생이 받을 수 있는 자두는 3개, 딸기는 7개입니다.

자두 딸기
★) 30 70
● ▲

★: 최대 학생 수
●: 한 학생이 받을 수 있는 자두의 개수
▲: 한 학생이 받을 수 있는 딸기의 개수

3 어떤 수를 15로 나누어도 나누어떨어지고 18로 나누어도 나누어떨어집니다. 어떤 수 중에서 가장 작은 수를 구하세요.

90

●는 15의 배수
● ÷ 15 = ▲
● ÷ 18 = ◆
●는 18의 배수

3) 15 18
5 6 ➡ 15와 18의 최소공배수: $3\times5\times6=90$
따라서 어떤 수 중에서 가장 작은 수는 90입니다.

●가 어떤 수일 때
●÷15
●÷18 이 나누어떨어지면
●는 15와 18의 공배수예요.

4 가로가 12 cm, 세로가 8 cm인 직사각형 모양의 색종이를 겹치지 않게 빈틈없이 이어 붙여서(공배수) 만들 수 있는 가장 작은(최소) 정사각형의 한 변의 길이는 몇 cm인지 구하세요.

24 cm

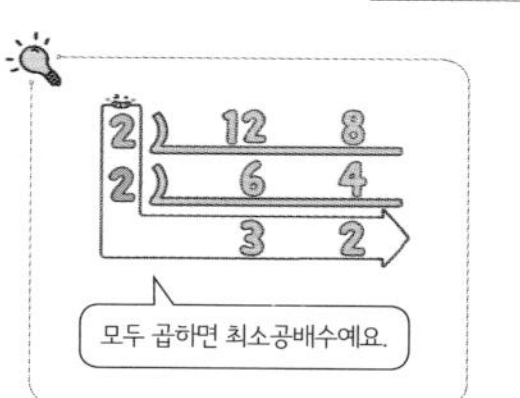

2) 12 8
2) 6 4
3 2 ➡ 12와 8의 최소공배수: $2\times2\times3\times2=24$
따라서 한 변의 길이가 24 cm인 정사각형을 만들 수 있습니다.

최소공배수의 활용
'가장 작은(적은)', '다음번에', '동시에', '일정한 간격(시간) 찾기'와 같은 말이 들어가면 최소공배수를 이용해요.

약수와 배수 통과 문제 1

맞힌 개수 / 14개

맞힌 개수 13개 이상: 통과! 틀린 문제를 확인하고 '통과 문제 2'를 푸세요!
맞힌 개수 10~12개: 01~04과를 틀린 부분 위주로 다시 공부하세요!
맞힌 개수 9개 이하: '바빠 약수와 배수'로 기본 개념부터 다시 공부하세요!

1
곱해서 12가 되는 두 수를 선으로 잇고, 12의 약수를 구하세요.

1 2 3 4 5 6 7 8 9 10 11 12

(1, 2, 3, 4, 6, 12)

2
모든 수의 약수가 되는 수를 구하세요.

(1)

3
6의 배수를 가장 작은 수부터 차례대로 4개 쓰세요.

(6, 12, 18, 24)

4
9의 배수를 모두 찾아 쓰세요.

36 6 63 84 62

(36, 63)

$9\times4=36$, $9\times7=63$

5
두 수가 약수와 배수의 관계인 것에 ○표 하세요.

48	8

(○)

6	50

( )

큰 수를 작은 수로 나누었을 때 나누어떨어지면 두 수는 약수와 배수의 관계입니다.
➡ $48\div8=6$, $50\div6=8\cdots2$

6
두 수를 여러 수의 곱으로 나타낸 곱셈식을 보고 두 수의 최소공배수를 구하세요.

$16=2\times2\times2\times2$
$12=2\times2\times3$

(48)

7
27과 63의 공약수 중 가장 큰 수를 구하세요.

(9)

두 수의 공약수 중 가장 큰 수는 최대공약수입니다.

8
15와 약수와 배수의 관계인 수를 모두 찾아 쓰세요.

45 25 3 90 6

(45, 3, 90)

$15=45\div3$, $15=3\times5$, $15=90\div6$

9
사과 14개와 귤 70개를 최대한 많은 학생에게 남김없이 똑같이 나누어 주려고 합니다. 최대 몇 명에게 나누어 줄 수 있는지 구하세요.

(14명)

'최대한 많은' 학생에게 남김없이 똑같이 나누어 주는 것이므로 최대공약수를 활용하여 구해요.

2) 14 70
7) 7 35
　 1 5
➡ 2와 7의 최대공약수: $2\times7=14$

사과 14개와 귤 70개를 14명에게 똑같이 나누어 주면 됩니다.

10
두 수의 최대공약수가 10보다 큰 것은 어느 것인가요? (⑤)

① (15, 40)　② (21, 35)
③ (20, 28)　④ (27, 45)
⑤ (42, 63)

① 5) 15 40 / 3 8 ➡ 최대공약수: 5
② 7) 21 35 / 3 5 ➡ 최대공약수: 7
③ 2) 20 28 / 2) 10 14 / 5 7 ➡ 최대공약수: 4
④ 3) 27 45 / 3) 9 15 / 3 5 ➡ 최대공약수: 9
⑤ 3) 42 63 / 7) 14 21 / 2 3 ➡ 최대공약수: 21

11
피자 8조각을 접시에 남김없이 똑같이 나누어 담으려고 합니다. 똑같이 나누어 담을 수 있는 접시 수를 모두 고르세요. (①, ③)

① 2개　② 3개　③ 4개
④ 5개　⑤ 6개

8의 약수: 1, 2, 4, 8 ➡ 2개, 4개

12
두 수의 최소공배수가 가장 큰 것을 찾아 기호를 쓰세요.

㉠ (6, 33)　㉡ (26, 39)
㉢ (70, 35)　㉣ (22, 88)

(㉣)

㉠ 3) 6 33 / 2 11 ➡ 최소공배수: 66
㉡ 13) 26 39 / 2 3 ➡ 최소공배수: 78
㉢ 5) 70 35 / 7) 14 7 / 2 1 ➡ 최소공배수: 70
㉣ 2) 22 88 / 11) 11 44 / 1 4 ➡ 최소공배수: 88

13
가로가 9 cm, 세로가 15 cm인 직사각형 모양의 색종이를 겹치지 않게 빈틈없이 이어 붙여서 만들 수 있는 가장 작은 정사각형의 한 변의 길이는 몇 cm인지 구하세요.

(45 cm)

3) 9 15 / 3 5
➡ 9와 15의 최소공배수: $3\times3\times5=45$
한 변의 길이가 45 cm인 정사각형을 만들 수 있습니다.

'가장 작은' 정사각형을 만드는 것이므로 최소공배수를 활용해서 구해요.

14
다음 세 자리 수가 3의 배수일 때, 만들 수 있는 세 자리 수는 모두 몇 개인지 구하세요.

2□8

(3개)

3의 배수는 각 자리 숫자의 합이 3의 배수인 수입니다.
따라서 228, 258, 288로 모두 3개입니다.

약수와 배수 통과 문제 2

맞힌 개수 ☐ / 14개

맞힌 개수 13개 이상: 통과! 틀린 문제를 확인하고 다음 단원으로 넘어가세요!
맞힌 개수 12개 이하: 01~04과를 틀린 부분 위주로 다시 공부하세요!

1

20의 약수가 아닌 수는 어느 것인가요? (④)

① 2　　② 4　　③ 5

④ 8　　⑤ 10

20의 약수: 1, 2, 4, 5, 10, 20

2

26의 배수 중에서 가장 작은 수를 쓰세요.

(26)

3

수 배열표를 보고 4의 배수에는 ○표, 7의 배수에는 △표 하세요.

⑳	21△	22	23	㉔	25	26
27	㉘△	29	30	31	㉜	33
34	35△	㊱	37	38	39	㊵
41	42△	43	㊹	45	46	47

4

어떤 두 수의 최대공약수가 9일 때 두 수의 공약수를 모두 구하세요.

(1, 3, 9)

두 수의 공약수는 최대공약수의 약수와 같습니다.

5

다음 식에 대한 설명으로 옳은 것을 찾아 기호를 쓰세요.

$$42=6\times7$$

㉠ 42는 6의 약수입니다. ㉠ 42는 6의 배수입니다.
㉡ 7은 42의 약수입니다.
㉢ 6과 7은 42의 배수입니다. ㉢ 6과 7은 42의 약수입니다.

(㉡)

6

33의 모든 약수의 합을 구하세요.

(48)

33의 약수: 1, 3, 11, 33
➡ 1+3+11+33=48

7

색칠한 부분에 들어갈 수를 모두 구하세요.

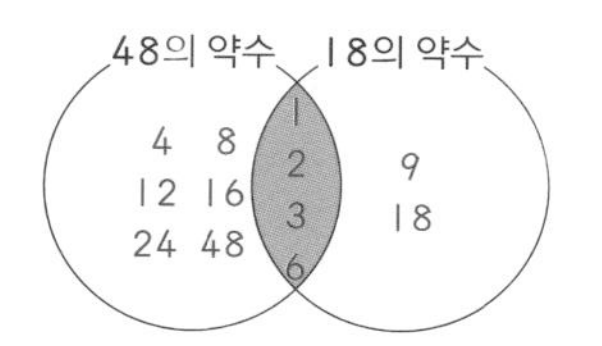

(1, 2, 3, 6)

색칠한 부분에 들어갈 수는 48과 18의 공약수입니다.

8

두 수의 최대공약수의 크기를 비교하여 ○ 안에 >, =, <를 알맞게 써넣으세요.

(45, 60) ⓒ< (36, 90)

3) 45 60
5) 15 20
　　3 4
➡ 최대공약수: 15

2) 36 90
3) 18 45
3) 6 15
　　2 5
➡ 최대공약수: 18

9

두 수의 최소공배수를 찾아 선으로 이어 보세요.

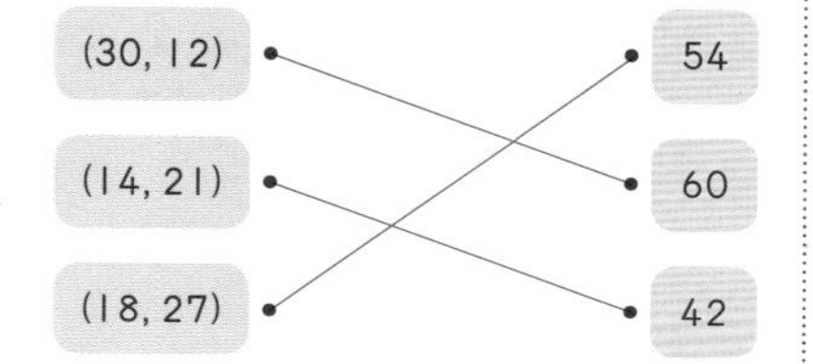

2) 30 12
3) 15 6
　　5 2
➡ 최소공배수: 60

7) 14 21
　　2 3
➡ 최소공배수: 42

3) 18 27
3) 6 9
　　2 3
➡ 최소공배수: 54

10

가로가 42 cm, 세로가 30 cm인 직사각형 모양의 종이를 남는 부분없이 잘라서 가장 큰 정사각형 모양의 종이를 여러 장 만들려고 합니다. 정사각형의 한 변의 길이는 몇 cm로 해야 되는지 구하세요.

(6 cm)

2) 42 30
3) 21 15
　　7 5
➡ 42와 30의 최대공약수: 2×3=6

정사각형의 한 변의 길이는 6 cm로 해야 됩니다.

11

채이는 3월 한 달 동안 5의 배수인 날마다 피아노를 배우기로 했습니다. 채이가 3월 한 달 동안 피아노를 배우는 날은 모두 며칠인지 구하세요.

(6일)

3월은 31일까지 있습니다.
➡ 피아노를 배우는 날: 5일, 10일, 15일, 20일, 25일, 30일

12

진호는 1부터 60까지의 수를 차례대로 말하면서 4와 10의 배수에서 각각 박수를 한 번씩 치려고 합니다. 박수를 동시에 두 번 치게 되는 경우는 몇 번인지 구하세요.

(3번)

4와 10의 공배수에서 박수를 동시에 두 번 치게 됩니다.
➡ 1부터 60까지의 수 중 4와 10의 공배수: 20, 40, 60

13

으뜸이와 이룸이가 운동장을 일정한 빠르기로 걷고 있습니다. 으뜸이는 4분마다, 이룸이는 6분마다 운동장을 한 바퀴 돕니다. 오후 3시에 두 사람이 출발점에서 같은 방향으로 동시에 출발했다면 첫 번째로 다시 만나는 시각은 오후 몇 시 몇 분인지 구하세요.

(오후 3시 12분)

2) 4 6
　　2 3
➡ 4와 6의 최소공배수: 2×2×3=12

으뜸이와 이룸이는 12분마다 출발점에서 다시 만납니다.
따라서 첫 번째로 다시 만나는 시각은
오후 3시+12분=오후 3시 12분입니다.

14

다음 네 자리 수가 9의 배수일 때, □ 안에 들어갈 숫자를 구하세요.

4□73

(4)

9의 배수는 각 자리 숫자의 합이 9의 배수인 수입니다.

개념 확인 문제

✔ 계산하세요.

1

$17+2-8=11$

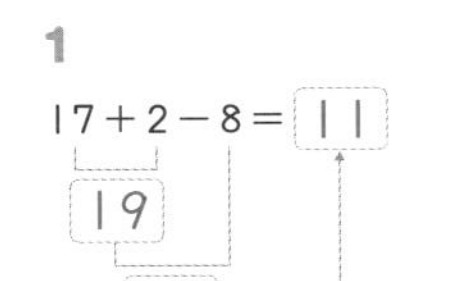

2

$20-13-4+9=12$

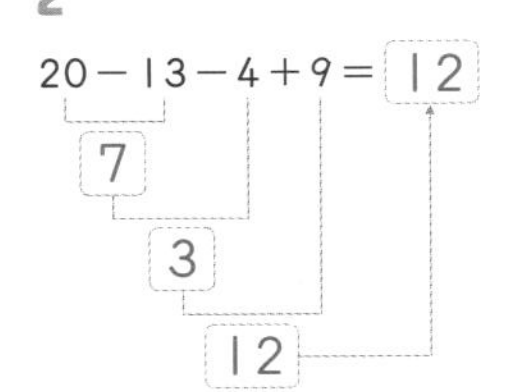

3

$32\div8\times6=24$

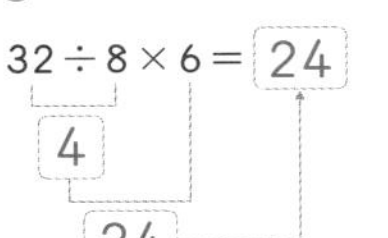

4

$4\times12\div2\div3=8$

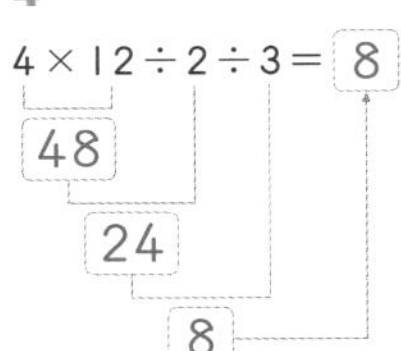

다지기 문제

✔ 계산 순서를 표시하며 계산하세요.

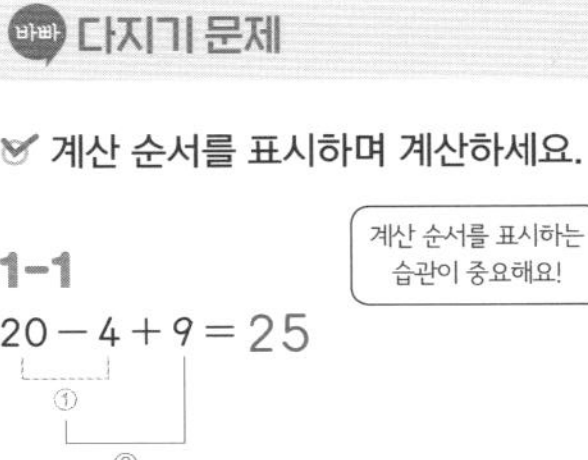

계산 순서를 표시하는
습관이 중요해요!

1-1

$20-4+9=25$

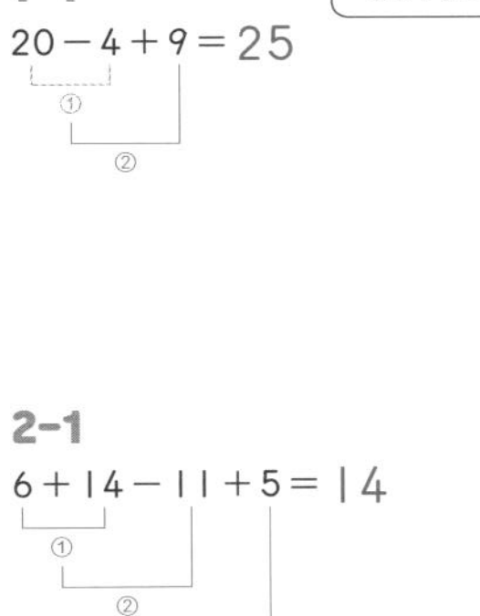

2-1

$6+14-11+5=14$

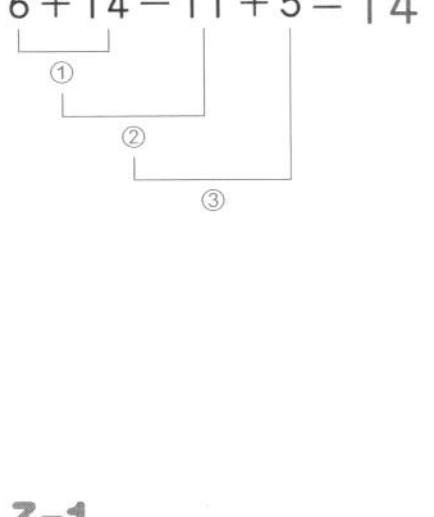

3-1

$5\times20\div25=4$

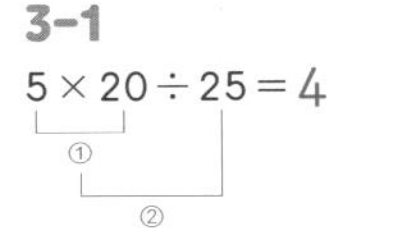

4-1

$12\div6\times3\times7=42$

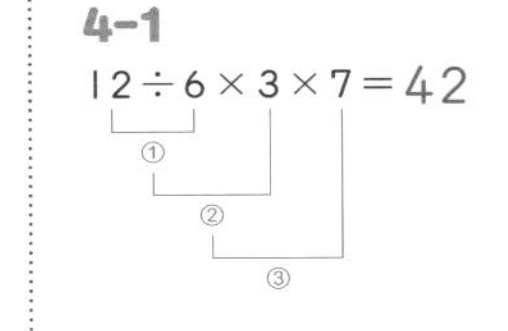

개념 확인 문제

✔ 계산하세요.

1

$15+(2\times5)-7=18$

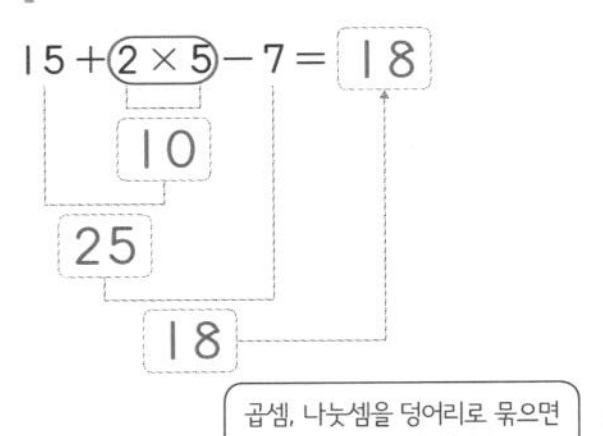

2

$(5\times7)-(42\div6)=28$

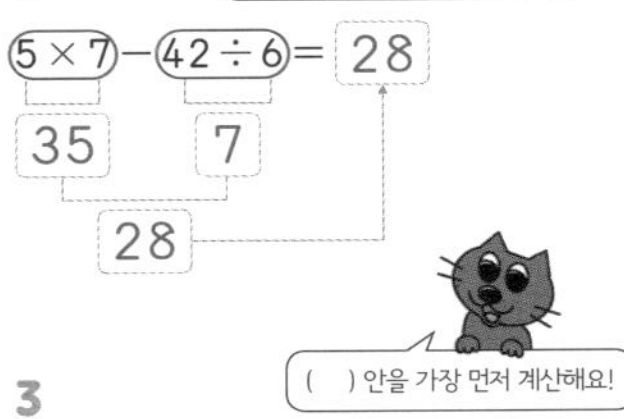

3

$20-(32+7)\div3=7$

4

$50-(6+8)\div2\times3=29$

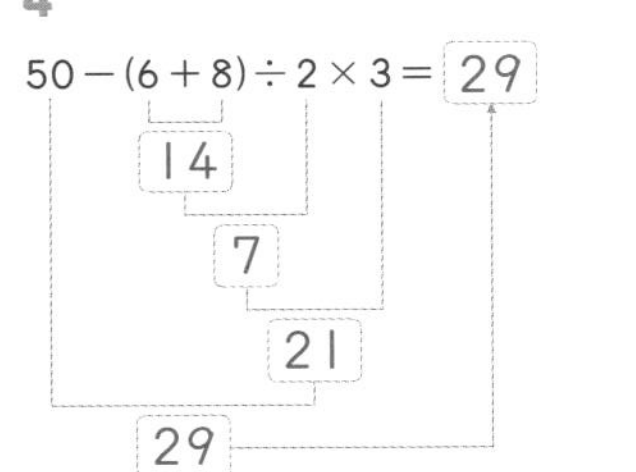

다지기 문제

✔ 계산 순서를 표시하며 계산하세요.

1-1

$39-28\div4+10=42$

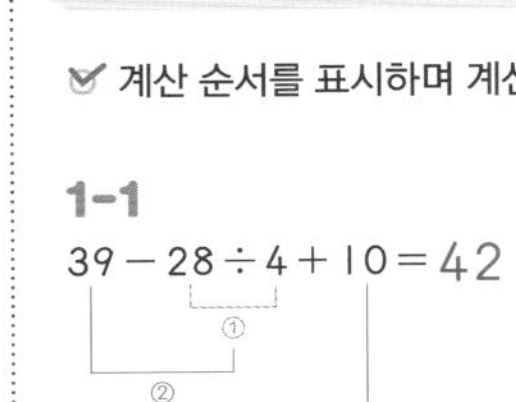

2-1

$3+15\times2-36\div9=29$

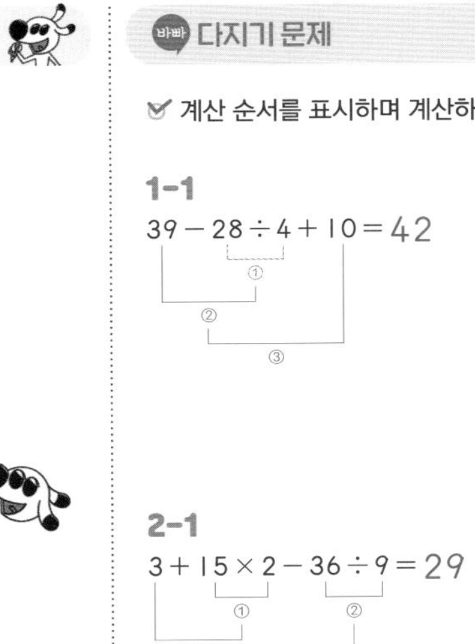

3-1

$15+7\times(8-3)=50$

4-1

$7+8\times(6-3)\div4=13$

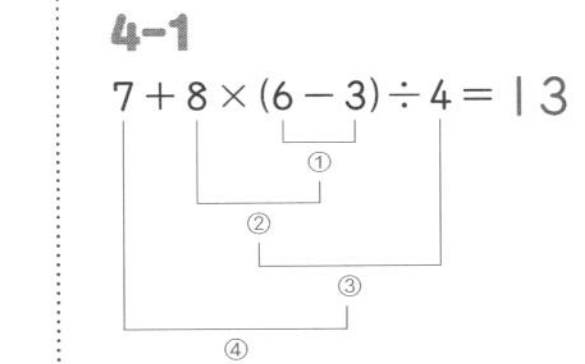

자연수의 혼합 계산 **대표 문장제**

★문장을 /로 끊어 읽고 조건을 수와 연산 기호로 나타내요.
★먼저 계산하는 부분을 (　)로 묶어 나타내요.

1 책 48권을 6개의 책꽂이에 똑같이 나누어 꽂았습니다. 그중 한 책꽂이에서 책을 2권 꺼내고 5권을 더 꽂았을 때, 꺼내고 더 꽂은 책꽂이에 꽂혀 있는 책은 몇 권인지 하나의 식으로 나타내어 구하세요.

식 $48 \div 6 - 2 + 5 = 11$

답 11권

- + ➡ 합, 더하고, 더한
- − ➡ 차, 빼고, 뺀
- × ➡ 곱한, ●배
- ÷ ➡ 나눈 몫

책 48권을 6개의 책꽂이에 똑같이 나누어 꽂았습니다.
그중 한 책꽂이에서 / ➡ 48÷6
책을 2권 꺼내고 / ➡ −2
5권을 더 꽂았을 때 / ➡ +5
꺼내고 더 꽂은 책꽂이에 꽂혀 있는 책은 몇 권인지

문장을 끊어 읽으면서 조건을 수와 연산 기호로 나타내요.

(꺼내고 더 꽂은 책꽂이에 꽂혀 있는 책 수)
$=48 \div 6-2+5$
$=8-2+5$
$=6+5=11$(권)

2 성진이는 도넛 23개 중 3개를 먹고 남은 도넛을 4상자에 똑같이 나누어 담았습니다. 한 상자에 들어 있는 도넛은 몇 개인지 하나의 식으로 나타내어 구하세요.

식 $(23 - 3) \div 4 = 5$

답 5개

- 남은 도넛 수
➡ (23 − 3) 개

먼저 계산하는 '남은 도넛 수'를 (　)로 묶어 나타내요.

도넛 23개 중 3개를 먹고 남은 도넛을 / ➡ (23−3)
4상자에 똑같이 나누어 담았습니다. / ➡ ÷4
한 상자에 들어 있는 도넛은 몇 개인지

(한 상자에 들어 있는 도넛 수)
=(먹고 남은 도넛 수)÷4
$=(23-3)\div 4$
$=20\div 4=5$(개)

3 어떤 수에서 9를 3으로 나눈 몫을 뺐더니 7이 되었습니다. 어떤 수는 얼마인지 구하세요.

10

어떤 수
□−9÷3=7

계산할 수 있는 부분을 먼저 계산한 후 계산 순서를 거꾸로 하여 '어떤 수'를 구해요.

어떤 수를 □라 하면
□−9÷3=7, □−3=7, □=7+3=10입니다.

4 보기 와 같이 약속할 때, 8★5를 계산해 보세요.

보기
가★나=(가−나)×나+가

23

주어진 약속대로 식을 세워 계산해요.
가 대신 8, 나 대신 5를 넣어 식을 만들면 돼요.

가★나 =(가 − 나)× 나 + 가
⬇
8 ★ 5 =(8 − 5)× 5 + 8

8★5=(8−5)×5+8=3×5+8=15+8=23

자연수의 혼합 계산 통과 문제 1

맞힌 개수 / 12개

맞힌 개수 11개 이상: 통과! 틀린 문제를 확인하고 '통과 문제 2'를 푸세요!
맞힌 개수 8~10개: 05~06과를 틀린 부분 위주로 다시 공부하세요!
맞힌 개수 7개 이하: '바빠 자연수의 혼합 계산'으로 기본 개념부터 다시 공부하세요!

1
계산 순서에 맞게 기호를 쓰세요.

$5+6\times11-20\div5$
(↑ ㉠ at +, ↑ ㉡ at ×, ↑ ㉢ at −, ↑ ㉣ at ÷)

(㉡, ㉣, ㉠, ㉢)

2
( )가 없어도 계산 결과가 같은 것은 어느 것인가요? (③)

① $(2+9)\times3$ ② $24-(4+13)$
③ $3+(16\div4)$ ④ $(20-12)\div4$
⑤ $20-(3\times5+1)$

③ $3+(16\div4)$ $3+16\div4$

3
식이 쓰여 있는 자물쇠가 있습니다. 이 자물쇠를 열기 위해서는 계산 결과와 같은 값이 걸려 있는 열쇠가 필요하다고 합니다. 자물쇠를 열 수 있는 열쇠를 찾아 기호를 쓰세요.

3×6−12÷4

가 1 나 15 다 21

(나)

$3\times6-12\div4=18-12\div4=18-3=15$

4
계산 결과가 서로 같은 두 식을 고르세요.
(①, ④)

① $55-40\div5+5=52$
② $(55-40)\div5+5=8$
③ $55-40\div(5+5)=51$
④ $(55-40\div5)+5=52$
⑤ $55-(40\div5+5)=42$

5
초콜릿 60개를 5상자에 똑같이 나누어 담았습니다. 이 중 3상자에 담은 초콜릿은 모두 몇 개인지 하나의 식으로 나타내어 구하세요.

식 $60\div5\times3=36$

답 36개

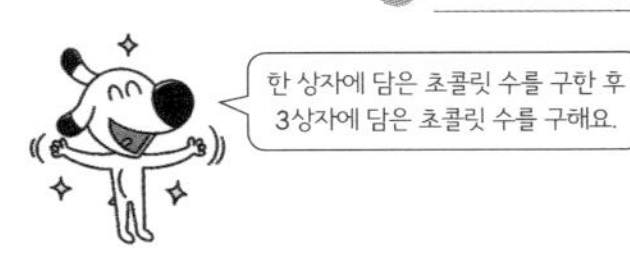
한 상자에 담은 초콜릿 수를 구한 후 3상자에 담은 초콜릿 수를 구해요.

6
계산 결과를 비교하여 ○ 안에 >, =, <를 알맞게 써넣으세요.

$19+5-8$ (>) $9\times8\div6$

$19+5-8=16$, $9\times8\div6=12$
➡ $16>12$

7
□ 안에 알맞은 수를 구하세요.

$15+20\div5=\square-3$

(22)

$15+20\div5=\square-3$
$15+4=\square-3$
$19=\square-3$
➡ $\square=19+3=22$

8
교실에 노란색 색종이가 37장, 초록색 색종이가 28장 있습니다. 학생 9명이 5장씩 사용했다면 남은 색종이는 몇 장인지 하나의 식으로 나타내어 구하세요.

식 $(37+28)-9\times5=20$

답 20장

(남은 색종이 수)
=(전체 색종이 수)−(사용한 색종이 수)
$=(37+28)-9\times5$
$=65-9\times5$
$=65-45=20$(장)

전체 색종이 수에서 사용한 색종이 수를 빼면 돼요.

9
계산 결과가 가장 작은 것을 찾아 기호를 쓰세요.

㉠ $14+10-3=21$
㉡ $10\times6\div3=20$
㉢ $28\div7+5\times2=14$
㉣ $15+8-12\div3=19$

(㉢)

10
보기 와 같이 약속할 때, 3♠5를 계산해 보세요.

보기
가♠나＝가×(가＋나)－나

(19)

3♠5=3×(3+5)−5
$=3\times8-5$
$=24-5=19$

11
오렌지주스가 7 L 있습니다. 이 중 1 L를 마시고 남은 오렌지주스를 3개의 병에 똑같이 나누어 담았다면 한 병에 담은 오렌지주스는 몇 L인지 하나의 식으로 나타내어 구하세요.

식 $(7-1)\div3=2$

답 2 L

(한 병에 담은 오렌지주스의 양)
=(마시고 남은 오렌지주스의 양)÷3
$=(7-1)\div3$
$=6\div3=2$ (L)

12
다음을 하나의 식으로 나타내고 답을 구하세요.

30에서 6을 뺀 수를
8로 나눈 후 3을 더한 수

식 $(30-6)\div8+3=6$

답 6

30에서 6을 뺀 수를 8로 나눈 후 3을 더한 수
(30−6) (÷8) (+3)
➡ $(30-6)\div8+3=24\div8+3$
$=3+3=6$

자연수의 혼합 계산 **통과 문제 2**

맞힌 개수 / 12개

맞힌 개수 11개 이상: 통과! 틀린 문제를 확인하고 다음 단원으로 넘어가세요!
맞힌 개수 10개 이하: 05~06과를 틀린 부분 위주로 다시 공부하세요.

1
계산 순서를 바르게 나타낸 것에 ○표 하세요.

20 − 3 + 6	20 − 3 + 6
(○)	( )

2
가장 먼저 계산해야 하는 부분은 어디인가요? (②)

$19+(32-12)\div4-3\times4$

① 19+32 ② 32−12 ③ 12÷4
④ 4−3 ⑤ 3×4

( ) 안을 가장 먼저 계산합니다.

3
A, B 사이의 거리는 얼마인지 하나의 식으로 나타내어 구하세요.

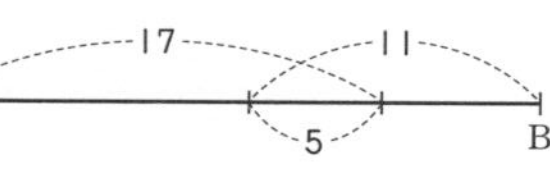

식 $17+11-5=23$

답 23

4
상호네 반 학생은 모두 30명입니다. 이 중 안경을 쓴 남학생이 4명이고, 안경을 쓴 여학생이 3명입니다. 안경을 쓰지 않은 학생은 몇 명인지 하나의 식으로 나타내어 구하세요.

식 $30-4-3=23$

답 23명

5
계산 결과를 찾아 선으로 이어 보세요.

3×8÷6 — 4
42÷7×5 — 30
10×12÷8 — 15

6
두 식의 계산 결과의 합을 구하세요.

2+48÷12   3×6−6÷2

(21)

$2+48\div12=2+4=6$
$3\times6-6\div2=18-6\div2=18-3=15$
➡ $6+15=21$

7
계산 결과를 비교하여 ○ 안에 >, =, <를 알맞게 써넣으세요.

$4+26\div2-3\times5$ (>) $(4+26)\div2-3\times5$

$4+26\div2-3\times5=4+13-3\times5$
$=4+13-15$
$=17-15=2$
$(4+26)\div2-3\times5=30\div2-3\times5$
$=15-3\times5$
$=15-15=0$

8
어떤 수를 13에서 9를 뺀 수와 곱하였더니 44가 되었습니다. 어떤 수를 구하세요.

(11)

어떤 수를 □라 하면
□×(13−9)=44, □×4=44,
□=44÷4=11입니다.

9
보기 와 같이 약속할 때, 16▲4를 계산해 보세요.

보기
가▲나=(가−나)÷나+가

(19)

16▲4=(16−4)÷4+16
=12÷4+16
=3+16=19

10
계산 결과가 가장 큰 것은 어느 것인가요? (③)

① $20\div4+3\times6$ =23
② $40-12\times3$ =4
③ $7\times4-32\div(13-5)$ =24
④ $45\div(9+3\times2)+7$ =10
⑤ $36-(17-8)\times3$ =9

11
인성이는 11살이고, 형은 인성이보다 2살 많습니다. 어머니는 형의 나이의 4배보다 6살 적습니다. 어머니의 나이는 몇 살인지 하나의 식으로 나타내어 구하세요.

식 $(11+2)\times4-6=46$

답 46살

(어머니의 나이)=(형의 나이)×4−6
=(11+2)×4−6
=13×4−6
=52−6=46(살)

12
식이 성립하도록 ( )로 묶어야 할 곳을 찾아 기호를 쓰세요.

$36-18\div6+3\times2=9$

㉠ 36−18 ㉡ 18÷6
㉢ 6+3 ㉣ 3×2

(㉠)

$(36-18)\div6+3\times2=18\div6+3\times2$
$=3+3\times2$
$=3+6=9$

개념 확인 문제

다음을 구하세요.

1

(1) $\frac{1}{5}=\frac{1\times 2}{5\times 2}=\frac{1\times 3}{5\times 3}$

(2) $\frac{12}{48}=\frac{12\div 2}{48\div 2}=\frac{12\div 3}{48\div 3}$

2

27과 36의 공약수: 1, 3, 9

$\frac{27}{36}=\frac{9}{12}$, $\frac{27}{36}=\frac{3}{4}$

➡ $\frac{27}{36}$을 약분하면 $\frac{9}{12}$, $\frac{3}{4}$이고,

기약분수로 나타내면 $\frac{3}{4}$입니다.

3

(1) 두 분모의 곱을 공통분모로 하여 통분하기

$\left(\frac{1}{6}, \frac{2}{9}\right) \xrightarrow{통분} \left(\frac{9}{54}, \frac{12}{54}\right)$

(2) 두 분모의 최소공배수를 공통분모로 하여 통분하기

$\left(\frac{1}{6}, \frac{2}{9}\right) \xrightarrow{통분} \left(\frac{3}{18}, \frac{4}{18}\right)$

다지기 문제

다음을 구하세요.

1-1

(1) $\frac{7}{11}=\frac{14}{22}=\frac{21}{33}=\frac{28}{44}$

(2) $\frac{16}{56}=\frac{8}{28}=\frac{4}{14}=\frac{2}{7}$

2-1

12와 32의 공약수: 1, 2, 4

$\frac{12}{32}=\frac{6}{16}$, $\frac{12}{32}=\frac{3}{8}$

➡ $\frac{12}{32}$를 기약분수로 나타내면 $\frac{3}{8}$입니다.

3-1

(1) $\left(\frac{3}{4}, \frac{3}{10}\right) \xrightarrow{통분} \left(\frac{30}{40}, \frac{12}{40}\right)$

(2) $\left(\frac{3}{14}, \frac{5}{21}\right) \xrightarrow{통분} \left(\frac{9}{42}, \frac{10}{42}\right)$

개념 확인 문제

계산하세요.

1

(1) $\frac{2}{7}+\frac{3}{7}=\frac{2+3}{7}=\frac{5}{7}$

(2) $\frac{5}{9}-\frac{4}{9}=\frac{5-4}{9}=\frac{1}{9}$

2

(1) $\frac{1}{4}+\frac{2}{5}=\frac{5}{20}+\frac{8}{20}=\frac{13}{20}$

(2) $\frac{11}{24}-\frac{1}{6}=\frac{11}{24}-\frac{4}{24}=\frac{7}{24}$

3

$2\frac{1}{2}+1\frac{2}{7}=2\frac{7}{14}+1\frac{4}{14}$

$=(2+1)+\left(\frac{7}{14}+\frac{4}{14}\right)$

$=3+\frac{11}{14}=3\frac{11}{14}$

4

$1\frac{3}{4}+2\frac{3}{8}=\frac{7}{4}+\frac{19}{8}$

$=\frac{14}{8}+\frac{19}{8}$

$=\frac{33}{8}=4\frac{1}{8}$

다지기 문제

계산하세요.

1-1

(1) $\frac{1}{5}+\frac{3}{5}=\frac{4}{5}$

(2) $\frac{8}{13}-\frac{4}{13}=\frac{4}{13}$

2-1

(1) $\frac{2}{25}+\frac{3}{10}=\frac{19}{50}$

(2) $\frac{4}{15}-\frac{1}{18}=\frac{19}{90}$

(1) $\frac{2}{25}+\frac{3}{10}=\frac{4}{50}+\frac{15}{50}=\frac{19}{50}$

(2) $\frac{4}{15}-\frac{1}{18}=\frac{24}{90}-\frac{5}{90}=\frac{19}{90}$

3-1

$3\frac{3}{4}-1\frac{1}{6}=3\frac{9}{12}-1\frac{2}{12}$

$=(3-1)+\left(\frac{9}{12}-\frac{2}{12}\right)$

$=2+\frac{7}{12}=2\frac{7}{12}$

4-1

$4\frac{1}{12}-1\frac{5}{8}=\frac{49}{12}-\frac{13}{8}$

$=\frac{98}{24}-\frac{39}{24}$

$=\frac{59}{24}=2\frac{11}{24}$

개념 확인 문제

계산하세요.

1

$4\times\frac{2}{9}=\frac{4\times2}{9}=\frac{8}{9}$

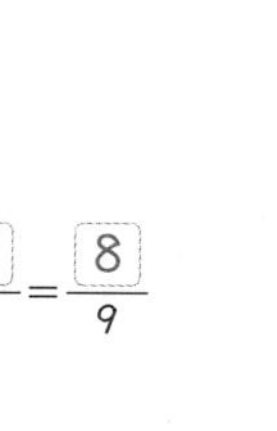

2

(1) $\frac{1}{4}\times\frac{3}{5}=\frac{1\times3}{4\times5}=\frac{3}{20}$

(2) $\frac{7}{\cancel{12}_{2}}\times\frac{\cancel{6}^{1}}{11}=\frac{7\times1}{2\times11}=\frac{7}{22}$

3

$3\frac{2}{3}\times\frac{4}{9}=\frac{11}{3}\times\frac{4}{9}$

$=\frac{44}{27}=1\frac{17}{27}$

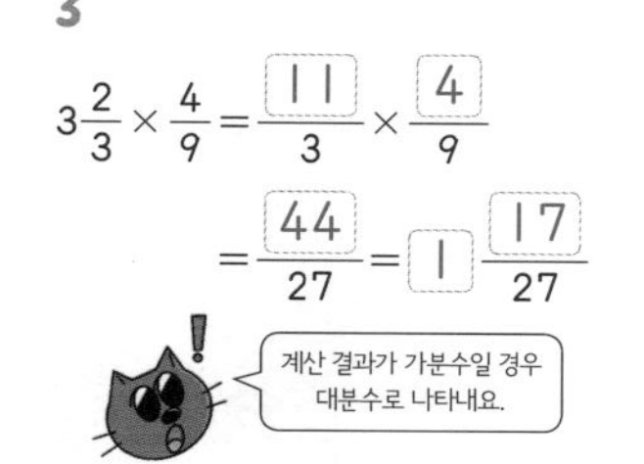

4

$\frac{1}{2}\times\frac{7}{10}\times\frac{3}{5}=\frac{1\times7\times3}{2\times10\times5}$

$=\frac{21}{100}$

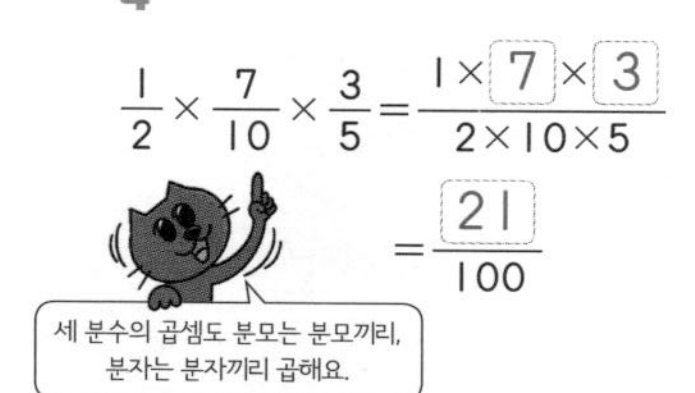

다지기 문제

계산하세요.

1-1

$3\times\frac{3}{11}=\frac{9}{11}$

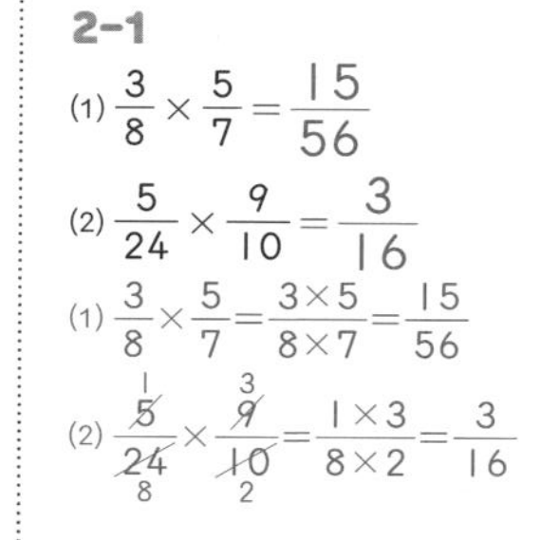

2-1

(1) $\frac{3}{8}\times\frac{5}{7}=\frac{15}{56}$

(2) $\frac{5}{24}\times\frac{9}{10}=\frac{3}{16}$

(1) $\frac{3}{8}\times\frac{5}{7}=\frac{3\times5}{8\times7}=\frac{15}{56}$

(2) $\frac{\cancel{5}^{1}}{\cancel{24}_{8}}\times\frac{\cancel{9}^{3}}{\cancel{10}_{2}}=\frac{1\times3}{8\times2}=\frac{3}{16}$

3-1

$2\frac{5}{8}\times1\frac{4}{5}=4\frac{29}{40}$

$2\frac{5}{8}\times1\frac{4}{5}=\frac{21}{8}\times\frac{9}{5}=\frac{189}{40}=4\frac{29}{40}$

4-1

$\frac{5}{18}\times\frac{2}{7}\times\frac{12}{15}=\frac{4}{63}$

$\frac{\cancel{5}^{1}}{\cancel{18}_{\cancel{9}_{3}}}\times\frac{\cancel{2}^{1}}{7}\times\frac{\cancel{12}^{4}}{\cancel{15}_{3}}=\frac{1\times1\times4}{3\times7\times3}=\frac{4}{63}$

개념 확인 문제

계산하세요.

1

(1) $13\div14=13\times\frac{1}{14}=\frac{13}{14}$

(2) $\frac{6}{11}\div18=\frac{\cancel{6}^{1}}{11}\times\frac{1}{\cancel{18}_{3}}=\frac{1}{33}$

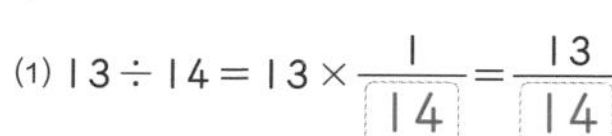

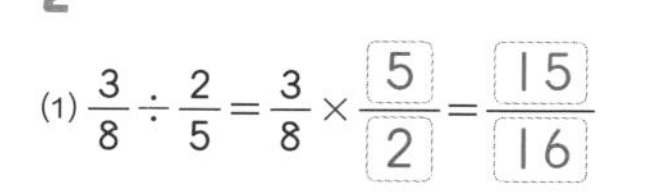

• (자연수)÷(자연수)의 몫을 분수로 나타내기

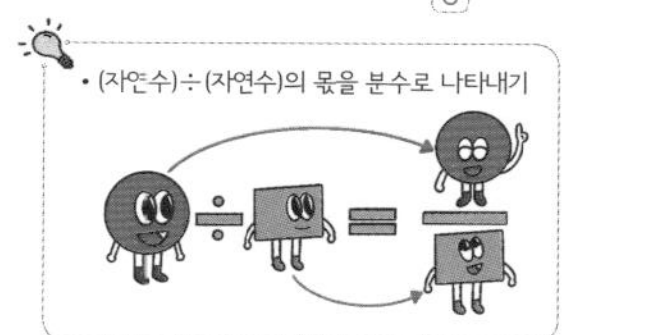

2

(1) $\frac{3}{8}\div\frac{2}{5}=\frac{3}{8}\times\frac{5}{2}=\frac{15}{16}$

(2) $\frac{8}{25}\div\frac{9}{20}=\frac{8}{\cancel{25}_{5}}\times\frac{\cancel{20}^{4}}{9}=\frac{32}{45}$

3

$2\frac{3}{5}\div\frac{2}{3}=\frac{13}{5}\div\frac{2}{3}=\frac{13}{5}\times\frac{3}{2}$

$=\frac{39}{10}=3\frac{9}{10}$

다지기 문제

계산하세요.

1-1

(1) $12\div25=\frac{12}{25}$

(2) $\frac{15}{16}\div5=\frac{3}{16}$

(2) $\frac{15}{16}\div5=\frac{\cancel{15}^{3}}{16}\times\frac{1}{\cancel{5}_{1}}=\frac{3}{16}$

2-1

(1) $\frac{4}{9}\div\frac{5}{7}=\frac{28}{45}$

(2) $\frac{7}{45}\div\frac{8}{15}=\frac{7}{24}$

(1) $\frac{4}{9}\div\frac{5}{7}=\frac{4}{9}\times\frac{7}{5}=\frac{28}{45}$

(2) $\frac{7}{45}\div\frac{8}{15}=\frac{7}{\cancel{45}_{3}}\times\frac{\cancel{15}^{1}}{8}=\frac{7}{24}$

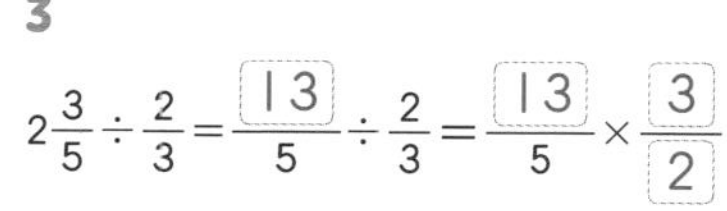

3-1

$4\frac{4}{7}\div2\frac{2}{3}=1\frac{5}{7}$

$4\frac{4}{7}\div2\frac{2}{3}=\frac{32}{7}\div\frac{8}{3}=\frac{\cancel{32}^{4}}{7}\times\frac{3}{\cancel{8}_{1}}=\frac{12}{7}=1\frac{5}{7}$

바빠 개념 확인 문제

✔ 다음을 구하세요.

1

(1) $\frac{12}{25}=\frac{12\times 4}{25\times 4}=\frac{48}{100}=0.48$ (소수)

(2) $3\frac{1}{4}=3+\frac{1\times 25}{4\times 25}$

$=3+\frac{25}{100}=3.25$ (소수)

2

(1) $0.2=\frac{2}{10}=\frac{1}{5}$

(2) $3.18=3\frac{18}{100}=3\frac{9}{50}$

분수와 소수의 크기를 비교할 때는
먼저 분수를 소수로 또는
소수를 분수로 나타내요.

3

$\frac{3}{4}$과 0.8의 크기를 비교하면

$\frac{3}{4}=\frac{75}{100}=0.75$이므로

$\frac{3}{4}$ $<$ 0.8입니다.

(>, =, <)

바빠 다지기 문제

✔ 다음을 구하세요.

1-1

(1) $\frac{1}{8}=\frac{1\times 125}{8\times 125}=\frac{125}{1000}=0.125$ (소수)

(2) $1\frac{7}{20}=1+\frac{7\times 5}{20\times 5}$

$=1+\frac{35}{100}=1.35$ (소수)

2-1

(1) $0.28=\frac{28}{100}=\frac{7}{25}$

(2) $4.025=4\frac{25}{1000}=4\frac{1}{40}$

3-1

$3\frac{17}{20}$과 3.7의 크기를 비교하면

$3.7=3\frac{7}{10}=3\frac{14}{20}$이므로

$3\frac{17}{20}$ $>$ 3.7입니다.

내가 먼저!

분수의 계산 대표 문장제

★ 분수의 덧셈과 뺄셈은 먼저 두 분수를 통분한 후 계산해요.
★ 대분수의 계산은 먼저 대분수를 가분수로 바꾼 다음 계산해요. 계산 결과가 가분수일 경우에는 대분수로 나타내요.

1 $\frac{24}{54}$를 약분할 수 있는 수를 모두 찾아 쓰세요.

2　3　4　6　8　12

2, 3, 6

> 약분은 분모와 분자를 공약수로 나누어 간단한 분수로 만드는 것이에요.

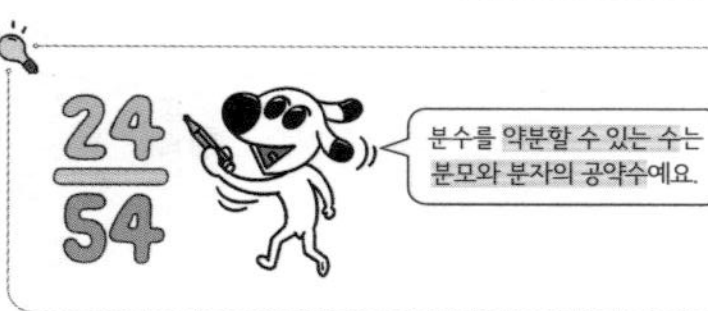

24/54
분수를 약분할 수 있는 수는 분모와 분자의 공약수예요.

$\frac{24}{54}$를 약분할 때 분모와 분자를 나눌 수 있는 수는 24와 54의 공약수입니다.
➡ 약분할 수 있는 수는 공약수 중 1을 제외한 2, 3, 6입니다.

2 가장 큰 수와 가장 작은 수의 합을 구하세요.

$\frac{7}{12}$　$1\frac{5}{6}$　$\frac{5}{8}$　$1\frac{13}{24}$

$2\frac{5}{12}$

> 분수를 통분하면 분수의 크기를 비교할 수 있어요.
> 분수끼리 더할 때도 통분하여 구해요.

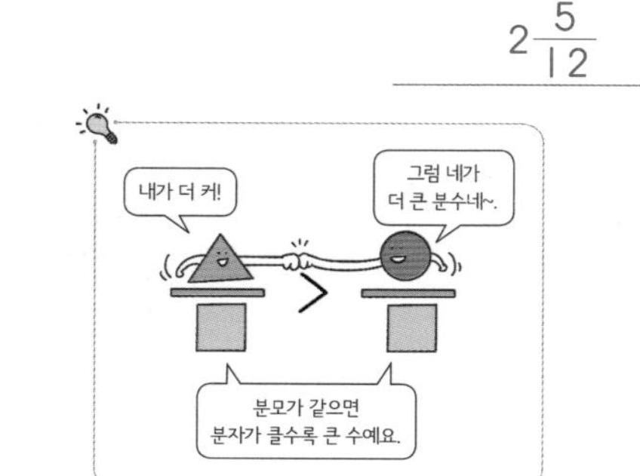

내가 더 커!
그럼 네가 더 큰 분수네~.
분모가 같으면 분자가 클수록 큰 수예요.

$\left(1\frac{5}{6}, 1\frac{13}{24}\right)$ ➡ $\left(1\frac{20}{24}, 1\frac{13}{24}\right)$ ➡ $1\frac{5}{6}>1\frac{13}{24}$ ➡ 가장 큰 수: $1\frac{5}{6}$

$\left(\frac{7}{12}, \frac{5}{8}\right)$ ➡ $\left(\frac{14}{24}, \frac{15}{24}\right)$ ➡ $\frac{7}{12}<\frac{5}{8}$ ➡ 가장 작은 수: $\frac{7}{12}$

➡ $1\frac{5}{6}+\frac{7}{12}=\frac{11}{6}+\frac{7}{12}=\frac{22}{12}+\frac{7}{12}=\frac{29}{12}=2\frac{5}{12}$

3 윤하의 가방의 무게는 $3\frac{5}{12}$ kg이고, 태수의 가방의 무게는 $3\frac{7}{16}$ kg입니다. 누구의 가방이 몇 kg 더 무거운가요?

태수, $\frac{1}{48}$ kg

> 먼저 두 수를 통분하여 크기 비교를 한 다음 큰 수에서 작은 수를 빼요.

$\left(3\frac{5}{12}, 3\frac{7}{16}\right)$ ➡ $\left(3\frac{20}{48}, 3\frac{21}{48}\right)$ ➡ $3\frac{5}{12}<3\frac{7}{16}$

$3\frac{7}{16}-3\frac{5}{12}=3\frac{21}{48}-3\frac{20}{48}=\frac{1}{48}$ (kg)이므로

태수의 가방이 $\frac{1}{48}$ kg 더 무겁습니다.

4 다온이가 우유 $2\frac{1}{10}$ L 중 전체의 $\frac{2}{7}$만큼을 마셨다면 다온이가 마신 우유는 몇 L인가요?

$\frac{3}{5}$ L

> ●의 ▲만큼은 ●×▲로 구해요.

$2\frac{1}{10}\times\frac{2}{7}=\frac{\overset{3}{\cancel{21}}}{\underset{5}{\cancel{10}}}\times\frac{\overset{1}{\cancel{2}}}{\underset{1}{\cancel{7}}}=\frac{3}{5}$ (L)

5 길이가 $6\frac{3}{4}$ m인 색 테이프를 $\frac{3}{20}$ m씩 똑같이 자르면 몇 도막으로 나누어지나요?

45도막

> 분수의 나눗셈은 분수의 곱셈으로 바꾸어 계산해요.

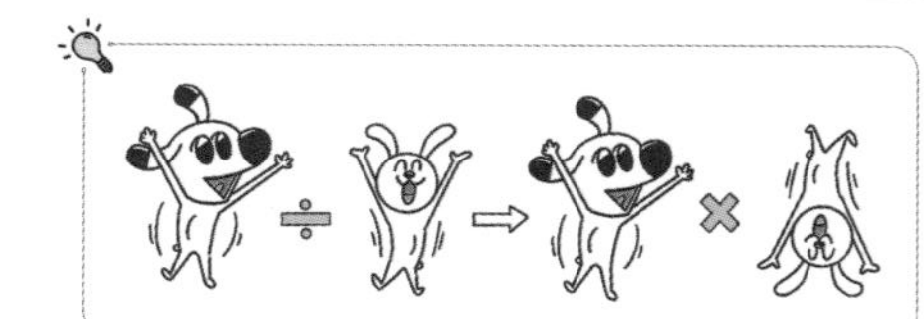

$6\frac{3}{4}\div\frac{3}{20}=\frac{27}{4}\div\frac{3}{20}=\frac{\overset{9}{\cancel{27}}}{\underset{1}{\cancel{4}}}\times\frac{\overset{5}{\cancel{20}}}{\underset{1}{\cancel{3}}}=45$(도막)

분수의 계산 통과 문제 1

맞힌 개수 / 12개

맞힌 개수 11개 이상: 통과! 틀린 문제를 확인하고 '통과 문제 2'를 푸세요!
맞힌 개수 8~10개: 07~11과를 틀린 부분 위주로 다시 공부하세요!
맞힌 개수 7개 이하: '바빠 분수'로 기본 개념부터 다시 공부하세요!

1
왼쪽 분수와 크기가 같은 분수를 찾아 쓰세요.

$\frac{3}{8}$ | $\frac{9}{16}$ $\frac{12}{24}$ $\frac{15}{40}$

($\frac{15}{40}$)

$\frac{3}{8}=\frac{6}{16}=\frac{9}{24}=\frac{12}{32}=\frac{15}{40}$

2
$\frac{32}{48}$를 약분할 때 분모와 분자를 나눌 수 없는 수를 찾아 기호를 쓰세요.

㉠ 2 ㉡ 3 ㉢ 4 ㉣ 8

(㉡)

$\frac{32}{48}$를 약분할 때 분모와 분자를 나눌 수 있는 수는 32와 48의 공약수인 2, 4, 8입니다.

분수를 소수로 또는 소수를 분수로
나타내어 크기가 같은 두 수를 찾아요.

3
크기가 같은 두 수를 찾아 쓰세요.

$\frac{1}{2}$ 0.48 $\frac{12}{25}$ 0.55

(0.48, $\frac{12}{25}$)

$\frac{1}{2}=\frac{5}{10}=0.5$, $\frac{12}{25}=\frac{48}{100}=0.48$

4
계산 결과가 $\frac{6}{11}$인 것은 어느 것인가요? (④)

① $6\times11=66$ ② $6\div\frac{1}{11}=66$
③ $6+\frac{1}{11}=6\frac{1}{11}$ ④ $\frac{6}{7}\div\frac{11}{7}=\frac{6}{11}$
⑤ $\frac{11}{5}\div\frac{6}{5}=1\frac{5}{6}$

5
$\frac{7}{12}$보다 크고 $\frac{7}{9}$보다 작은 수는 어느 것인가요? (③)

① $\frac{17}{36}$ ② $\frac{19}{36}$ ③ $\frac{25}{36}$
④ $\frac{29}{36}$ ⑤ $\frac{31}{36}$

$\frac{7}{12}=\frac{21}{36}$, $\frac{7}{9}=\frac{28}{36}$

6
두 분수의 차를 구하세요.

$\frac{8}{15}$ $\frac{11}{20}$

($\frac{1}{60}$)

$\frac{8}{15}=\frac{32}{60}$, $\frac{11}{20}=\frac{33}{60}$이므로 두 분수의 차는 $\frac{11}{20}-\frac{8}{15}=\frac{33}{60}-\frac{32}{60}=\frac{1}{60}$입니다.

7
소라는 $1\frac{3}{4}$시간 동안 만화책을 읽었고 $\frac{5}{6}$시간 동안 동화책을 읽었습니다. 소라가 책을 읽은 시간은 모두 몇 시간인지 구하세요.

($2\frac{7}{12}$시간)

$1\frac{3}{4}+\frac{5}{6}=\frac{7}{4}+\frac{5}{6}$
$=\frac{21}{12}+\frac{10}{12}=\frac{31}{12}=2\frac{7}{12}$(시간)

8
계산 결과를 찾아 선으로 이어 보세요.

$\frac{13}{20}\times\frac{15}{26}=\frac{3}{8}$ — $\frac{3}{8}$
$1\frac{7}{25}\times\frac{5}{16}$ — $\frac{2}{5}$
$2\times2\frac{2}{3}$ — $5\frac{1}{3}$

$1\frac{7}{25}\times\frac{5}{16}=\frac{32}{25}\times\frac{5}{16}=\frac{2}{5}$

$2\times2\frac{2}{3}=2\times\frac{8}{3}=\frac{16}{3}=5\frac{1}{3}$

9
다음 중 계산 결과가 다른 것은 어느 것인가요? (③)

① $\frac{1}{8}+\frac{2}{3}=\frac{19}{24}$ ② $\frac{1}{6}+\frac{5}{8}=\frac{19}{24}$
③ $\frac{1}{4}+\frac{11}{24}=\frac{17}{24}$ ④ $\frac{7}{8}-\frac{1}{12}=\frac{19}{24}$
⑤ $\frac{11}{12}-\frac{1}{8}=\frac{19}{24}$

10
계산 결과가 1보다 큰 것은 어느 것인가요? (②)

① $\frac{2}{5}\div\frac{1}{2}=\frac{4}{5}$ ② $\frac{1}{6}\div\frac{3}{20}=1\frac{1}{9}$
③ $\frac{7}{12}\div3=\frac{7}{36}$ ④ $\frac{9}{16}\div\frac{5}{8}=\frac{9}{10}$
⑤ $\frac{3}{4}\div1\frac{1}{3}=\frac{9}{16}$

계산식에서 약분이 되면
약분한 후 계산해야 계산이
훨씬 간단한거 잊지 않았죠?

11
영욱이의 필통에는 필기구 18자루가 들어 있습니다. 그중에서 $\frac{4}{9}$는 볼펜이고, 볼펜 중에서 $\frac{1}{4}$은 검정색입니다. 영욱이의 필통에 있는 필기구 중 검정색 볼펜은 몇 자루인지 구하세요.

(2자루)

$18\times\frac{4}{9}\times\frac{1}{4}=2$(자루)

12
가장 큰 수를 가장 작은 수로 나눈 몫을 구하세요.

$\frac{3}{5}$ $2\frac{3}{14}$ $\frac{5}{12}$ $3\frac{1}{8}$

($7\frac{1}{2}$)

$\frac{3}{5}=\frac{36}{60}$, $\frac{5}{12}=\frac{25}{60}$
➡ $3\frac{1}{8}\div\frac{5}{12}=\frac{25}{8}\div\frac{5}{12}=\frac{25}{8}\times\frac{12}{5}$
$=\frac{15}{2}=7\frac{1}{2}$

분수의 계산 통과 문제 2

맞힌 개수 ☐ / 12개

맞힌 개수 11개 이상: 통과! 틀린 문제를 확인하고 다음 단원으로 넘어가세요!
맞힌 개수 10개 이하: 07~11과를 틀린 부분 위주로 다시 공부하세요!

1
기약분수를 모두 찾아 쓰세요.

$\frac{3}{12}$ $\frac{9}{17}$ $\frac{14}{35}$ $\frac{5}{16}$ $\frac{10}{24}$

($\frac{9}{17}$, $\frac{5}{16}$)

2
$\left(\frac{1}{4}, \frac{5}{12}\right)$를 잘못 통분한 것은 어느 것인가요? (③)

① $\left(\frac{3}{12}, \frac{5}{12}\right)$　② $\left(\frac{6}{24}, \frac{10}{24}\right)$
③ $\left(\frac{8}{36}, \frac{12}{36}\right)$　④ $\left(\frac{12}{48}, \frac{20}{48}\right)$
⑤ $\left(\frac{15}{60}, \frac{25}{60}\right)$

③ $\left(\frac{9}{36}, \frac{15}{36}\right)$

3
계산 결과가 1보다 큰 것은 어느 것인가요? (④)

① $\frac{1}{3}+\frac{1}{6}=\frac{1}{2}$　② $\frac{2}{9}+\frac{2}{21}=\frac{20}{63}$
③ $\frac{3}{10}+\frac{3}{5}=\frac{9}{10}$　④ $\frac{4}{9}+\frac{4}{5}=1\frac{11}{45}$
⑤ $\frac{5}{12}+\frac{5}{18}=\frac{25}{36}$

4
분수와 소수의 크기를 비교하여 가장 큰 수를 쓰세요.

0.45　$\frac{3}{10}$　0.5　$\frac{13}{25}$

($\frac{13}{25}$)

$\frac{3}{10}=0.3$, $\frac{13}{25}=\frac{52}{100}=0.52$

5
계산 결과가 $\frac{19}{24}$보다 작은 것을 모두 찾아 기호를 쓰세요.

㉠ $\frac{19}{24}\times\frac{1}{2}$　㉡ $\frac{19}{24}\times 2$
㉢ $\frac{19}{24}\times\frac{10}{19}$　㉣ $\frac{19}{24}\times 3\frac{1}{5}$

(㉠, ㉢)

어떤 수 ▲에 1보다 작은 수를 곱한 수는 ▲보다 작습니다.

6
민지의 몸무게는 $42\frac{5}{8}$ kg이고, 소희의 몸무게는 $42\frac{3}{5}$ kg입니다. 민지와 소희 중 누가 몇 kg 더 가벼운지 구하세요.

(소희), ($\frac{1}{40}$ kg)

$\left(42\frac{5}{8}, 42\frac{3}{5}\right) \Rightarrow \left(42\frac{25}{40}, 42\frac{24}{40}\right) \Rightarrow 42\frac{5}{8}>42\frac{3}{5}$

$42\frac{5}{8}-42\frac{3}{5}=42\frac{25}{40}-42\frac{24}{40}=\frac{1}{40}$ (kg)이므로 소희가 $\frac{1}{40}$ kg 더 가볍습니다.

7
바르게 계산한 사람을 찾아 이름을 쓰세요.

현아: $1\frac{13}{32}\times\frac{2}{5}=1\frac{1}{8}$
경현: $2\frac{4}{15}\times\frac{3}{17}=\frac{2}{5}$
재민: $3\frac{1}{6}\times\frac{6}{7}\times\frac{1}{3}=3\frac{1}{21}$

(경현)

현아: $1\frac{13}{32}\times\frac{2}{5}=\frac{45}{32}\times\frac{2}{5}=\frac{9}{16}$

경현: $2\frac{4}{15}\times\frac{3}{17}=\frac{34}{15}\times\frac{3}{17}=\frac{2}{5}$

재민: $3\frac{1}{6}\times\frac{6}{7}\times\frac{1}{3}=\frac{19}{6}\times\frac{6}{7}\times\frac{1}{3}=\frac{19}{21}$

8
가장 큰 수와 가장 작은 수의 곱을 구하세요.

$\frac{7}{16}$　$2\frac{6}{7}$　$\frac{1}{2}$　$1\frac{3}{10}$

($1\frac{1}{4}$)

$\frac{1}{2}=\frac{8}{16}$

$\Rightarrow 2\frac{6}{7}\times\frac{7}{16}=\frac{20}{7}\times\frac{7}{16}=\frac{5}{4}=1\frac{1}{4}$

9
계산 결과가 진분수인 것은 어느 것인가요? (⑤)

① $1\frac{2}{3}\div\frac{1}{4}=6\frac{2}{3}$　② $2\frac{2}{5}\div 2=1\frac{1}{5}$
③ $\frac{7}{24}\div\frac{7}{48}=2$　④ $6\div\frac{1}{7}=42$
⑤ $\frac{4}{15}\div 1\frac{1}{4}=\frac{16}{75}$

10
수직선을 보고 ㉡÷㉠의 몫을 구하세요.

(수직선: 1, ㉠, ㉡, 2)

($1\frac{1}{3}$)

수직선 한 칸의 크기가 $\frac{1}{12}$이므로

㉠$=1\frac{3}{12}=1\frac{1}{4}$, ㉡$=1\frac{8}{12}=1\frac{2}{3}$입니다.

$\Rightarrow$ ㉡÷㉠$=1\frac{2}{3}\div 1\frac{1}{4}=\frac{5}{3}\div\frac{5}{4}$
$=\frac{5}{3}\times\frac{4}{5}=\frac{4}{3}=1\frac{1}{3}$

11
혜성이네 가족은 일정한 빠르기로 한 시간에 $60\frac{2}{3}$ km를 이동하는 고속버스를 탔습니다. 같은 빠르기로 45분 동안 고속버스를 타고 이동했다면 혜성이네 가족이 이동한 거리는 몇 km인지 구하세요.

($45\frac{1}{2}$ km)

45분은 $\frac{45}{60}=\frac{3}{4}$(시간)입니다.

$\Rightarrow 60\frac{2}{3}\times\frac{3}{4}=\frac{182}{3}\times\frac{3}{4}=\frac{91}{2}=45\frac{1}{2}$ (km)

12
☐ 안에 알맞은 수를 구하세요.

$2\frac{4}{7}\times$☐$=\frac{3}{35}$

($\frac{1}{30}$)

☐$=\frac{3}{35}\div 2\frac{4}{7}=\frac{3}{35}\div\frac{18}{7}$
$=\frac{3}{35}\times\frac{7}{18}=\frac{1}{30}$

개념 확인 문제

✔ 다음을 구하세요.

1

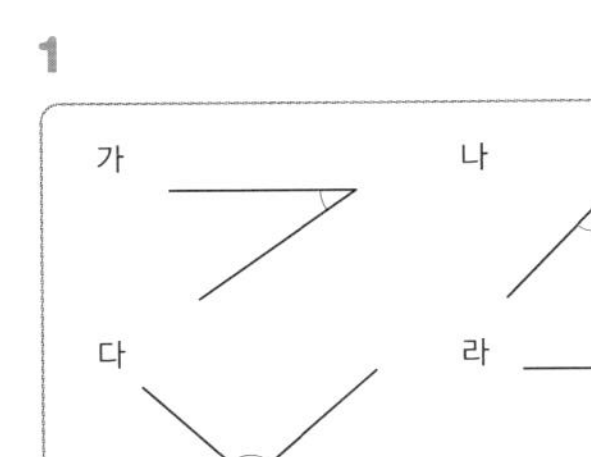

예각	둔각
가	나, 다, 라

2

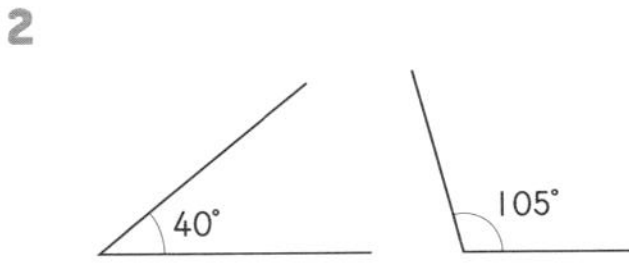

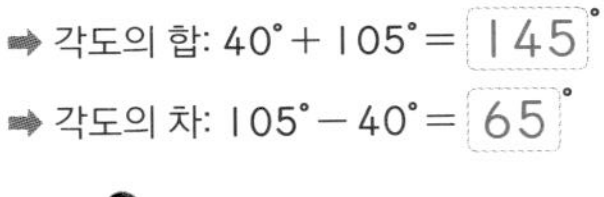

➡ 각도의 합: 40° + 105° = 145°

➡ 각도의 차: 105° − 40° = 65°

3

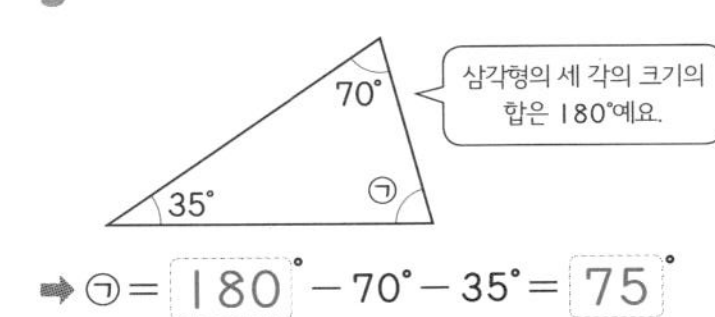

➡ ㉠ = 180° − 70° − 35° = 75°

다지기 문제

✔ 다음을 구하세요.

1-1

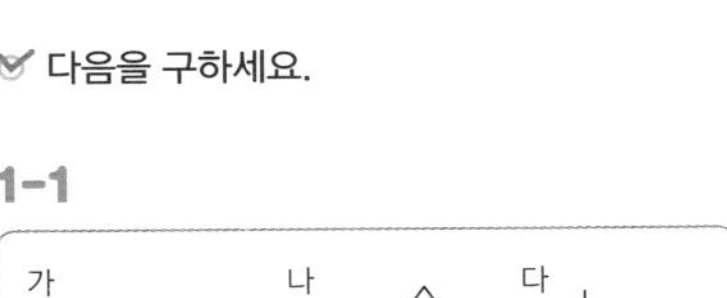

예각	직각	둔각
가, 나, 마	다	라, 바

2-1

(1)

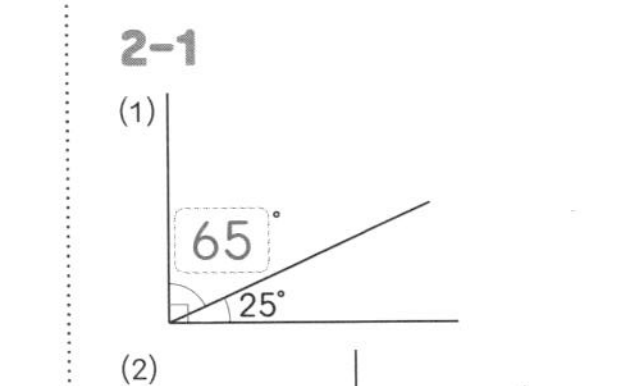

(2)

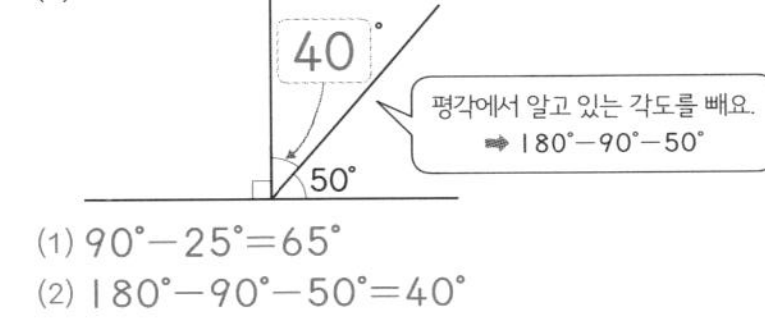

(1) 90° − 25° = 65°
(2) 180° − 90° − 50° = 40°

3-1

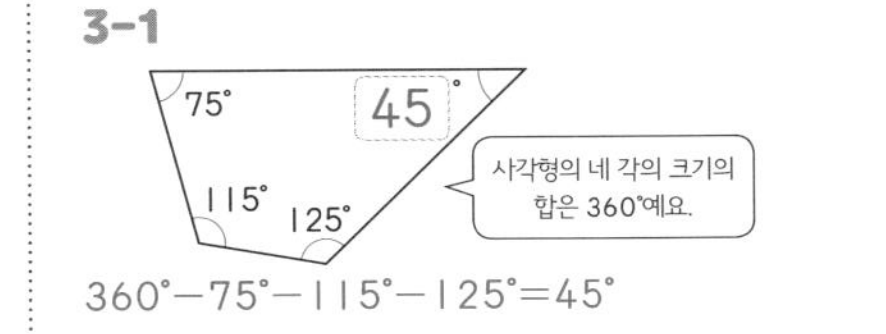

360° − 75° − 115° − 125° = 45°

개념 확인 문제

✔ 다음을 구하세요.

1

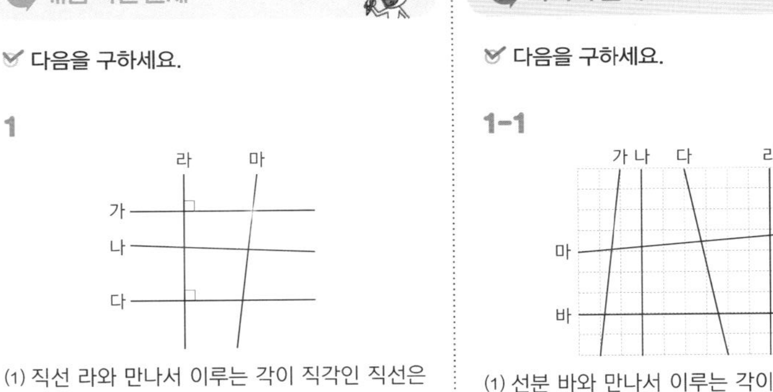

(1) 직선 라와 만나서 이루는 각이 직각인 직선은 직선 가와 직선 다입니다.

(2) 직선 라에 수직인 직선은 직선 가와 직선 다입니다.

(3) 서로 평행한 직선은 직선 가와 직선 다입니다.

2

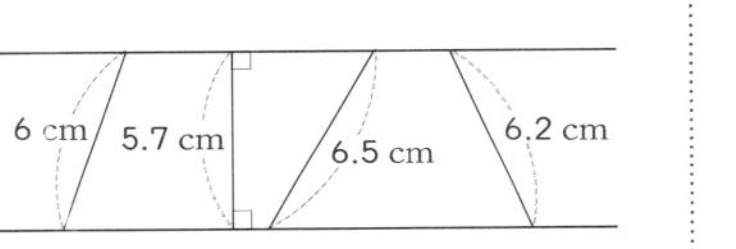

➡ 평행한 두 직선 가와 직선 나 사이의 거리는 5.7 cm입니다.

다지기 문제

✔ 다음을 구하세요.

1-1

(1) 선분 바와 만나서 이루는 각이 직각인 선분은 선분 나와 선분 라입니다.

(2) 선분 바에 대한 수선은 선분 나와 선분 라입니다.

(3) 서로 평행한 선분은 선분 나와 선분 라입니다.

2-1

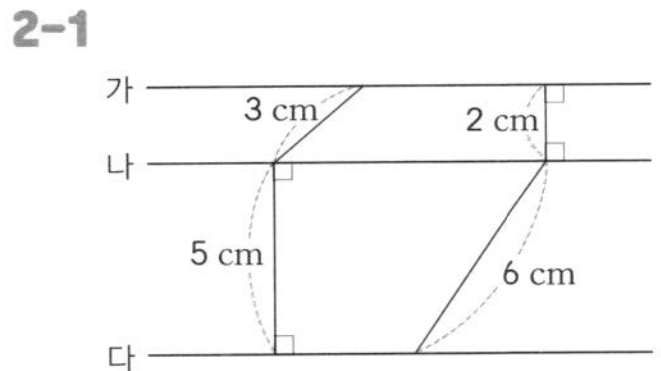

➡ (직선 가와 직선 다 사이의 거리)
= 2 + 5 = 7 (cm)

개념 확인 문제

✔ 다음을 구하세요.

1

6 cm, 3 cm, 6 cm, ㄱ, ㄴ, ㄷ

➡ 삼각형 ㄱㄴㄷ은 두 변의 길이가 같으므로 이등변 삼각형입니다.

2

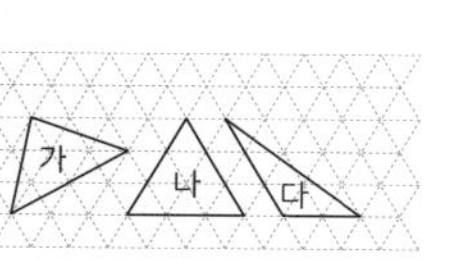

➡ 정삼각형은 세 변의 길이가 같은 삼각형입니다.

➡ 정삼각형을 찾으면 나 입니다.

3

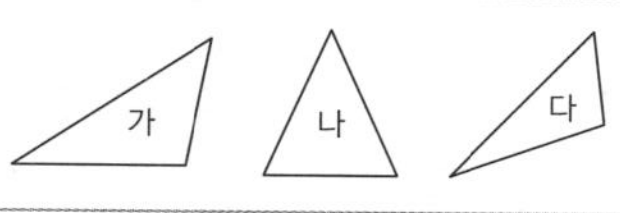

➡ 세 각이 모두 예각인 예각삼각형은 나 입니다.

➡ 한 각이 둔각인 둔각삼각형은 가, 다 입니다.

다지기 문제

✔ 다음을 구하세요.

1-1

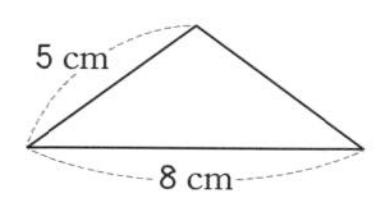

➡ (삼각형의 둘레) = 18 cm

$5+5+8=18$ (cm)

2-1

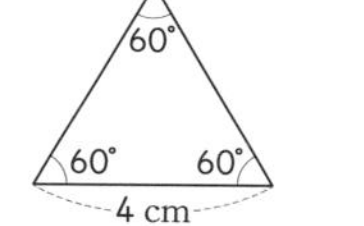

➡ (삼각형의 둘레) = 12 cm

정삼각형은 세 각의 크기가 같고 세 변의 길이가 같아요.

$4\times3=12$ (cm)

3-1

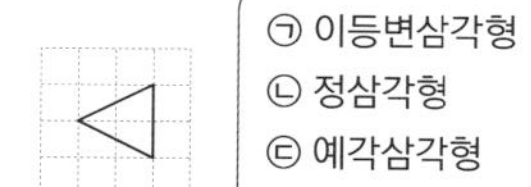

㉠ 이등변삼각형
㉡ 정삼각형
㉢ 예각삼각형
㉣ 둔각삼각형

➡ 삼각형의 이름이 될 수 있는 것을 모두 찾아 기호를 쓰면 ㉠, ㉢ 입니다.

개념 확인 문제

✔ 다음을 구하세요.

1

가 나 다 라

➡ 마주 보는 두 변의 길이가 같은 사각형은 가, 다 입니다.

2

가 나 다 라

➡ 마주 보는 두 각의 크기가 같은 사각형은 가, 나, 라 입니다.

3

㉠ 정사각형은 마름모입니다.
㉡ 평행사변형은 사다리꼴입니다.
㉢ 직사각형은 정사각형입니다.

➡ 사각형의 포함 관계가 옳은 것은 ㉠, ㉡ 입니다.

다지기 문제

✔ 다음을 구하세요.

1-1

4 cm, 3 cm

➡ (직사각형의 둘레) = 14 cm

- 사각형의 둘레
  (직사각형의 둘레)=((가로)+(세로))×2
  (정사각형의 둘레)=(한 변의 길이)×4
  (평행사변형의 둘레)=((한 변의 길이)+(다른 한 변의 길이))×2
  (마름모의 둘레)=(한 변의 길이)×4

$(4+3)\times2=14$ (cm)

2-1

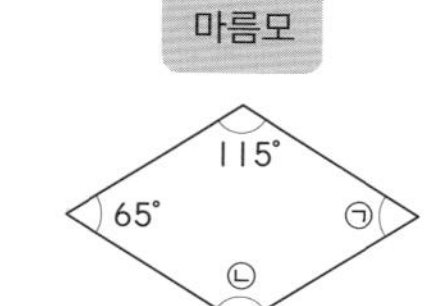

➡ ㉠+㉡ = 65° + 115° = 180°

마주 보는 두 각의 크기가 같은 사각형의 이웃하는 두 각의 크기의 합은 180°예요.

3-1

사다리꼴, 직사각형, 평행사변형

➡ 마름모는 사다리꼴, 평행사변형 이라고 할 수 있습니다.

개념 확인 문제

✔ 다음을 구하세요.

1

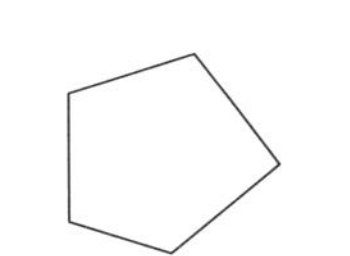

➡ 다각형의 이름은 오 각형입니다.

2

5 cm

➡ (정육각형의 둘레) = 5 × 6 = 30 (cm)

3

가 나 다 라

➡ 두 대각선의 길이가 같은 사각형은 가, 나 입니다.

다지기 문제

✔ 다음을 구하세요.

1-1

칠각형

➡ 변의 수: 7 개

꼭짓점의 수: 7 개

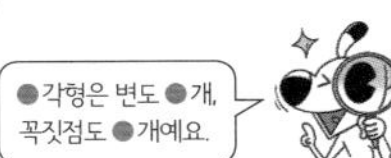

2-1

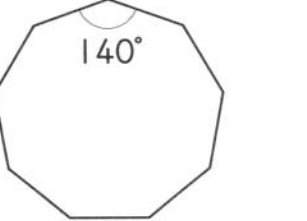

➡ (정구각형의 모든 각의 크기의 합)
= 140° × 9 = 1260°

3-1

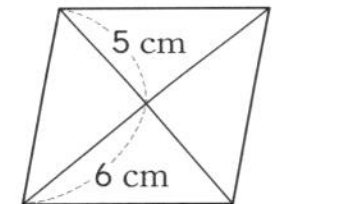

➡ (평행사변형의 두 대각선의 길이의 합)
= 5 × 2 + 6 × 2 = 22 (cm)

개념 확인 문제

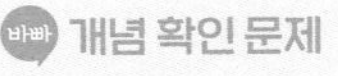
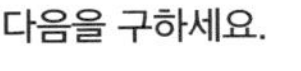

✔ 다음을 구하세요.

1

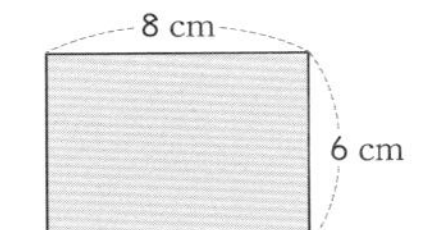

➡ (직사각형의 넓이) = 8 × 6
= 48 (cm^2)

2

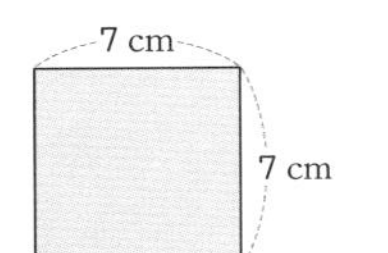

➡ (정사각형의 넓이) = 7 × 7
= 49 (cm^2)

3

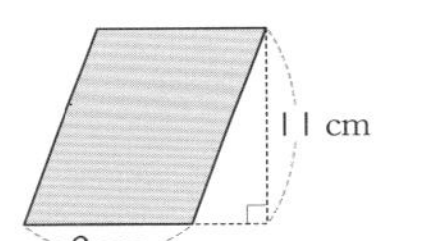
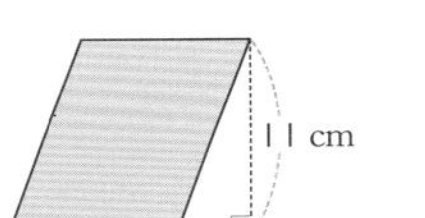

➡ (평행사변형의 넓이) = 9 × 11
= 99 (cm^2)

다지기 문제

✔ 다음을 구하세요.

1-1

5 cm
9 cm

➡ (직사각형의 넓이) = 45 cm^2

2-1

8 cm
8 cm

➡ (정사각형의 넓이) = 64 cm^2

3-1

6 cm
7 cm

➡ (평행사변형의 넓이) = 42 cm^2

바빠 개념 확인 문제

✔ 색칠한 도형의 넓이를 구하세요.

1

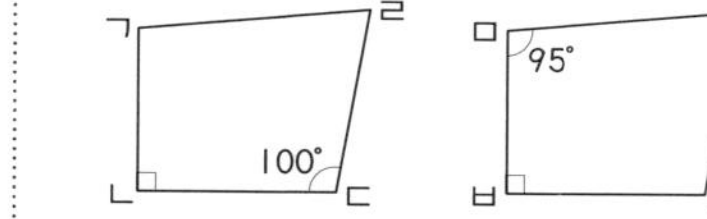

➡ (삼각형의 넓이) = (평행사변형의 넓이) ÷ 2
= 8 × 8 ÷ 2
= 32 (cm²)

2

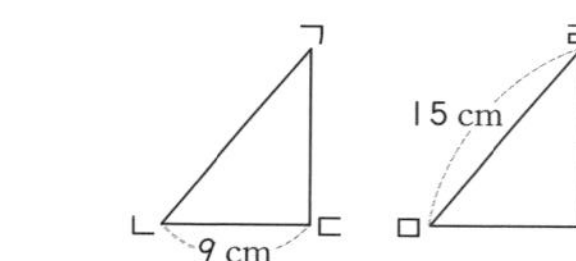

➡ (마름모의 넓이) = (직사각형의 넓이) ÷ 2
= 10 × 7 ÷ 2
= 35 (cm²)

3

5 cm, 9 cm, 10 cm, 9 cm, 5 cm

➡ (사다리꼴의 넓이)
= (평행사변형의 넓이) ÷ 2
= (5 + 9) × 10 ÷ 2
= 70 (cm²)

바빠 다지기 문제

✔ 다음을 구하세요.

1-1

10 cm, 12 cm

➡ (삼각형의 넓이) = 60 cm²
12×10÷2=60 (cm²)

2-1

7 cm, 12 cm

➡ (마름모의 넓이) = 42 cm²
12×7÷2=42 (cm²)

3-1

6 cm, 9 cm, 10 cm

➡ (사다리꼴의 넓이) = 72 cm²
(6+10)×9÷2=72 (cm²)

바빠 개념 확인 문제

✔ 다음을 구하세요.

1

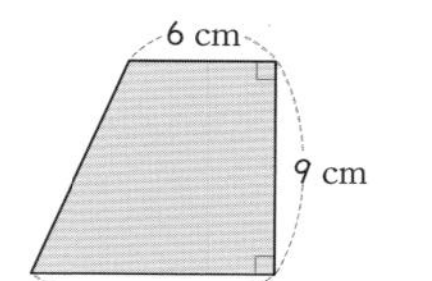

왼쪽 도형과 서로 합동인 도형은 가 입니다.

2

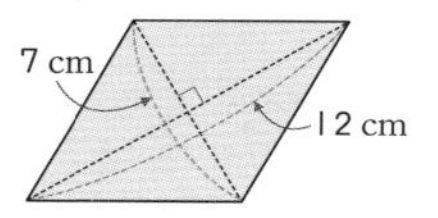

삼각형 ㄱㄴㄷ과 삼각형 ㄹㅁㅂ이 서로 합동일 때 변 ㄹㅂ의 대응변은 변 ㄱㄷ 입니다.

➡ (변 ㄹㅂ) = 12 cm

3

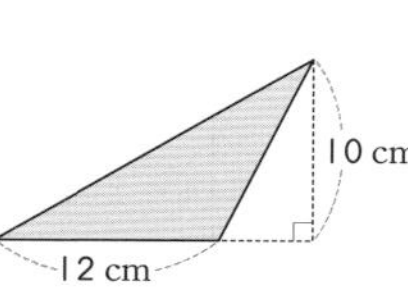

삼각형 ㄱㄴㄷ과 삼각형 ㄹㅁㅂ이 서로 합동일 때
(각 ㄹㅁㅂ) = (각 ㄱㄴㄷ)
= 180° − 55° − 65°
= 60° 입니다.

바빠 다지기 문제

✔ 다음을 구하세요.

1-1

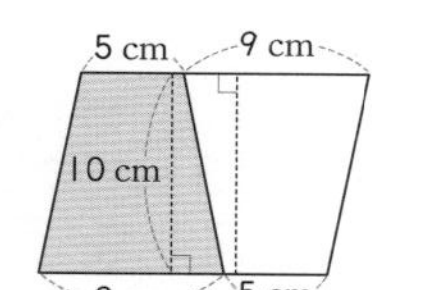

➡ 나머지 셋과 서로 합동이 아닌 도형은 나 입니다.

2-1

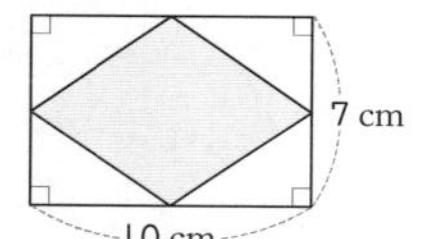

삼각형 ㄱㄴㄷ의 둘레가 35 cm이고
삼각형 ㄱㄴㄷ과 삼각형 ㄹㅁㅂ이 서로 합동일 때
(변 ㄹㅂ) = 11 cm입니다.

3-1

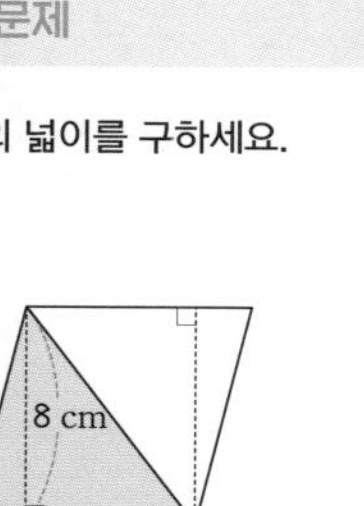

사각형 ㄱㄴㄷㄹ과 사각형 ㅁㅂㅅㅇ이 서로 합동일 때 (각 ㅁㅇㅅ) = 75° 입니다.

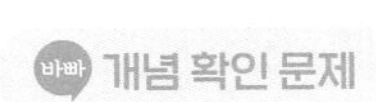

개념 확인 문제

✔ 다음을 구하세요.

1

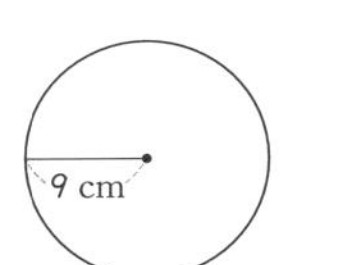

➡ (지름) = 9 × 2 = 18 (cm)

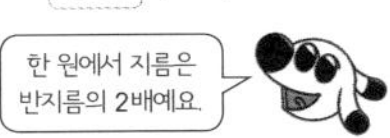

2

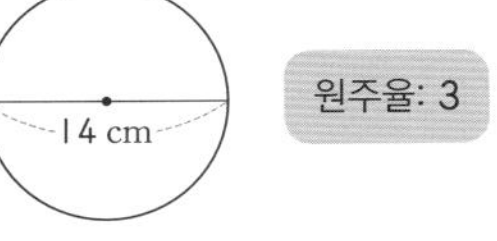

원주율: 3

➡ (원주) = (지름) × (원주율)
= 14 × 3
= 42 (cm)

3

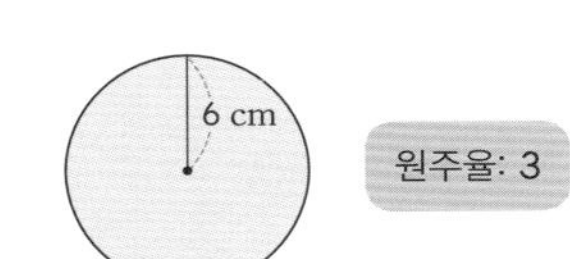

원주율: 3

➡ (원의 넓이) = (반지름) × (반지름) × (원주율)
= 6 × 6 × 3
= 108 (cm^2)

다지기 문제

✔ 다음을 구하세요.

1-1

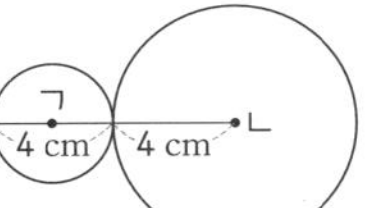

➡ (선분 ㄱㄴ) = 6 cm

2+4=6 (cm)

2-1

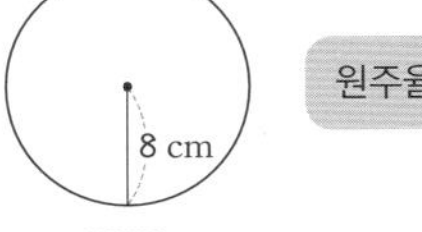

원주율: 3

➡ (원주) = 48 cm

8×2×3=48 (cm)

3-1

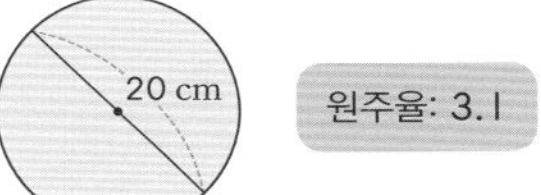

원주율: 3.1

➡ (원의 넓이) = 310 cm^2

(반지름)=20÷2=10 (cm)

➡ (원의 넓이)=10×10×3.1=310 (cm^2)

원주율은 3.141592653……과 같이 끝없이 계속 돼요.

그래서 필요에 따라 원주율을 3, 3.1, 3.14 등으로 줄여서 사용해요.

평면도형 대표 문장제

★도형의 특징을 이용해 문제를 풀어요.
★다각형의 넓이 또는 원의 넓이가 주어질 때, 모르는 길이를 □cm라 하고 식을 구해요.

1 도형에서 각 ㄱㄷㄹ의 크기를 구하세요.

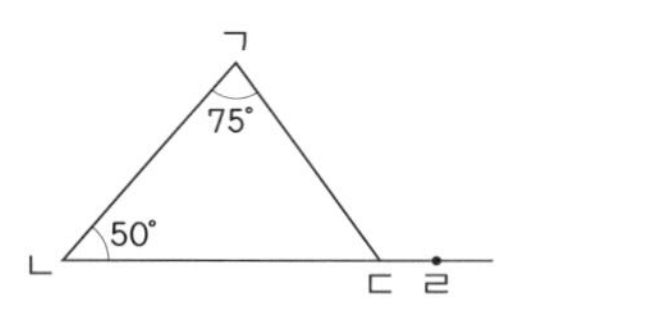

125°

구할 수 있는 각도부터 순서대로 구한 다음 °를 꼭 붙여요.

삼각형의 세 각의 크기의 합은 180°예요.

일직선이 이루는 각의 크기는 180°예요.

삼각형의 세 각의 크기의 합은 180°입니다.
(각 ㄱㄷㄴ)$=180°-75°-50°=55°$
일직선이 이루는 각의 크기는 180°입니다.
➡ (각 ㄱㄷㄹ)$=180°-55°=125°$

2 길이가 55 cm인 철사를 겹치지 않게 모두 사용하여 정오각형 한 개를 만들었습니다. 만든 정오각형의 한 변의 길이는 몇 cm인가요?

11 cm

정다각형은 변의 길이가 모두 같고 각의 크기가 모두 같은 다각형이에요.

배운 평면도형에서 정다각형, 마름모는 모든 변의 길이가 같아요.

정오각형은 모든 변의 길이가 같습니다.
➡ (정오각형의 한 변의 길이)$=55\div5=11$ (cm)

3 평행사변형 ㄱㄴㄷㄹ의 넓이가 48 cm^2일 때 변 ㄹㄷ의 길이는 몇 cm인가요?

ㄱ ㄹ 8 cm ㄴ ㄷ

6 cm

(평행사변형의 넓이)
=(밑변의 길이)×(높이)

높이가 8 cm일 때 변 ㄹㄷ은 평행사변형의 밑변입니다.
변 ㄹㄷ의 길이를 □cm라 하면
$□\times8=48$, $□=6$이므로
변 ㄹㄷ의 길이는 6 cm입니다.

4 삼각형 ㄱㄴㄷ과 삼각형 ㅁㄹㄷ은 서로 합동입니다. 각 ㄱㄷㅁ의 크기를 구하세요.

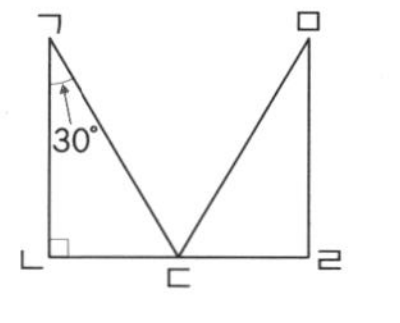

60°

합동인 두 도형에서 각각의 대응각의 크기는 서로 같습니다.

ㄱ
ㅁ
ㄴ
ㄷ
ㄹ
합동인 두 도형의 방향이
다르거나 겹쳐 있어도
대응각을 찾아 비교하면 돼요.

삼각형의 세 각의 크기의 합은 180°이므로
(각 ㄱㄷㄴ)$=180°-30°-90°=60°$입니다.
(각 ㅁㄷㄹ)=(각 ㄱㄷㄴ)$=60°$
➡ (각 ㄱㄷㅁ)$=180°-60°-60°=60°$

5 넓이가 147 cm^2인 원 모양의 접시가 있습니다. 이 접시의 반지름은 몇 cm인가요? (원주율: 3)

7 cm

(원의 넓이)
=(반지름)×(반지름)×(원주율)

접시의 반지름을 □cm라 하면 $□\times□\times3=147$, $□\times□=49$, $□=7$입니다.
따라서 접시의 반지름은 7 cm입니다.

평면도형 통과 문제 1

맞힌 개수 ☐ / 12개

- 맞힌 개수 11개 이상: 통과! 틀린 문제를 확인하고 '통과 문제 2'를 푸세요!
- 맞힌 개수 8~10개: 12~20과를 틀린 부분 위주로 다시 공부하세요!
- 맞힌 개수 7개 이하: '바빠 평면도형 계산'으로 기본 개념부터 다시 공부하세요!

1

㉠의 각도를 구하세요.

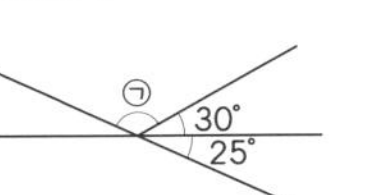

(125°)

일직선이 이루는 각의 크기는 180°입니다.
➡ ㉠$=180°-30°-25°=125°$

2

도형에서 평행선 사이의 거리를 구하세요.

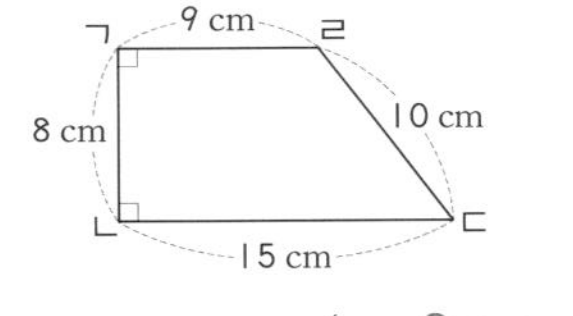

(8 cm)

도형에서 변 ㄱㄹ과 변 ㄴㄷ이 서로 평행합니다. 평행선 사이의 거리를 나타내는 변은 변 ㄱㄴ이므로 8 cm입니다.

3

정다각형은 변의 길이가 모두 같아요. 잊지 않았죠?

길이가 48 cm인 철사를 겹치지 않게 모두 사용하여 한 변의 길이가 6 cm인 정다각형을 만들었습니다. 만든 정다각형의 이름을 구하세요.

(정팔각형)

$48\div6=8$이므로 한 변의 길이가 6 cm인 정다각형의 변은 8개입니다. 따라서 만든 정다각형은 정팔각형입니다.

4

직사각형의 넓이는 몇 m^2인지 구하세요.

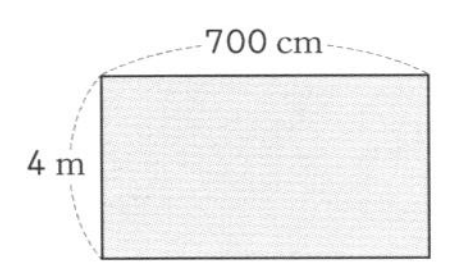

(28 m^2)

700 cm=7 m이므로
(직사각형의 넓이)$=7\times4=28$ (m^2)입니다.

5

삼각형의 이름으로 알맞은 것을 모두 찾아 기호를 쓰세요.

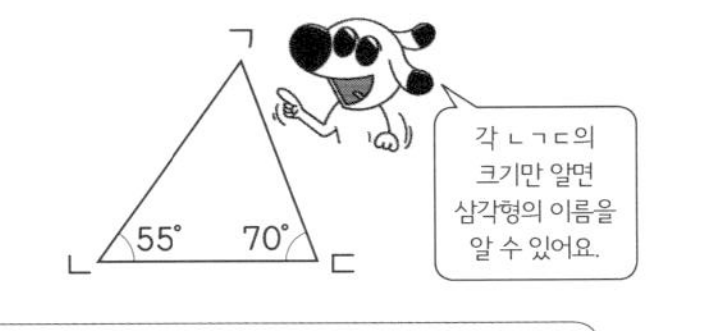

㉠ 예각삼각형 ㉡ 정삼각형
㉢ 둔각삼각형 ㉣ 이등변삼각형

(㉠, ㉣)

(각 ㄴㄱㄷ)$=180°-55°-70°=55°$
세 각이 모두 예각이므로 예각삼각형입니다.
각 ㄴㄱㄷ과 각 ㄱㄴㄷ의 크기가 같으므로 이등변삼각형입니다.

6

직사각형과 평행사변형의 둘레가 같을 때, ☐ 안에 알맞은 수를 써넣으세요.

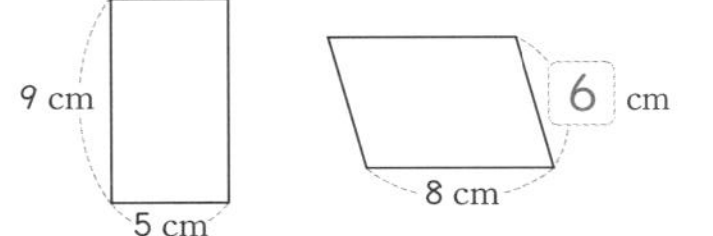

(직사각형의 둘레)$=(5+9)\times2=28$ (cm)
➡ $(8+\square)\times2=28$, $8+\square=14$, $\square=6$

7

사각형에 대한 설명 중 틀린 것은 어느 것인가요? (④)

① 직사각형은 평행사변형입니다.
② 마름모는 평행사변형입니다.
③ 정사각형은 사다리꼴입니다.
④ 사다리꼴은 평행사변형입니다.
⑤ 정사각형은 마름모입니다.

④ 사다리꼴은 마주 보는 한 쌍의 변이 서로 평행하므로 평행사변형이 아닙니다.

8

두 사각형은 서로 합동입니다. 사각형 ㄱㄴㄷㄹ의 둘레가 20 cm일 때, 변 ㅁㅇ의 길이는 몇 cm인지 구하세요.

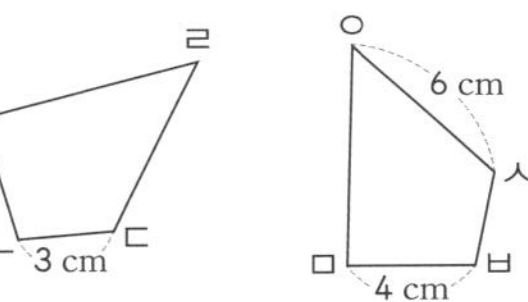

(7 cm)

두 사각형은 서로 합동이므로
(변 ㅂㅅ)=(변 ㄴㄷ)=3 cm이고
사각형 ㅁㅂㅅㅇ의 둘레도 20 cm입니다.
➡ (변 ㅁㅇ)$=20-4-3-6=7$ (cm)

9

마름모 나의 넓이는 마름모 가의 넓이의 몇 배인지 구하세요.

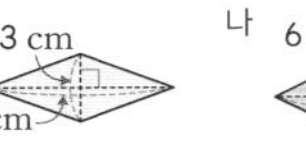

(3배)

(마름모 가의 넓이)$=8\times3\div2=12$ (cm^2)
(마름모 나의 넓이)$=12\times6\div2=36$ (cm^2)
➡ 마름모 나의 넓이는 마름모 가의 넓이의 $36\div12=3$(배)입니다.

10

삼각형 ㄱㄴㄷ의 세 변의 길이의 합은 45 cm입니다. 이 삼각형의 넓이는 몇 cm^2인지 구하세요.

ㄱ, ㄹ, 11 cm, 9 cm, ㄴ, 16 cm, ㄷ

밑변이 되는 변 ㄱㄴ의 길이를 먼저 구한 후 삼각형의 넓이를 구해요.

(81 cm^2)

(변 ㄱㄴ)$=45-16-11=18$ (cm)
➡ (삼각형 ㄱㄴㄷ의 넓이)
$=18\times9\div2=81$ (cm^2)

11

가장 큰 원을 찾아 기호를 쓰세요. (원주율: 3.1)

㉠ 지름이 9 cm인 원
㉡ 원주가 24.8 cm인 원
㉢ 반지름이 5 cm인 원

원의 크기를 알 수 있는 지름, 원주, 반지름 중에서 구하기 쉬운 것으로 통일하여 구해요.

(㉢)

원주가 클수록 원이 큽니다.
㉠ (원주)$=9\times3.1=27.9$ (cm)
㉢ (원주)$=5\times2\times3.1=31$ (cm)

12

넓이가 75 cm^2인 원 모양의 거울이 있습니다. 이 거울의 반지름은 몇 cm인지 구하세요. (원주율: 3)

(5 cm)

거울의 반지름을 ☐ cm라 하면
$\square\times\square\times3=75$, $\square\times\square=25$, $\square=5$입니다.
따라서 거울의 반지름은 5 cm입니다.

평면도형 통과 문제 2

맞힌 개수 / 12개

맞힌 개수 11개 이상: 통과! 틀린 문제를 확인하고 다음 단원으로 넘어가세요!
맞힌 개수 10개 이하: 12~20과를 틀린 부분 위주로 다시 공부하세요!

1

두 직각 삼각자를 이어 붙여서 각을 만들었습니다. ㉠의 각도를 구하세요.

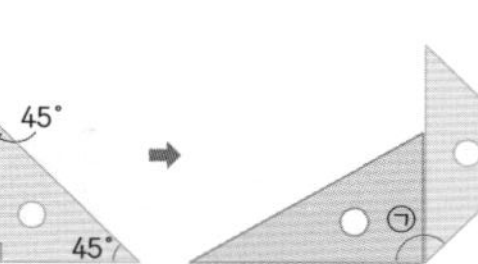

(135°)

㉠=90°+45°=135°

2

삼각형 ㄱㄴㄷ은 이등변삼각형입니다. 이 삼각형의 둘레가 24 cm일 때 변 ㄱㄷ의 길이는 몇 cm인지 구하세요.

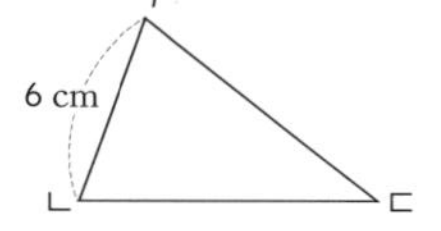

(9 cm)

변 ㄱㄷ의 길이를 □cm라 하면 변 ㄴㄷ의 길이도 □cm입니다.
➡ 6+□+□=24, □+□=18, □=9

3

직선 가, 나, 다가 서로 평행할 때, 직선 가와 직선 다 사이의 거리를 구하세요.

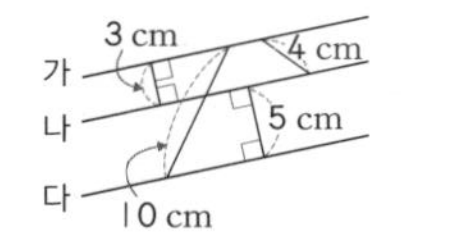

(8 cm)

3+5=8 (cm)

4

길이가 128 cm인 끈을 겹치지 않게 모두 사용하여 마름모 한 개를 만들었습니다. 이 마름모의 한 변의 길이는 몇 cm인지 구하세요.

(32 cm)

마름모는 네 변의 길이가 같습니다.
➡ (마름모의 한 변의 길이)=128÷4
=32 (cm)

5

도형에서 각 ㄹㄷㅁ의 크기를 구하세요.

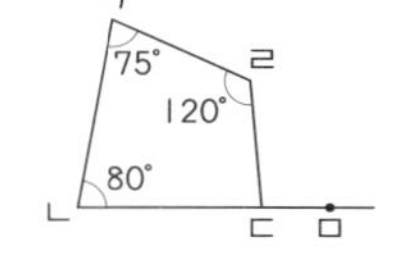

(95°)

사각형의 네 각의 크기의 합은 360°입니다.
(각 ㄴㄷㄹ)=360°−75°−80°−120°=85°
➡ (각 ㄹㄷㅁ)=180°−85°=95°

6

크기가 다른 직사각형 모양의 종이띠 2장을 겹친 것입니다. 겹친 부분의 이름이 될 수 있는 것을 모두 고르세요. (④, ⑤)

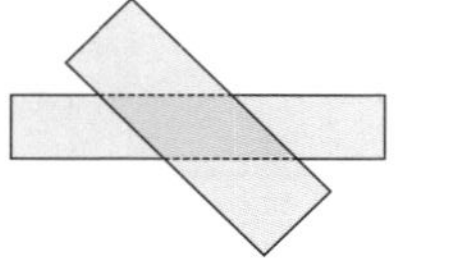

① 직사각형 ② 마름모 ③ 정사각형
④ 사다리꼴 ⑤ 평행사변형

겹친 부분은 마주 보는 두 쌍의 변이 서로 평행합니다.

7

정사각형과 직사각형의 넓이가 같을 때 직사각형의 가로는 몇 cm인지 구하세요.

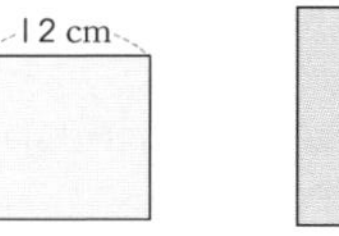

(9 cm)

(정사각형의 넓이)=12×12=144 (cm²)
➡ (직사각형의 가로)×16=144,
(직사각형의 가로)=144÷16=9 (cm)

8

대각선에 대한 설명 중 틀린 것은 어느 것인가요? (③)

① 마름모의 두 대각선은 서로 수직으로 만납니다.
② 정사각형의 두 대각선은 길이가 같습니다.
③ 직사각형의 두 대각선은 서로 수직으로 만납니다.
④ 평행사변형의 한 대각선은 다른 대각선을 똑같이 둘로 나눕니다.
⑤ 정사각형의 한 대각선은 다른 대각선을 똑같이 둘로 나눕니다.

③ 직사각형의 두 대각선이 항상 수직으로 만나는 것은 아닙니다.

9

원 안에 그을 수 있는 가장 긴 선분의 길이가 18 cm인 원의 넓이는 몇 cm²인지 구하세요. (원주율: 3)

(243 cm²)

(원의 반지름)=18÷2=9 (cm)
➡ (원의 넓이)=9×9×3=243 (cm²)

10

사다리꼴의 넓이가 54 cm²일 때 변 ㄷㄹ의 길이는 몇 cm인지 구하세요.

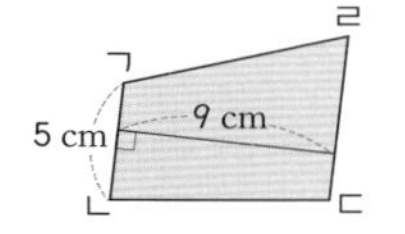

(7 cm)

변 ㄷㄹ의 길이를 □cm라 하면
(5+□)×9÷2=54, (5+□)×9=108,
5+□=12, □=7입니다.

11

반지름이 12 cm인 바퀴를 몇 바퀴 굴렸습니다. 바퀴가 굴러간 거리가 1116 cm일 때, 바퀴를 몇 바퀴 굴렸는지 구하세요. (원주율: 3.1)

(15바퀴)

(바퀴의 둘레)=12×2×3.1=74.4 (cm)
바퀴를 □바퀴 굴렸다고 하면
74.4×□=1116, □=15입니다.

12

삼각형 ㄱㄴㄷ과 삼각형 ㄹㄷㄴ은 서로 합동입니다. 각 ㅁㄷㄹ의 크기를 구하세요.

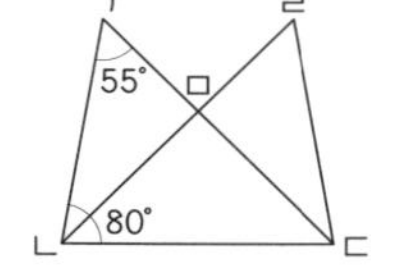

(35°)

삼각형의 세 각의 크기의 합은 180°이므로
(각 ㄱㄷㄴ)=180°−55°−80°=45°입니다.
(각 ㄹㄷㄴ)=(각 ㄱㄴㄷ)=80°
➡ (각 ㅁㄷㄹ)=(각 ㄹㄷㄴ)−(각 ㄱㄷㄴ)
=80°−45°=35°

개념 확인 문제

다음을 구하세요.

1

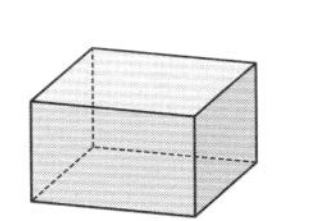

➡ 직육면체의 면은 6 개, 모서리는 12 개, 꼭짓점은 8 개입니다.

2

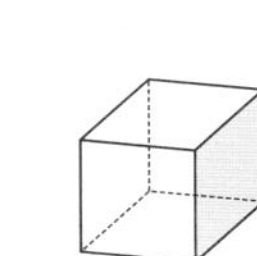

➡ 색칠한 면과 수직으로 만나는 면은 모두 4 개입니다.

3

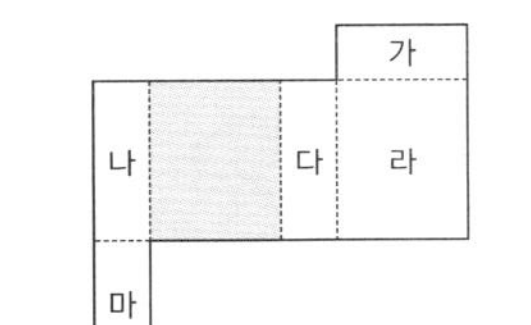

➡ 색칠한 면과 평행한 면은 면 라 입니다.

다지기 문제

다음을 구하세요.

1-1

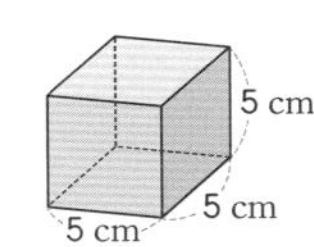

➡ (정육면체의 모든 모서리의 길이의 합)
= 60 cm

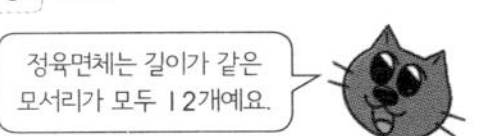

2-1

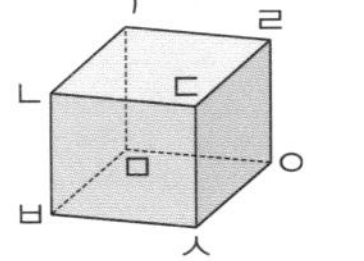

➡ 면 ㄴㅂㅅㄷ과 평행한 면: 면 ㄱㅁㅇㄹ

3-1

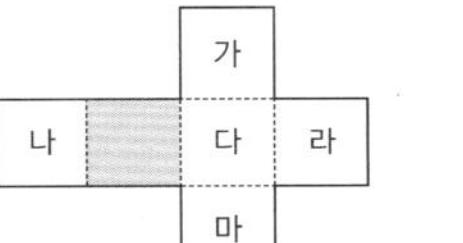

➡ 색칠한 면과 수직으로 만나는 면을 모두 찾아 쓰면 면 가, 면 나, 면 다, 면 마 입니다.

개념 확인 문제

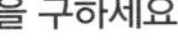

다음을 구하세요.

1

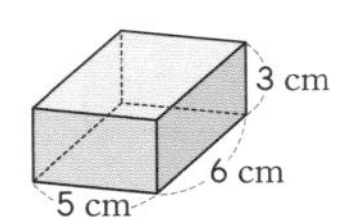

➡ (직육면체의 부피) = 5 × 6 × 3
= 90 (cm^3)

2

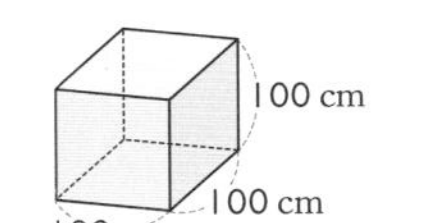

➡ (정육면체의 부피)
= 1000000 cm^3
= 1 m^3

3

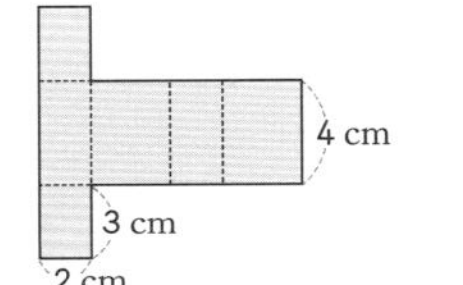

➡ (직육면체의 겉넓이)
= (두 밑면의 넓이) + (옆면의 넓이)
= 2 × 3 × 2 + (2 + 3 + 2 + 3) × 4
= 12 + 40 = 52 (cm^2)

다지기 문제

다음을 구하세요.

1-1

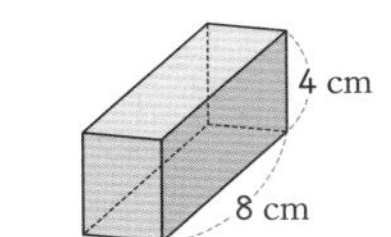

➡ (직육면체의 부피) = 96 cm^3

2-1

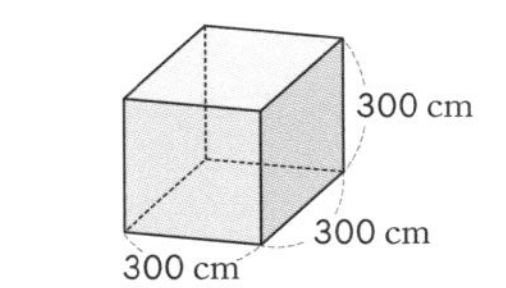

➡ (정육면체의 부피)
= 27000000 cm^3
= 27 m^3

3-1

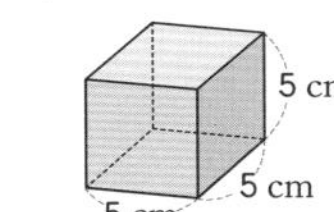

➡ (정육면체의 겉넓이)
= (한 면의 넓이) × 6
= 5 × 5 × 6
= 150 (cm^2)

개념 확인 문제

✔ 다음을 구하세요.

1

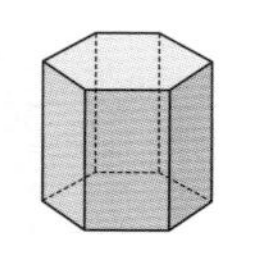

➡ 밑면의 모양: 육각형
각기둥의 이름: 육각기둥

2

➡ (모서리의 수) = 5 × 3 = 15 (개)
(꼭짓점의 수) = 5 × 2 = 10 (개)

3

➡ (모서리의 수) = 4 × 2 = 8 (개)
(꼭짓점의 수) = 4 + 1 = 5 (개)

다지기 문제

✔ 다음을 구하세요.

1-1

➡ 각기둥을 찾으면 가이고, 그 이름은 삼각기둥입니다.

2-1

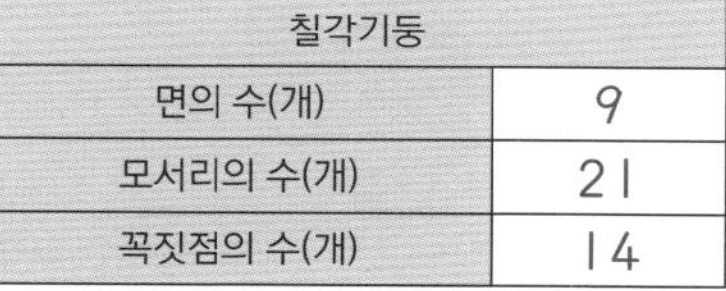

칠각기둥	
면의 수(개)	9
모서리의 수(개)	21
꼭짓점의 수(개)	14

3-1

구각뿔	
면의 수(개)	10
모서리의 수(개)	18
꼭짓점의 수(개)	10

개념 확인 문제

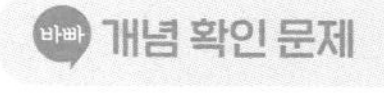

✔ 다음을 구하세요.

1

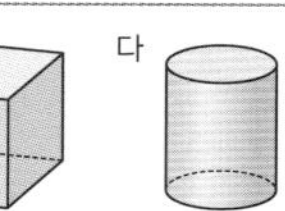

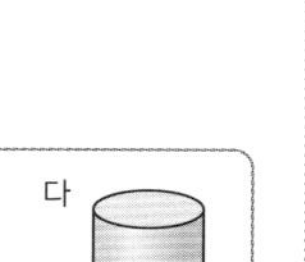

➡ 원기둥을 찾으면 다입니다.

2

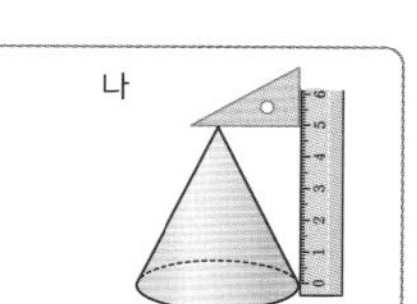

➡ 모선의 길이를 재는 방법을 찾으면 가입니다.

3

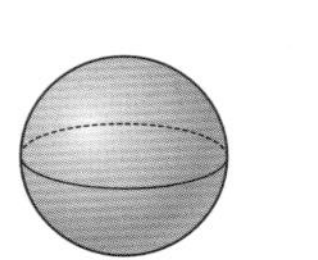

➡ 구를 앞에서 본 모양은 원이고, 옆에서 본 모양은 원입니다.

다지기 문제

✔ 다음을 구하세요.

1-1

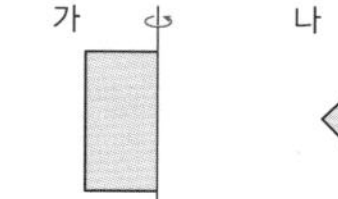

➡ 평면도형을 한 변을 기준으로 한 바퀴 돌렸을 때 만들어지는 도형이 원기둥인 것은 가입니다.

2-1

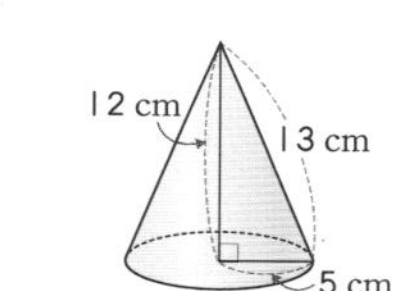

➡ (원뿔의 높이) = 12 cm

3-1

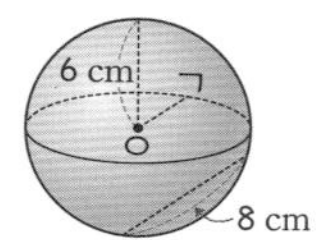

➡ (선분 ㄱㅇ의 길이) = 6 cm

입체도형 대표 문장제

★입체도형은 면, 모서리, 꼭짓점으로 이루어져 있어요.
★전개도는 입체도형의 모서리를 잘라서 펼친 그림이에요.

1 모든 모서리의 길이의 합이 60 cm인 정육면체의 부피는 몇 cm^3인가요?

$125\ cm^3$

정육면체는 길이가 같은 모서리가 모두 12개예요.

(정육면체의 한 모서리의 길이)$=60\div12=5$ (cm)
➡ (정육면체의 부피)$=5\times5\times5=125$ (cm^3)

(정육면체의 부피)
=(한 변의 길이)
×(한 변의 길이)
×(한 변의 길이)

2 전개도를 접어서 만들 수 있는 직육면체의 겉넓이는 몇 cm^2인지 구하세요.

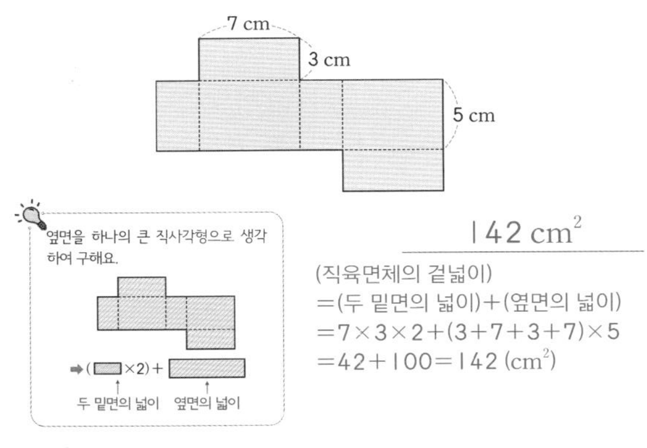

$142\ cm^2$

옆면을 하나의 큰 직사각형으로 생각하여 구해요.
➡ (×2)+
두 밑면의 넓이 옆면의 넓이

(직육면체의 겉넓이)
=(두 밑면의 넓이)+(옆면의 넓이)
$=7\times3\times2+(3+7+3+7)\times5$
$=42+100=142$ (cm^2)

(직육면체의 겉넓이)
=(두 밑면의 넓이)
+(옆면의 넓이)

3 구각기둥과 팔각뿔의 꼭짓점의 수의 합은 몇 개인지 구하세요.

27개

(구각기둥의 꼭짓점의 수)$=9\times2=18$(개)
(팔각뿔의 꼭짓점의 수)$=8+1=9$(개)
➡ $18+9=27$(개)

입체도형	●각기둥	●각뿔
면의 수(개)	●+2	●+1
모서리의 수(개)	●×3	●×2
꼭짓점의 수(개)	●×2	●+1

4 원뿔을 앞에서 본 모양과 위에서 본 모양의 넓이의 합은 몇 cm^2인가요? (원주율: 3)

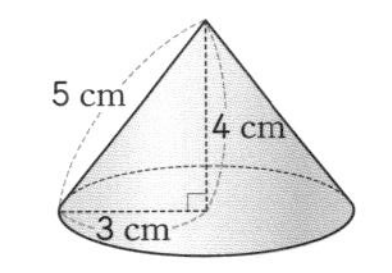

$39\ cm^2$

(삼각형의 넓이)
=(밑변의 길이)×(높이)÷2
(원의 넓이)
=(반지름)×(반지름)×(원주율)

원기둥을 앞에서 본 모양은 직사각형이에요.
원뿔을 앞에서 본 모양은 삼각형이에요.
원기둥과 원뿔을 위에서 본 모양은 원이에요.
구는 어느 방향에서 봐도 원 모양이에요.

원뿔을 앞에서 본 모양은 밑변의 길이가 6 cm, 높이가 4 cm인 삼각형이므로 그 넓이는 $6\times4\div2=12$ (cm^2)입니다.
원뿔을 위에서 본 모양은 반지름이 3 cm인 원이므로 그 넓이는
$3\times3\times3=27$ (cm^2)입니다.
➡ $12+27=39$ (cm^2)

5 밑면의 반지름이 10 cm인 원기둥의 전개도에서 옆면의 가로는 몇 cm인가요? (원주율: 3.1)

62 cm

(원의 둘레)=(지름)×(원주율)임을 잊지 않았죠?

밑면의 둘레
옆면의 가로
옆면의 가로와 밑면의 둘레가 같아요.

원기둥의 전개도에서 옆면의 가로는 밑면의 둘레와 같습니다.
➡ (옆면의 가로)=(밑면의 둘레)$=10\times2\times3.1=62$ (cm)

입체도형 통과 문제 1

맞힌 개수 / 12개

맞힌 개수 11개 이상: 통과! 틀린 문제를 확인하고 '통과 문제 2'를 푸세요!
맞힌 개수 8~10개: 21~24과를 틀린 부분 위주로 다시 공부하세요!
맞힌 개수 7개 이하: '바빠 입체도형 계산'으로 기본 개념부터 다시 공부하세요!

1

직육면체를 모두 고르세요. (①, ③)

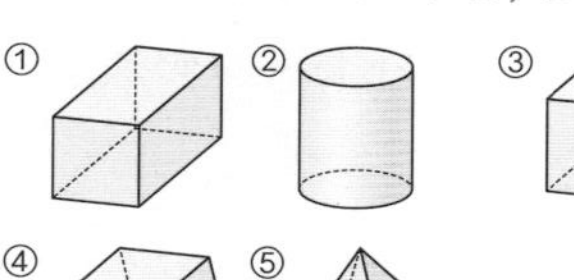
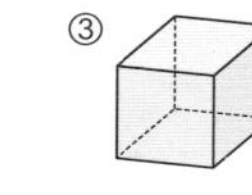
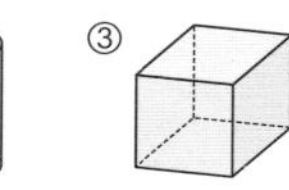
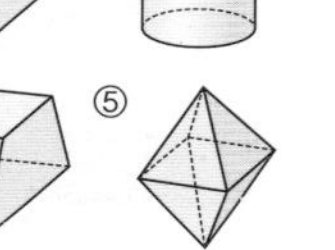

2

각기둥의 높이는 몇 cm인가요?

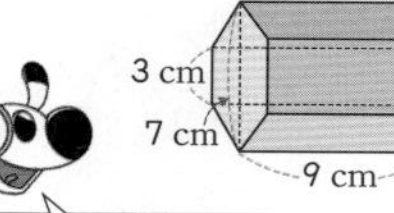

3 cm
7 cm
9 cm
높이는 두 밑면 사이의 거리니까 두 밑면을 먼저 찾아요.

(9 cm)

3

직육면체와 정육면체의 공통점을 모두 찾아 기호를 쓰세요.

㉠ 면의 수
㉡ 면의 모양
㉢ 꼭짓점의 수
㉣ 모서리의 길이의 합

(㉠, ㉢)

4

전개도를 접어 직육면체를 만들었을 때 선분 ㅈㅇ과 겹치는 선분을 찾아 쓰세요.

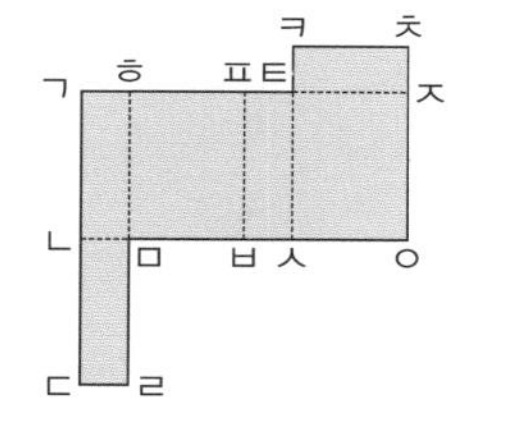

(선분 ㄱㄴ)

5

면의 수가 가장 적은 각기둥의 꼭짓점은 몇 개인지 구하세요.

(6개)

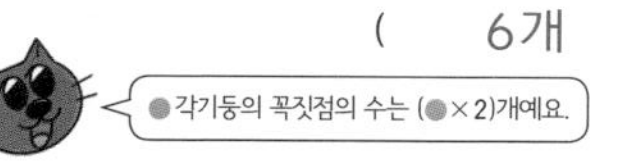

●각기둥의 꼭짓점의 수는 (●×2)개예요.

면의 수가 가장 적은 각기둥은 삼각기둥입니다.
➡ (꼭짓점의 수)$=3\times2=6$(개)

6

삼각형의 변 ㄴㄷ을 기준으로 한 바퀴 돌려 만든 입체도형의 모선의 길이는 몇 cm인가요?

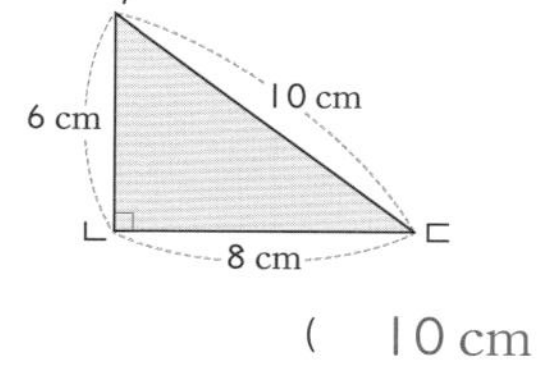

(10 cm)

7

주사위에서 서로 평행한 두 면의 눈의 수의 합은 7입니다. 눈의 수가 1인 면과 수직인 면의 눈의 수의 합을 구하세요.

(14)

주사위의 눈의 수가 1인 면과 평행한 면의 눈의 수는 6입니다. 따라서 눈의 수가 1인 면과 수직인 면의 눈의 수는 2, 3, 4, 5입니다. ➡ $2+3+4+5=14$

8

구를 위에서 본 모양의 넓이는 몇 cm^2인지 구하세요. (원주율: 3)

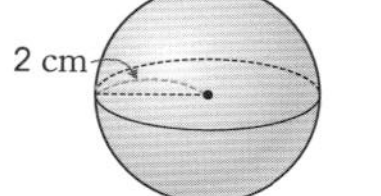

($12\ cm^2$)

구를 위에서 본 모양은 반지름이 2 cm인 원입니다.
➡ (구를 위에서 본 모양의 넓이)
$=2\times2\times3=12\ (cm^2)$

9

밑면의 모양이 다음과 같은 각뿔의 모서리의 수와 면의 수의 합은 몇 개인가요?

(28개)

밑면의 모양이 구각형인 각뿔은 구각뿔입니다.
(모서리의 수)$=9\times2=18$(개)
(면의 수)$=9+1=10$(개)
➡ $18+10=28$(개)

10

겉넓이가 $150\ cm^2$인 정육면체의 한 모서리의 길이는 몇 cm인지 구하세요.

(5 cm)

정육면체의 한 모서리의 길이를 □cm라 하고 식을 세우면 구하기 쉬워요.

정육면체의 한 모서리의 길이를 □cm라 하면 □×□×6=150, □×□=25, □=5입니다.

11

원기둥을 앞에서 본 모양의 둘레는 몇 cm인지 구하세요.

9 cm
20 cm

(76 cm)

원기둥을 앞에서 본 모양은 가로가 18 cm, 세로가 20 cm인 직사각형입니다.
➡ (원기둥을 앞에서 본 모양의 둘레)
$=(18+20)\times2=76$ (cm)

12

두 직육면체의 부피의 차는 몇 cm^3인지 구하세요.

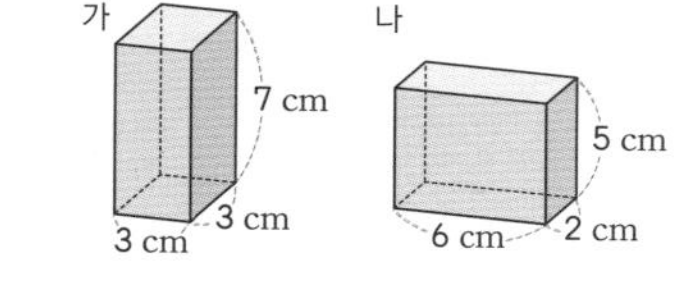

($3\ cm^3$)

(직육면체 가의 부피)$=3\times3\times7=63\ (cm^3)$
(직육면체 나의 부피)$=6\times2\times5=60\ (cm^3)$
➡ (두 직육면체의 부피의 차)$=63-60=3\ (cm^3)$

입체도형 통과 문제 2

맞힌 개수 / 12개

맞힌 개수 11개 이상: 통과! 틀린 문제를 확인하고 다음 단원으로 넘어가세요!
맞힌 개수 10개 이하: 21~24과를 틀린 부분 위주로 다시 공부하세요!

1
정육면체를 옆에서 본 모양은 어떤 도형인지 구하세요.

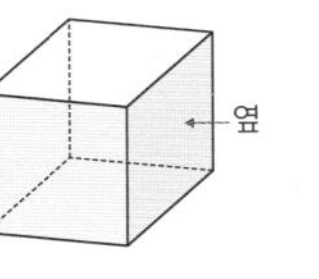

(정사각형)

2
직육면체에서 면 ㄱㄴㄷㄹ과 수직인 면이 아닌 것은 어느 것인가요? (⑤)

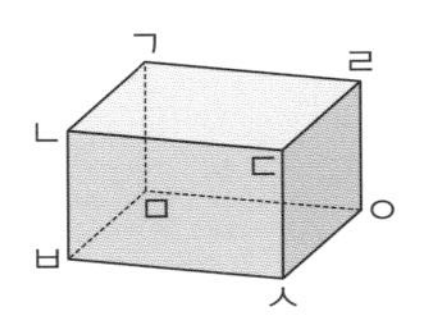

① 면 ㄱㅁㅂㄴ ② 면 ㄱㅁㅇㄹ
③ 면 ㄴㅂㅅㄷ ④ 면 ㄷㅅㅇㄹ
⑤ 면 ㅁㅂㅅㅇ

3
원뿔과 각뿔의 공통점을 찾아 기호를 쓰세요.

㉠ 옆면의 모양이 같습니다.
㉡ 밑면의 모양이 같습니다.
㉢ 꼭짓점의 수가 같습니다.
㉣ 밑면의 수가 같습니다.

(㉣)

4
직육면체의 모서리는 꼭짓점보다 몇 개 더 많은가요?

(4개)

(직육면체의 모서리의 수)=12개
(직육면체의 꼭짓점의 수)=8개
직육면체의 모서리는 꼭짓점보다
12−8=4(개) 더 많습니다.

5
정육면체의 전개도를 잘못 그린 것을 찾아 기호를 쓰세요.

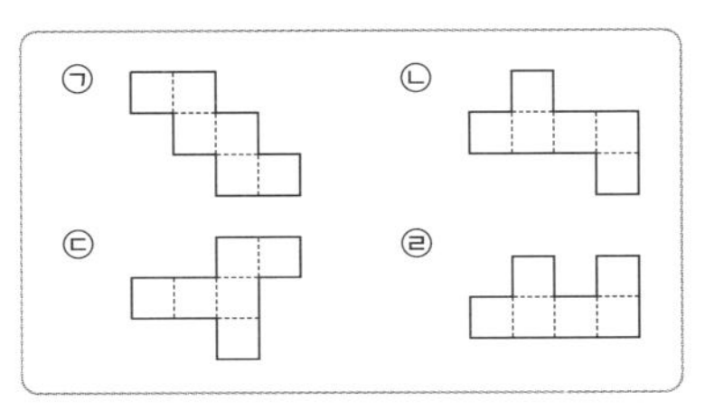

(㉣)

㉣ 색칠한 두 면이 서로 겹칩니다.

6
반원 모양의 종이를 지름을 기준으로 한 바퀴 돌려 만든 입체도형의 반지름은 몇 cm인가요?

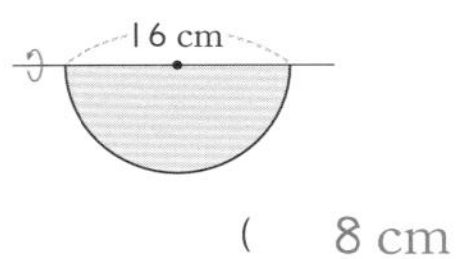

(8 cm)

만든 입체도형은 구이고 반지름은
16÷2=8 (cm)입니다.

7
팔각기둥과 십각뿔의 꼭짓점의 수의 합은 몇 개인가요?

(27개)

(팔각기둥의 꼭짓점의 수)=8×2=16(개)
(십각뿔의 꼭짓점의 수)=10+1=11(개)
➡ 16+11=27(개)

8
원뿔을 앞에서 본 모양의 넓이는 몇 cm^2인지 구하세요.

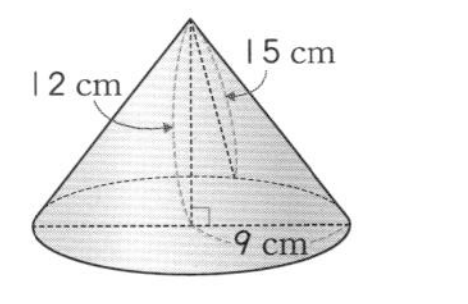

($108\ cm^2$)

원뿔을 앞에서 본 모양은 밑변의 길이가 18 cm, 높이가 12 cm인 삼각형입니다.
➡ (원뿔을 앞에서 본 모양의 넓이)
$=18\times12\div2=108\ (cm^2)$

9
전개도를 접어서 만들 수 있는 직육면체의 겉넓이는 몇 cm^2인지 구하세요.

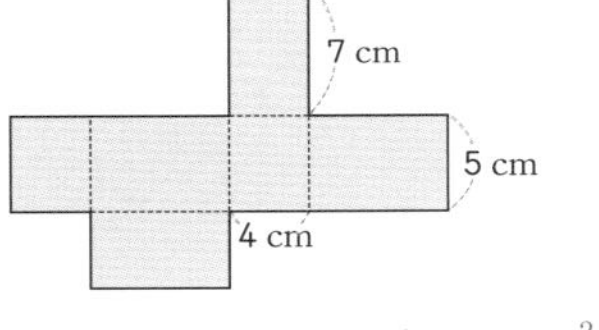

($166\ cm^2$)

(직육면체의 겉넓이)
=(두 밑면의 넓이)+(옆면의 넓이)
=4×7×2+(4+7+4+7)×5
$=56+110=166\ (cm^2)$

10
부피가 $64\ cm^3$인 정육면체의 한 모서리의 길이는 몇 cm인지 구하세요.

(4 cm)

정육면체의 한 모서리의 길이를 □ cm라 하면
□×□×□=64, □=4입니다.

11
밑면의 모양이 다음과 같이 정오각형인 각기둥이 있습니다. 이 각기둥의 높이가 3 cm일 때 모든 모서리의 길이의 합은 몇 cm인지 구하세요.

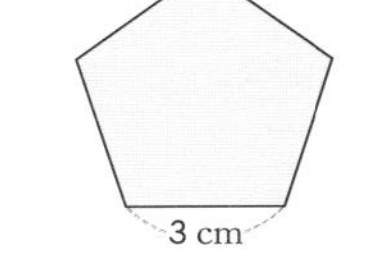

(45 cm)

오각기둥의 모서리는 5×3=15(개)이고 모서리의 길이는 모두 3 cm입니다.
➡ 3×15=45 (cm)

12
원기둥의 전개도에서 옆면의 둘레는 몇 cm인지 구하세요. (원주율: 3)

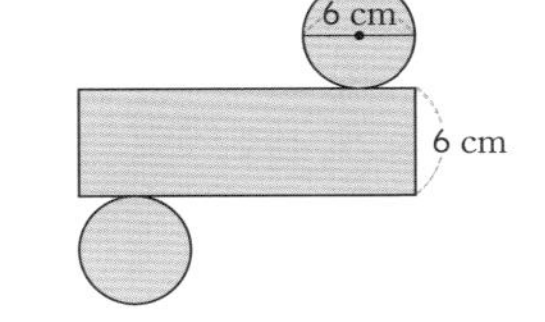

(48 cm)

원기둥의 전개도에서 옆면의 가로는 밑면의 둘레와 같습니다.
(옆면의 가로)=(밑면의 둘레)=6×3=18 (cm)
➡ (옆면의 둘레)=(18+6)×2=48 (cm)

개념 확인 문제

다음을 구하세요.

1

(1) 2 대 7

➡ 2 : 7

(2) 5의 6에 대한 비

➡ 5 : 6

2

4 : 5

비율 ➡ 분수: $\frac{4}{5}$

소수: 0.8

3

비율	백분율
$\frac{9}{50}$	㉮
0.7	㉯

➡ ㉮ = $\frac{18}{100}$ = 18 %

㉯ = 0.7 × 100 = 70 %

다지기 문제

다음을 구하세요.

1-1

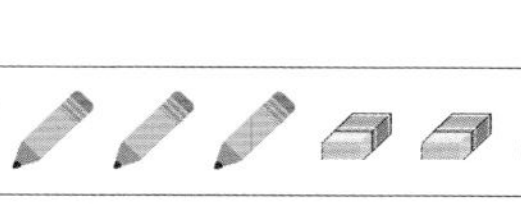

(1) 연필 수와 지우개 수의 비

➡ 4 : 3

(2) 지우개 수에 대한 연필 수의 비

➡ 4 : 3

2-1

8과 25의 비

비율 ➡ 분수: $\frac{8}{25}$

소수: 0.32

3-1

비율	백분율
$\frac{3}{20}$	㉮
0.09	㉯

➡ ㉮ = 15 %

㉯ = 9 %

개념 확인 문제

다음을 구하세요.

1

2 : 7 —×2→ 4 : 14

2 : 7 —× 2→ 4 : 14

2 : 7의 전항과 후항에 각각 2 을/를 곱하여도 비율은 같습니다.

2

6 : 18의 비율: $\frac{6}{18} = \frac{1}{3}$

9 : 27의 비율: $\frac{9}{27} = \frac{1}{3}$

➡ 두 비의 비율이 같으므로

6 : 18 = 9 : 27로 나타낼 수 있습니다.
비례식

3

16 : 4 = 8 : 2

(외항의 곱) = 16 × 2 = 32

(내항의 곱) = 4 × 8 = 32

➡ (외항의 곱) = (내항의 곱)

다지기 문제

다음을 구하세요.

1-1

6 : 4 24 : 12 36 : 24

➡ 12 : 8과 비율이 같은 비:

6 : 4, 36 : 24

2-1

6 : 16 12 : 36 15 : 40

비율이 같은 두 비를 찾아 비례식으로 나타내면

6 : 16 = 15 : 40 입니다.

6 : 16의 비율: $\frac{6}{16} = \frac{3}{8}$

12 : 36의 비율: $\frac{12}{36} = \frac{1}{3}$

15 : 40의 비율: $\frac{15}{40} = \frac{3}{8}$

3-1

25 : 10 = ● : 4

25 × 4 = 10 × ●
외항의 곱 / 내항의 곱

➡ ● = 10

개념 확인 문제

✔ 다음을 구하세요.

1

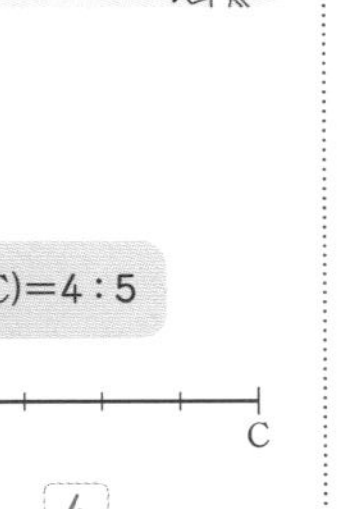

(선분 AB) : (선분 BC)=4 : 5

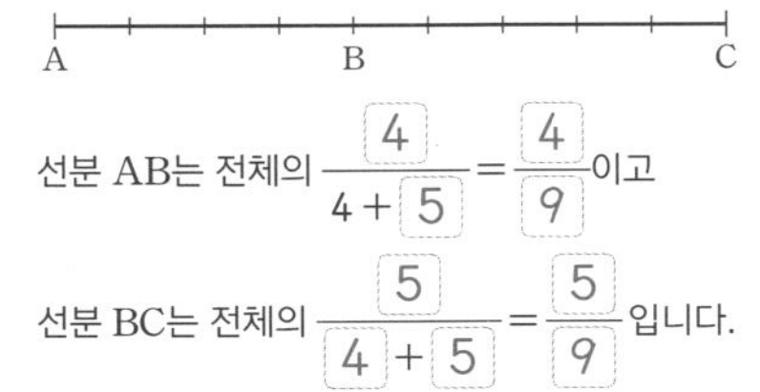

선분 AB는 전체의 $\frac{4}{4+5}=\frac{4}{9}$이고

선분 BC는 전체의 $\frac{5}{4+5}=\frac{5}{9}$입니다.

2

39를 4 : 9로 비례배분하면

➡ $39\times\frac{4}{4+9}=12$

$39\times\frac{9}{4+9}=27$

3

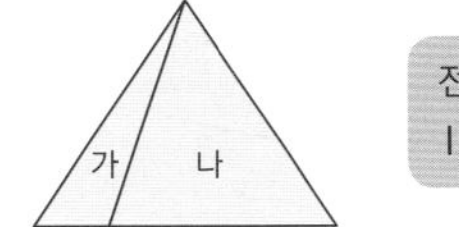

전체 넓이: $16\,cm^2$

(가의 넓이) : (나의 넓이)=1 : 3

➡ (가의 넓이) $=16\times\frac{1}{4}=4\,(cm^2)$

(나의 넓이) $=16\times\frac{3}{4}=12\,(cm^2)$

다지기 문제

✔ 다음을 구하세요.

1-1

(선분 AB) : (선분 BC)=8 : 3

A ——— B — C

➡ 선분 AB: 전체의 $\frac{8}{11}$

선분 BC: 전체의 $\frac{3}{11}$

2-1

48을 5 : 3으로 비례배분하면

[30, 18]입니다.

$48\times\frac{5}{5+3}=48\times\frac{5}{8}=30$

$48\times\frac{3}{5+3}=48\times\frac{3}{8}=18$

3-1

전체 넓이: $56\,cm^2$

(가의 넓이) : (나의 넓이)=5 : 2

➡ (가의 넓이) $=40\,cm^2$

(나의 넓이) $=16\,cm^2$

(가의 넓이) $=56\times\frac{5}{5+2}=56\times\frac{5}{7}=40\,(cm^2)$

(나의 넓이) $=56\times\frac{2}{5+2}=56\times\frac{2}{7}=16\,(cm^2)$

외항 : 내항 = 내항 : 외항

비례식에서 외항의 곱과 내항의 곱은 같아요.

비와 비례 대표 문장제

★●：■ ➡ ●대 ■ / ●와 ■의 비 / ●의 ■에 대한 비 / ■에 대한 ●의 비
★전체를 ●：■로 비례배분하면 두 양은 각각 전체의 $\frac{●}{●+■}$, 전체의 $\frac{■}{●+■}$예요.

1 야구 연습을 하는데 연지는 120타수 중에서 안타를 36번 쳤고, 현수는 80타수 중에서 안타를 28번 쳤습니다. 타수에 대한 안타의 비율이 더 높은 사람은 누구인가요?

현수

기준량이 다른 두 대상을 비교할 때는 비율을 구해 그 크기를 비교하면 돼요.

비교하는 양 : 기준량 ➡ $\frac{\text{비교하는 양}}{\text{기준량}}$

안타를 더 많이 친 사람을 구하는 게 아니에요!

타수에 대한 안타의 비율을 각각 구하면 다음과 같습니다.
연지: $\frac{36}{120}=\frac{3}{10}$, 현수: $\frac{28}{80}=\frac{7}{20}$
$\left(\frac{3}{10}, \frac{7}{20}\right)$ ➡ $\left(\frac{6}{20}, \frac{7}{20}\right)$ ➡ $\frac{3}{10}<\frac{7}{20}$

2 과자가 16개 있었는데 4개를 먹었습니다. 전체 과자 수에 대한 남은 과자 수의 비율을 백분율로 나타내면 몇 %인지 구하세요.

75 %

기준량과 비교하는 양을 나타내는 것이 무엇인지 정확하게 확인해야 해요.

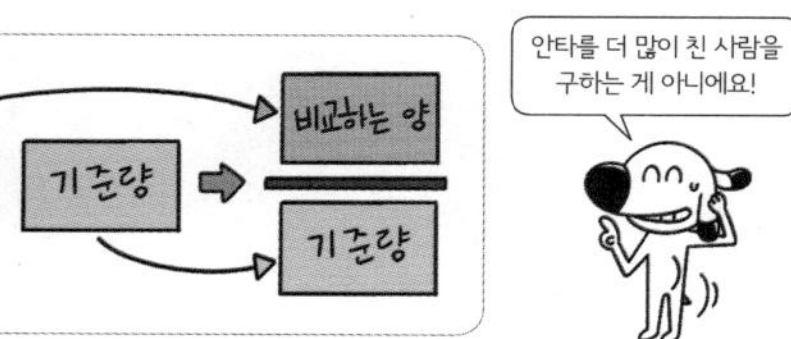

남은 과자 수를 먹은 과자 수로 계산하지 않도록 주의해요.

(남은 과자 수)=16−4=12(개)
➡ $\frac{12}{16}\times100=75\,(\%)$

3 물에 딸기 원액을 타서 딸기 주스를 만들었습니다. 빠독이와 쁘냥이 중 누가 만든 딸기 주스가 더 진한지 구하세요.

빠독: 물에 딸기 원액 180 mL를 넣어서 딸기 주스 400 mL를 만들었어.
쁘냥: 물에 딸기 원액 120 mL를 넣어서 딸기 주스 300 mL를 만들었어.

빠독

• (딸기 주스의 진하기) $=\frac{(\text{딸기 원액의 양})}{(\text{딸기 주스의 양})}$
• 진하기는 비율 그대로 비교해도 되지만 백분율로 나타내어 비교하면 더 간편해요.

빠독이가 만든 딸기 주스의 진하기를 백분율로 나타내면 $\frac{180}{400}\times100=45\,(\%)$입니다.
쁘냥이가 만든 딸기 주스의 진하기를 백분율로 나타내면 $\frac{120}{300}\times100=40\,(\%)$입니다.
따라서 빠독이가 만든 딸기 주스가 더 진합니다.

4 농구 게임에서 상협이와 희주가 넣은 골의 수의 비는 5 : 2입니다. 희주가 6골 넣었을 때 상협이가 넣은 골은 몇 골인가요?

15골

상협이가 넣은 골의 수를 □골이라 하고 비례식을 세워 구해요.

외항의 곱과 내항의 곱은 같아요.
5 : 2 = □ : 6

상협이가 넣은 골의 수를 □골이라 하면 5 : 2=□ : 6입니다.
➡ 5×6=2×□, 30=2×□, □=15

5 하영이네 모둠은 3명, 경주네 모둠은 4명입니다. 초콜렛 56개를 모둠원 수의 비로 나누어 가지면 하영이네 모둠이 가지게 되는 초콜렛은 몇 개인지 구하세요.

24개

모둠원 수의 비
(하영이네 모둠) : (경주네 모둠)
=3 : 4

초콜렛 56개를 3 : 4로 비례배분하면 두 모둠은 초콜렛을 각각 $\left(56\times\frac{3}{3+4}\right)$개, $\left(56\times\frac{4}{3+4}\right)$개씩 가지게 돼요.

$56\times\frac{3}{3+4}=56\times\frac{3}{7}=24$(개)

비와 비례 통과 문제 1

맞힌 개수 / 12개

맞힌 개수 11개 이상: 통과! 틀린 문제를 확인하고 '통과 문제 2'를 푸세요!
맞힌 개수 8~10개: 25~27과를 틀린 부분 위주로 다시 공부하세요!
맞힌 개수 7개 이하: '바빠 비와 비례'로 기본 개념부터 다시 공부하세요!

1

삼각형의 밑변의 길이에 대한 높이의 비를 구하세요.

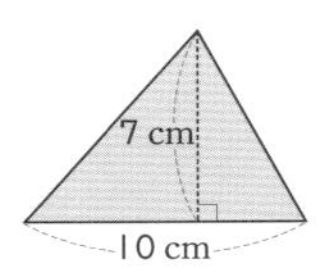

(7 : 10)

2

비율이 같은 비를 만들려고 합니다. □ 안에 들어갈 수 없는 수는 어느 것인가요? (①)

4 : 11 ➡ (4×□) : (11×□)

① 0　② $\frac{1}{2}$　③ 0.8　④ 20　⑤ 100

비의 전항과 후항에 각각 0이 아닌 같은 수를 곱하여도 비율은 같습니다.

3

기준량이 다른 하나는 어느 것인가요? (⑤)

① 2 : 5　② 3과 5의 비　③ 4의 5에 대한 비　④ 6 대 5　⑤ 8에 대한 5의 비

① 2 : 5　② 3 : 5　③ 4 : 5　④ 6 : 5　⑤ 5 : 8

4

비율이 $\frac{1}{2}$보다 큰 비를 찾아 기호를 쓰세요.

㉠ 12 : 36　㉡ 4 : 16　㉢ 35 : 50　㉣ 27 : 54

(㉢)

㉠ $\frac{12}{36}=\frac{1}{3}$　㉡ $\frac{4}{16}=\frac{1}{4}$　㉢ $\frac{35}{50}=\frac{7}{10}$　㉣ $\frac{27}{54}=\frac{1}{2}$

5

2 : 9와 비율이 같은 비를 찾아 ○표 하고 비례식으로 나타내세요.

4 : 20　(6 : 27)　8 : 35

2 : 9 = 6 : 27

2 : 9 → $\frac{2}{9}$, 4 : 20 → $\frac{4}{20}=\frac{1}{5}$,
6 : 27 → $\frac{6}{27}=\frac{2}{9}$, 8 : 35 → $\frac{8}{35}$ ➡ 2 : 9 = 6 : 27

넓이에 대한 인구 수의 비율이 높을수록 인구가 더 밀집된 지역이에요.

6

기쁨시와 사랑시의 인구와 넓이를 나타낸 표입니다. 넓이에 대한 인구 수의 비율을 구해 인구가 더 밀집된 지역을 구하세요.

지역	기쁨시	사랑시
인구(명)	5400	7200
넓이(km²)	30	36

(사랑시)

가: $\frac{5400}{30}=180$, 나: $\frac{7200}{36}=200$
➡ 180<200이므로 인구가 더 밀집된 지역은 사랑시입니다.

7

어느 마트에서 물건을 구입하면 일정 금액을 적립해 준다고 합니다. 이 마트에서 40000원짜리 물건을 구입하고 2000원이 적립되었다면 구입 금액에 대한 적립 금액의 비율은 몇 %인지 구하세요.

(5 %)

$\frac{2000}{40000}\times100=5$ (%)

8

소영이의 공책의 긴 쪽은 21 cm이고, 짧은 쪽은 15 cm입니다. 공책의 긴 쪽에 대한 짧은 쪽의 비를 간단한 자연수의 비로 나타내세요.

(예 5 : 7)

전항과 후항을 각각 두 수의 최대공약수로 나누어 간단한 자연수의 비로 나타내요.

15 : 21 ➡ (15÷3) : (21÷3) ➡ 5 : 7

9

비례식이 아닌 것을 찾아 기호를 쓰세요.

㉠ 11 : 3 = 66 : 18
㉡ $\frac{1}{4}:\frac{1}{10}$ = 5 : 2
㉢ 8 : 14 = 0.2 : 0.7

(㉢)

㉠ (외항의 곱)=11×18=198, (내항의 곱)=3×66=198 (○)
㉡ (외항의 곱)=$\frac{1}{4}\times2=\frac{1}{2}$, (내항의 곱)=$\frac{1}{10}\times5=\frac{1}{2}$ (○)
㉢ (외항의 곱)=8×0.7=5.6, (내항의 곱)=14×0.2=2.8 (×)

10

선아와 현수가 귤 32개를 5 : 3으로 나누어 가지려고 합니다. 현수가 가지게 되는 귤은 몇 개인지 구하세요.

(12개)

$32\times\frac{3}{5+3}=32\times\frac{3}{8}=12$(개)

11

하루 중 서현이가 깨어 있는 시간과 자고 있는 시간의 비가 2 : 1일 때, 서현이가 깨어 있는 시간은 몇 시간인지 구하세요.

(16시간)

하루는 24시간입니다.
➡ $24\times\frac{2}{2+1}=24\times\frac{2}{3}=16$(시간)

12

밑변의 길이와 높이의 비가 3 : 2인 평행사변형의 밑변의 길이가 12 cm일 때, 평행사변형의 넓이는 몇 cm²인지 구하세요.

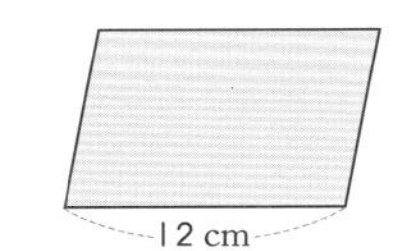

(96 cm²)

평행사변형의 높이를 □ cm라 하면
3 : 2 = 12 : □입니다.
3×□=2×12, 3×□=24, □=8
➡ (평행사변형의 넓이)=12×8=96 (cm²)

비와 비례 통과 문제 2

맞힌 개수 / 12개

맞힌 개수 11개 이상: 통과! 틀린 문제를 확인하고 다음 단원으로 넘어가세요!
맞힌 개수 10개 이하: 25~27과를 틀린 부분 위주로 다시 공부하세요!

1

사과 수와 오렌지 수의 비를 구하세요.

(4 : 5)

2

직사각형의 가로에 대한 세로의 비율을 기약분수로 나타내세요.

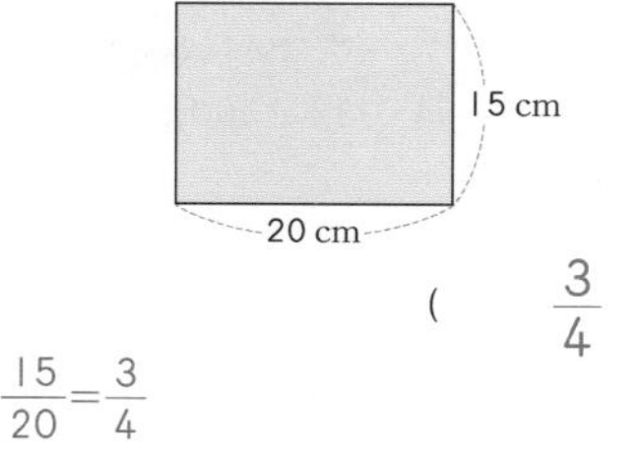

($\frac{3}{4}$)

$\frac{15}{20}=\frac{3}{4}$

3

기준량이 비교하는 양보다 큰 것을 찾아 기호를 쓰세요.

㉠ 6 : 1
㉡ 9 대 4
㉢ 3의 7에 대한 비
㉣ 5에 대한 11의 비

(㉢)

㉠ 6 : 1 ㉡ 9 : 4 ㉢ 3 : 7 ㉣ 11 : 5

4

노란 버스와 초록 버스의 이동 거리와 이동 시간을 나타낸 표입니다. 이동 시간에 대한 이동 거리의 비율을 구해 더 빠른 버스를 구하세요.

버스	노란 버스	초록 버스
이동 거리(km)	280	360
이동 시간(시간)	4	6

(노란 버스)

노란 버스: $\frac{280}{4}=70$, 초록 버스: $\frac{360}{6}=60$
➡ 70 > 60이므로 더 빠른 버스는 노란 버스입니다.

5

어느 공장에서 700개의 마스크를 만들 때 불량품이 21개 나온다고 합니다. 전체 마스크 수에 대한 불량품 수의 비율은 몇 %인지 구하세요.

(3 %)

$\frac{21}{700}\times100=3\ (\%)$

6

수지는 문구점에서 정가 8000원짜리 장난감을 6400원에 구매했습니다. 장난감의 할인율은 몇 %인지 구하세요.

(20 %)

(할인 금액)=8000−6400=1600(원)
➡ $\frac{1600}{8000}\times100=20\ (\%)$

7 — 10 : 3 → $\frac{10}{3}$, 9 : 30 → $\frac{9}{30}=\frac{3}{10}$,

비율이 $\frac{3}{10}$인 두 비를 찾아 비례식으로 나타내세요. 3 : 5 → $\frac{3}{5}$, 12 : 40 → $\frac{12}{40}=\frac{3}{10}$,

10 : 3	9 : 30	3 : 5
12 : 40	50 : 15	18 : 45

(예 9 : 30 = 12 : 40)

50 : 15 → $\frac{50}{15}=\frac{10}{3}$, 18 : 45 → $\frac{18}{45}=\frac{2}{5}$
➡ 9 : 30 = 12 : 40 또는 12 : 40 = 9 : 30

8

한 모서리의 길이가 각각 2 cm, 4 cm인 정육면체 가와 나의 겉넓이의 비를 간단한 자연수의 비로 나타내세요.

가
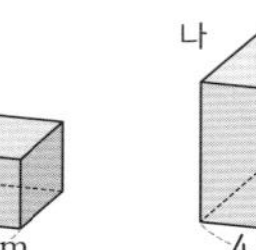

나
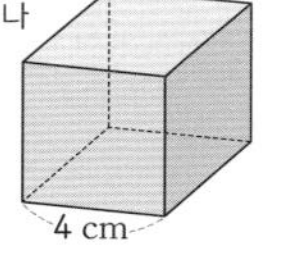

(예 1 : 4)

(정육면체 가의 겉넓이)=2×2×6=24 (cm^2)
(정육면체 나의 겉넓이)=4×4×6=96 (cm^2)
24 : 96 ➡ (24÷24) : (96÷24) ➡ 1 : 4

9

비례식을 만족시키는 세 수 A, B, C의 합을 구하세요.

2 : 9 = A : 45
1.2 : 0.7 = 12 : B
C : 48 = 3 : 8

(35)

2×45=9×A, 90=9×A, A=10
1.2×B=0.7×12, 1.2×B=8.4, B=7
C×8=48×3, C×8=144, C=18
➡ A+B+C=10+7+18=35

10

핫케이크를 만들려면 핫케이크 가루 135 g에 우유 75 mL가 필요합니다. 우유가 200 mL 있다면 필요한 핫케이크 가루의 양은 몇 g인지 구하세요.

(360 g)

필요한 핫케이크 가루의 양을 □g이라 하면
135 : 75=□ : 200입니다.
135×200=75×□, 27000=75×□,
□=360

11

길이가 80 cm인 끈을 겹치지 않게 모두 사용하여 가로과 세로의 비가 7 : 3인 직사각형 모양을 만들었습니다. 만든 직사각형의 세로는 몇 cm인지 구하세요.

(12 cm)

가로와 세로의 합은 80÷2=40 (cm)입니다.
➡ $40\times\frac{3}{7+3}=40\times\frac{3}{10}=12$ (cm)

12

두 삼각형 가, 나의 넓이의 합은 216 cm^2입니다. 삼각형 가의 넓이는 몇 cm^2인지 구하세요.

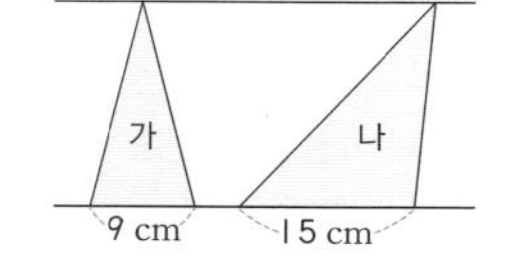

(81 cm^2)

두 삼각형의 높이가 같으므로 가와 나의 넓이의 비는 밑변의 길이의 비 9 : 15와 같습니다.
➡ $216\times\frac{9}{9+15}=216\times\frac{9}{24}=81$ (cm^2)

개념 확인 문제

✔ 다음을 구하세요.

1

좋아하는 채소별 학생 수

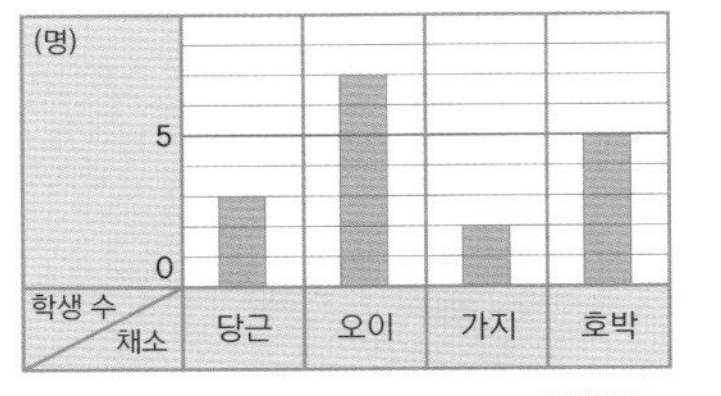

➡ 학생들이 가장 좋아하는 채소는 오이 이고 호박을 좋아하는 학생은 가지를 좋아하는 학생보다 3 명 더 많습니다.

2

턱걸이 기록

(회) 10, 5, 0 / 횟수, 요일 / 월, 화, 수, 목, 금 (요일)

➡ 턱걸이 기록이 전날보다 줄어든 날은 금 요일입니다.

다지기 문제

✔ 다음을 구하세요.

1-1

배우고 싶은 악기별 학생 수

바이올린, 피아노, 플루트, 기타 / 악기, 학생 수 / 0, 10, 20 (명)

➡ 가로 눈금 한 칸이 나타내는 학생 수: 2 명

기타를 배우고 싶은 학생 수: 16 명

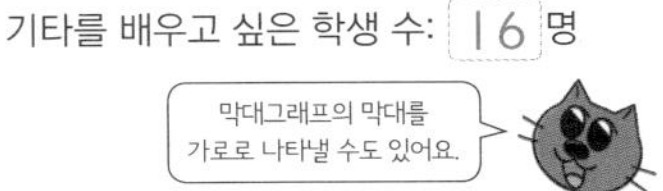

막대그래프의 막대를
가로로 나타낼 수도 있어요.

2-1

수학 점수

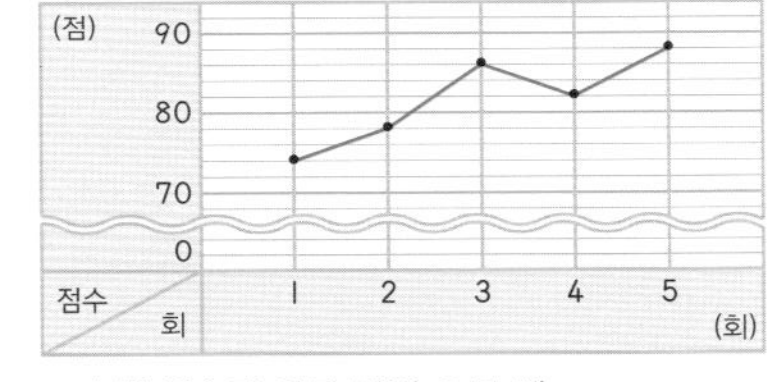

➡ 수학 점수가 가장 많이 오른 때:

2 회와 3 회 사이

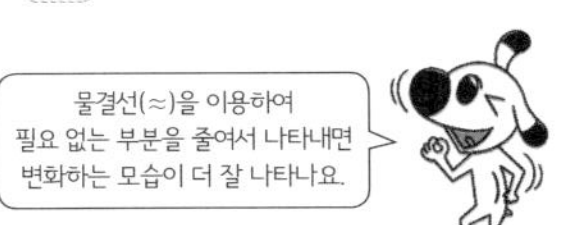

물결선(≈)을 이용하여
필요 없는 부분을 줄여서 나타내면
변화하는 모습이 더 잘 나타나요.

개념 확인 문제

✔ 다음을 구하세요.

1

동아리별 회원 수

0 10 20 30 40 50 60 70 80 90 100(%)

마술 (30%) | 뮤지컬 (40%) | 독서 (10%) | 댄스 (20%)

(1) 가장 많은 회원들이 속한 동아리는 뮤지컬 이며 전체의 40 %입니다.

(2) 조사한 전체 회원 수가 50명일 때 마술 동아리 회원은 $50 \times \frac{30}{100} = 15$ (명)입니다.

2

좋아하는 음식별 학생 수

기타(5%), 초밥 (10%), 떡볶이 (15%), 치킨 (45%), 피자 (25%) / 0, 25, 50, 75

(1) 치킨을 좋아하는 학생 수는 떡볶이를 좋아하는 학생 수의 3 배입니다.

(2) 떡볶이를 좋아하는 학생이 12명일 때, 치킨을 좋아하는 학생은 $12 \times 3 = 36$ (명)입니다.

다지기 문제

✔ 다음을 구하세요.

1-1

받고 싶은 선물별 학생 수

선물	장난감	만화책	신발	합계
학생 수(명)	8	7	5	20
백분율(%)	40	35	25	100

⬇ 표를 완성하고 띠그래프로 나타내어 보세요.

받고 싶은 선물별 학생 수

0 10 20 30 40 50 60 70 80 90 100(%)

장난감 (40%) | 만화책 (35%) | 신발 (25%)

2-1

마을별 학생 수

마을	행복	소망	장미	합계
학생 수(명)	25	15	10	50
백분율(%)	50	30	20	100

⬇ 표를 완성하고 원그래프로 나타내어 보세요.

마을별 학생 수

그래프 대표 문장제

★ 막대그래프는 항목별 수량을, 꺾은선그래프는 항목별 변화를 비교하기 쉬워요.
★ 띠그래프와 원그래프는 전체에 대한 각 항목별 비율을 알기 편해요.

1 형준이네 반 학생들이 태어난 계절을 조사하여 나타낸 막대그래프입니다. 전체 학생 수는 36명이고, 가을에 태어난 학생은 봄에 태어난 학생보다 4명 적습니다. 겨울에 태어난 학생은 몇 명인가요?

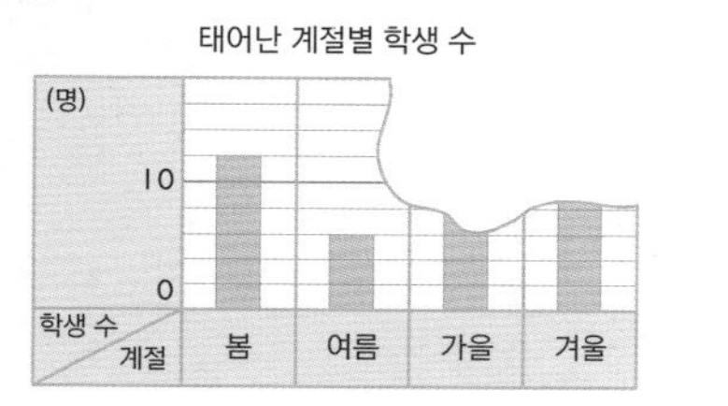

가을에 태어난 학생 수를 먼저 구한 후 겨울에 태어난 학생 수를 구해요.

10명

세로 눈금 다섯 칸이 10명을 나타내므로 한 칸은 10÷5=2(명)을 나타내요.

(가을에 태어난 학생 수)=12−4=8(명)
➡ (겨울에 태어난 학생 수)=36−(12+6+8)=10(명)

2 어느 지역의 강수량을 매년 5월에 조사하여 나타낸 꺾은선그래프입니다. 전년에 비해 강수량의 변화가 가장 큰 때의 강수량은 몇 mm인가요?

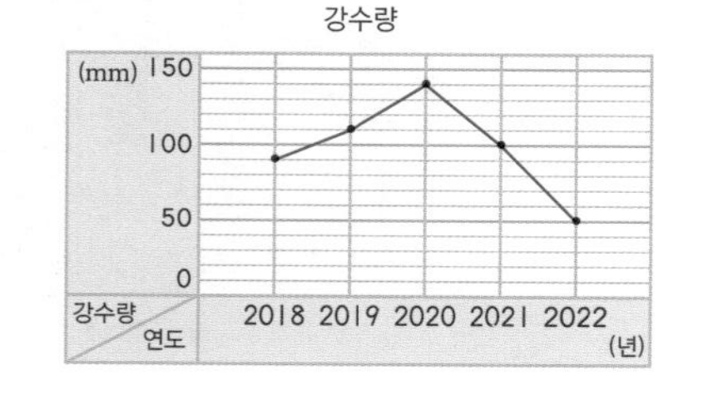

변화가 큼　변화가 작음
선이 많이 기울어질수록 변화가 커요.

50 mm

전년에 비해 강수량의 변화가 가장 큰 때는 그래프의 선이 가장 많이 기울어진 때입니다.

3 애완동물 동호회 회원 50명이 키우는 동물을 조사하여 나타낸 띠그래프입니다. 고양이를 키우는 회원은 몇 명인가요?

키우는 동물별 회원 수

0 10 20 30 40 50 60 70 80 90 100(%)

강아지 (52%)	고양이	햄스터 (8%)	앵무새 (6%)

백분율의 합계는 100 %예요.

17명

전체 ●의 ▲%는 ● × $\frac{▲}{100}$예요.

고양이를 키우는 회원 수의 비율은 100−(52+8+6)=34 (%)입니다.
➡ (고양이를 키우는 회원 수)$=50\times\frac{34}{100}=17$(명)

4 어떤 마을에서 하루 동안 배출한 쓰레기양을 조사하여 나타낸 원그래프입니다. 음식물 배출량은 일반쓰레기 배출량의 몇 배인가요?

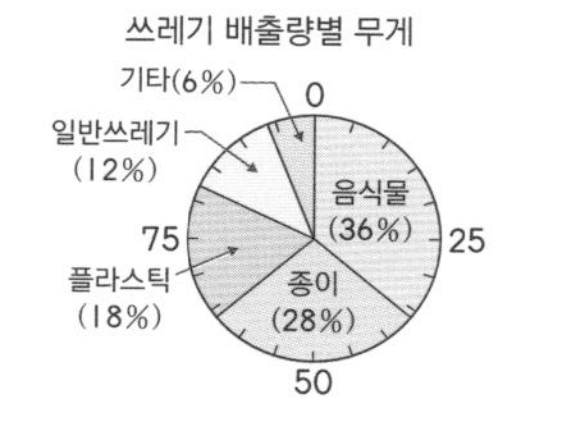

원그래프는 비율을 나타내므로 전체에 대한 각 부분의 비율을 한눈에 알아보기 쉬울 뿐만 아니라 각 항목끼리의 비율도 쉽게 비교할 수 있어요.

3배

음식물 배출량은 36 %이고 일반쓰레기 배출량은 12 %이므로 36÷12=3(배)입니다.

맞힌 개수 / 14개

맞힌 개수 13개 이상: 통과! 틀린 문제를 확인하고 '통과 문제 2'를 푸세요!
맞힌 개수 10~12개: 28~29과를 틀린 부분 위주로 다시 공부하세요!
맞힌 개수 9개 이하: '바빠 확률과 통계'로 기본 개념부터 다시 공부하세요!

그래프 통과 문제 1

[1~4]

송미네 반 학생들의 혈액형을 조사하여 나타낸 표와 막대그래프입니다. 물음에 답하세요.

혈액형별 학생 수

혈액형	A형	B형	O형	AB형	합계
학생 수(명)	7	10	8	5	

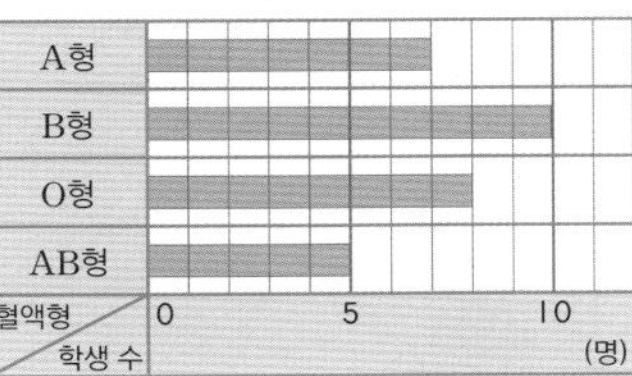

1 조사한 전체 학생 수는 몇 명인가요?

(30명)

2 혈액형이 O형인 학생은 몇 명인가요?

(8명)

3 학생 수가 AB형의 2배인 혈액형은 무엇인가요?

(B형)

4 표와 막대그래프 중 가장 적은 학생들의 혈액형이 무엇인지 알아보기 쉬운 것은 무엇인가요?

(막대그래프)

표는 전체 학생 수를 알아보기 편리하고, 막대그래프는 가장 적은 학생들의 혈액형을 한눈에 알아보기 쉽습니다.

[5~8]

어느 문구점의 형광펜 판매량을 조사하여 나타낸 꺾은선그래프입니다. 물음에 답하세요.

형광펜 판매량

(자루) 200, 150, 100, 0 / 판매량, 월 / 2, 3, 4, 5, 6 (월)

5 세로 눈금 한 칸은 몇 자루를 나타내나요?

(10자루)

세로 눈금 5칸이 50자루를 나타내므로 세로 눈금 한 칸은 $50 \div 5 = 10$(자루)를 나타냅니다.

6 형광펜 판매량이 가장 많은 때는 몇 월인가요?

(3월)

7 형광펜 판매량이 줄어들기 시작한 때는 몇 월인가요?

(4월)

8 형광펜 판매량의 변화가 가장 큰 때는 몇 월과 몇 월 사이인가요?

(2월과 3월 사이)

형광펜 판매량의 변화가 가장 큰 때는 그래프의 선이 가장 많이 기울어진 때입니다.

9 요리 동아리 회원 40명이 만든 음식을 조사하여 나타낸 막대그래프입니다. 파스타를 만든 회원이 떡볶이를 만든 회원보다 4명 많다면 볶음밥을 만든 회원은 몇 명인가요?

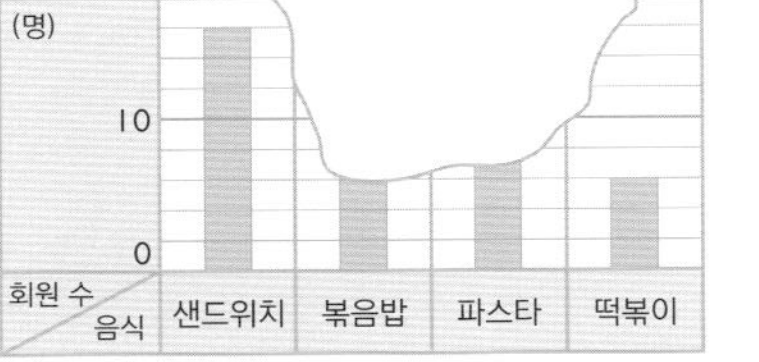

(8명)

파스타를 만든 회원 수를 먼저 구해요.

(파스타를 만든 회원 수)
$=6+4=10$(명)
➡ (볶음밥을 만든 회원 수)
$=40-(16+10+6)=8$(명)

[10~11]

유진이네 반 학생 25명이 먹고 싶은 빵을 조사하여 나타낸 띠그래프입니다. 물음에 답하세요.

먹고 싶은 빵별 학생 수

0 10 20 30 40 50 60 70 80 90 100(%)

초코빵 (20%)	소시지빵 (40%)	크림빵 (24%)	소금빵

10 가장 많은 학생들이 먹고 싶은 빵은 무엇인가요?

(소시지빵)

백분율이 가장 큰 빵인 소시지빵입니다.

11 소금빵이 먹고 싶은 학생은 몇 명인가요?

(4명)

소금빵이 먹고 싶은 학생 수의 비율은 $100-(20+40+24)=16$(%)입니다.
➡ (소금빵이 먹고 싶은 학생 수)
$=25 \times \frac{16}{100} = 4$(명)

[12~14]

어느 과수원의 올해 과일별 수확량을 조사하여 나타낸 원그래프입니다. 물음에 답하세요.

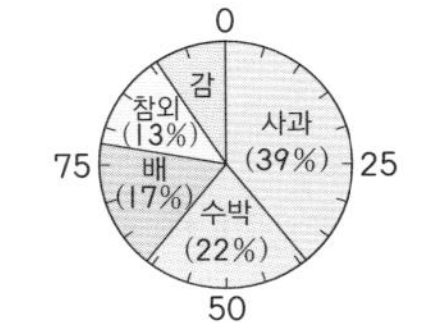

12 감의 수확량은 전체의 몇 %인가요?

(9 %)

$100-(39+22+17+13)=9$ (%)

13 사과의 수확량은 참외의 수확량의 몇 배인가요?

(3배)

사과의 수확량은 39 %이고 참외의 수확량은 13 %이므로 $39 \div 13 = 3$(배)입니다.

14 사과, 배, 감은 가을에 수확합니다. 이 과수원에서 가을에 수확한 과일의 수확량은 전체의 몇 %인가요?

(65 %)

(사과, 배, 감의 수확량의 비율)
$=39+17+9=65$ (%)

그래프 통과 문제 2

맞힌 개수 / 14개

맞힌 개수 13개 이상: 통과! 틀린 문제를 확인하고 다음 단원으로 넘어가세요!
맞힌 개수 12개 이하: 28~29과를 틀린 부분 위주로 다시 공부하세요!

[1~4]

현주네 학교 6학년 학생들이 좋아하는 과목을 조사하여 나타낸 막대그래프입니다. 물음에 답하세요.

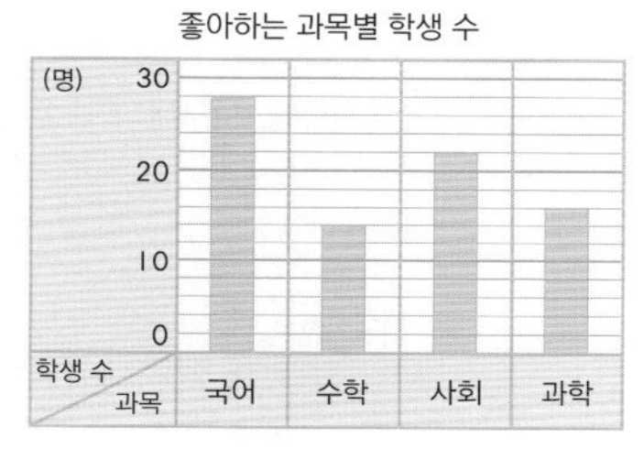

1

세로 눈금 한 칸은 몇 명을 나타내나요?

(2명)

세로 눈금 5칸이 10명을 나타내므로 세로 눈금 한 칸은 10÷5=2(명)을 나타냅니다.

2

수학을 좋아하는 학생은 몇 명인가요?

(14명)

3

두 번째로 많은 학생들이 좋아하는 과목은 무엇인가요?

(사회)

4

16명보다 많은 학생들이 좋아하는 과목은 몇 과목인가요?

(2과목)

[5~7]

성진이가 키우는 파의 키를 2일 간격으로 조사하여 나타낸 꺾은선그래프입니다. 물음에 답하세요.

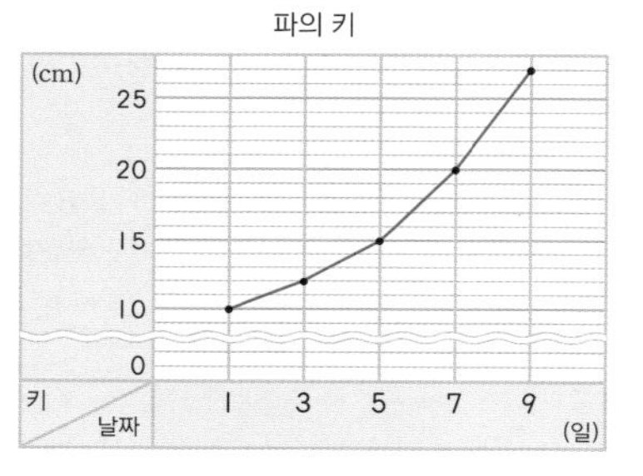

5

1일부터 9일까지 파의 키는 어떻게 변하였나요?

(예 커지고 있습니다.)

6

파의 키의 변화가 가장 큰 때는 며칠과 며칠 사이인가요?

(7일과 9일 사이)

파의 키의 변화가 가장 큰 때는 그래프의 선이 가장 많이 기울어진 때입니다.

7

조사한 기간 동안 늘어난 파의 키는 모두 몇 cm인가요?

(17 cm)

1일차 파의 키는 10 cm, 9일차 파의 키는 27 cm입니다.
➡ 조사한 기간 동안 늘어난 파의 키는 27−10=17 (cm)입니다.

[8~9]

규성이네 학교 5, 6학년 학생들이 좋아하는 운동을 조사하여 나타낸 띠그래프입니다. 물음에 답하세요.

좋아하는 운동별 학생 수

0 10 20 30 40 50 60 70 80 90 100(%)

축구 (30%)	배드민턴 (35%)	수영	농구 (15%)

8

수영을 좋아하는 학생은 전체의 몇 %인가요?

(20 %)

100−(30+35+15)=20 (%)

9

농구를 좋아하는 학생이 30명일 때, 축구를 좋아하는 학생은 몇 명인가요?

(60명)

축구를 좋아하는 학생 수는 농구를 좋아하는 학생 수의 30÷15=2(배)입니다.
➡ (축구를 좋아하는 학생 수)=30×2=60(명)

10

이안이네 반 학생들이 선호하는 소풍 장소를 조사하여 길이가 20 cm인 띠그래프로 나타낸 것입니다. 동물원을 선호하는 학생은 전체의 몇 %인지 구하세요.

선호하는 소풍 장소별 학생 수

놀이공원	동물원	고궁	기타
8 cm		2 cm	4 cm

(30 %)

(띠그래프에서 동물원의 길이)
=20−(8+2+4)=6 (cm)
동물원을 선호하는 학생은 전체의 $\frac{6}{20}\times100=30$ (%)입니다.

[11~14]

지아네 학교에서 나오는 잡곡밥에 들어 있는 잡곡의 양을 조사하여 나타낸 원그래프입니다. 물음에 답하세요.

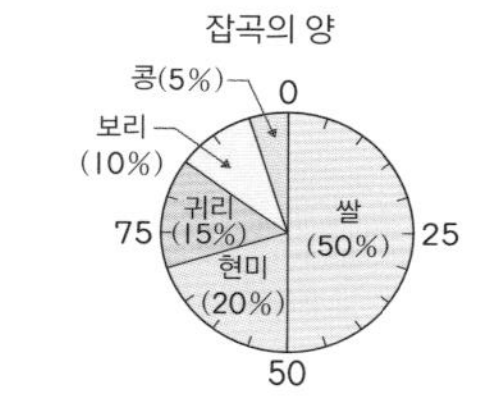

11

귀리의 양은 전체의 몇 %인가요?

(15 %)

12

잡곡밥에 두 번째로 많이 들어 있는 잡곡은 무엇인가요?

(현미)

13

잡곡밥에 들어 있는 현미의 양은 콩의 양의 몇 배인가요?

(4배)

현미의 양은 콩의 양의 20÷5=4(배)입니다.

14

잡곡밥 한 공기의 무게가 180 g일 때, 잡곡밥 한 공기에 들어 있는 귀리의 무게는 몇 g인가요?

(27 g)

$180\times\frac{15}{100}=27$ (g)

개념 확인 문제

✔ 다음을 구하세요.

1

12 18 16 22

➡ (네 수의 평균)
=(12+ 18 + 16 + 22)÷ 4
= 68 ÷ 4 = 17

2

보드게임 동아리 회원의 나이

이름	영지	재성	세욱	수연
나이(살)	15	18	16	15

➡ (나이의 평균)

$$=\frac{15+18+16+15}{4}$$

$$=\frac{64}{4}=16\text{(살)}$$

3

32 28 29 33 ★

평균: 31

(자료의 값을 모두 더한 수)
= 31 × 5 = 155
➡ ★ = 155 −(32 + 28 + 29 + 33)
= 33

다지기 문제

✔ 다음을 구하세요.

1-1

8 17 7 13 20

➡ (다섯 수의 평균) = 13
(8+17+7+13+20)÷5
=65÷5=13

2-1

해인이의 제기차기 기록

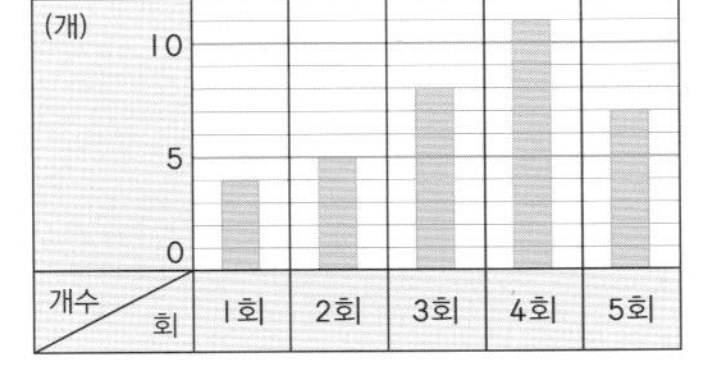

➡ (제기차기 기록의 평균) = 7 개

(제기차기 기록의 평균)$=\frac{4+5+8+11+7}{5}$

$=\frac{35}{5}=7$(개)

3-1

효주의 과목별 단원 평가 점수

과목	국어	수학	영어	과학	평균
점수(점)	82	90		93	88

(효주의 과목별 단원 평가 점수의 합) = 352 점

➡ (영어 점수) = 87 점

(효주의 과목별 단원 평가 점수의 합)
=88×4=352(점)
➡ (영어 점수)
=352−(82+90+93)=87(점)

개념 확인 문제

✔ 다음을 구하세요.

1

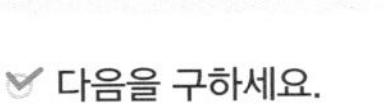

➡ 꺼낸 구슬이 노란색일 가능성을 말로 표현하면 ' ~아닐 것 같다 '입니다.

2

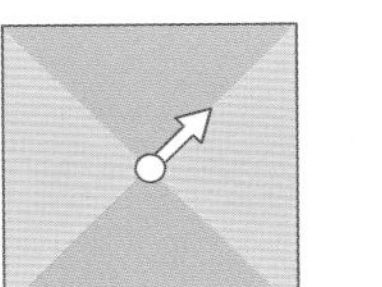

➡ 화살이 빨간색에 멈출 가능성을 수로 표현하면 0 입니다.

3

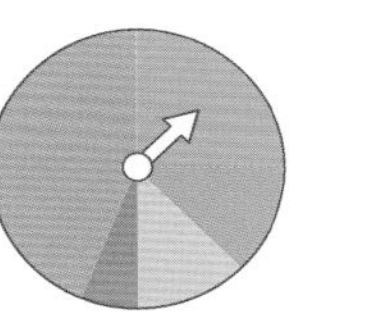

➡ 화살이 멈출 가능성이 가장 낮은 색은 빨간색 입니다.

다지기 문제

✔ 다음을 구하세요.

1-1

주사위를 굴리면 주사위 눈의 수가 5 이하로 나올 것입니다.

➡ 일이 일어날 가능성을 말로 표현하면 ' ~일 것 같다 '입니다.

2-1

동전을 던지면 그림 면이 나올 것입니다.

➡ 일이 일어날 가능성을 수로 표현하면 $\frac{1}{2}$ 입니다.

3-1

㉠ 내일은 해가 동쪽에서 뜰 것입니다.
㉡ 주사위를 굴리면 주사위 눈의 수가 3의 약수로 나올 것입니다.

➡ 일이 일어날 가능성이 더 높은 것은 ㉠ 입니다.

평균과 가능성 대표 문장제

★ $(평균)=\frac{(자료의 값을 모두 더한 수)}{(자료의 수)}$

★ 가능성은 어떠한 상황에서 특정한 일이 일어나길 기대할 수 있는 정도로 0, $\frac{1}{2}$, 1의 수로 표현할 수 있어요.

1 승규네 모둠과 예슬이네 모둠의 100 m 달리기 기록을 나타낸 표입니다. 어느 모둠이 더 잘했다고 볼 수 있나요?

승규네 모둠의 100 m 달리기 기록

이름	승규	영채	유나	서진
기록(초)	14	15	18	17

예슬이네 모둠의 100 m 달리기 기록

이름	예슬	요한	미주
기록(초)	16	14	15

예슬이네 모둠

두 모둠의 기록을 비교할 때는 기록의 평균을 구하여 어느 모둠이 더 잘했는지 알 수 있어요.

기록의 평균이 더 빠른 모둠이 더 잘했다고 볼 수 있어요.

(승규네 모둠의 100 m 달리기 기록의 평균)$=\frac{14+15+18+17}{4}=\frac{64}{4}=16$(초)

(예슬이네 모둠의 100 m 달리기 기록의 평균)$=\frac{16+14+15}{3}=\frac{45}{3}=15$(초)

➡ 평균이 더 빠른 예슬이네 모둠이 더 잘했다고 볼 수 있습니다.

2 지수와 영진이의 줄넘기 기록의 평균이 같을 때 영진이의 마지막 줄넘기 기록은 몇 개인가요?

(평균)×(자료의 수) =(자료 값의 총합)

지수  62 63 57 58

영진  65 59 54 ●

62개

두 사람의 '평균'과 '자료의 수'는 각각 같아.

그렇다면 두 사람의 자료 값의 총합도 같겠네!

지수와 영진이의 줄넘기 기록의 수가 같으므로 두 사람의 줄넘기 기록의 합은 같습니다.

(지수의 줄넘기 기록의 합)$=62+63+57+58=240$(개)

➡ $65+59+54+●=240$, $●=62$

3 시완, 민채, 하진 세 사람의 나이의 평균은 14살이고, 혜선이의 나이는 18살입니다. 네 사람의 나이의 평균은 몇 살인가요?

15살

(시완, 민채, 하진 세 사람의 나이의 합) =(세 사람의 나이의 평균)×3

네 사람의 나이의 평균은 $\frac{(네 사람의 나이의 합)}{4}$으로 구해요.

(시완, 민채, 하진 세 사람의 나이의 합)$=14\times3=42$(살)

➡ (네 사람의 나이의 평균)$=\frac{42+18}{4}=\frac{60}{4}=15$(살)

4 상자 안에 1번부터 15번까지의 번호표가 있습니다. 상자 안에서 번호표를 한 개 꺼낼 때 16번 번호표를 꺼낼 가능성을 말로 표현해 보세요.

불가능하다

상자 안에 있는 번호표인지 확인하여 일이 일어날 가능성을 말로 표현해요.

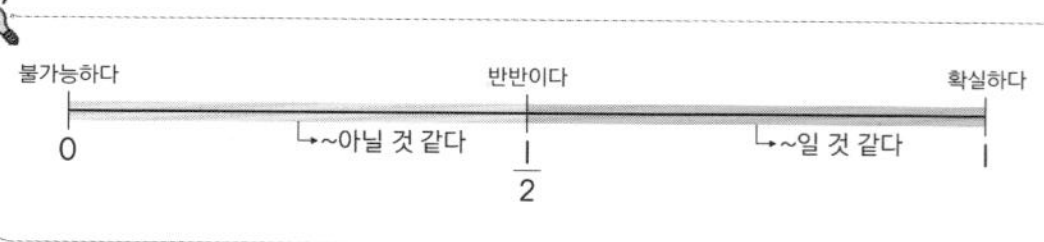

상자 안에 1번부터 15번까지의 번호표가 있으므로 16번 번호표를 꺼내는 것은 불가능합니다.

5 빨간색 구슬 2개, 노란색 구슬 3개, 파란색 구슬 1개가 들어 있는 상자에서 구슬 1개를 꺼냈습니다. 꺼낸 공이 노란색이 아닐 가능성을 수로 표현해 보세요.

$\frac{1}{2}$

전체 구슬 수와 노란색이 아닌 구슬 수를 비교해 가능성을 구해요.

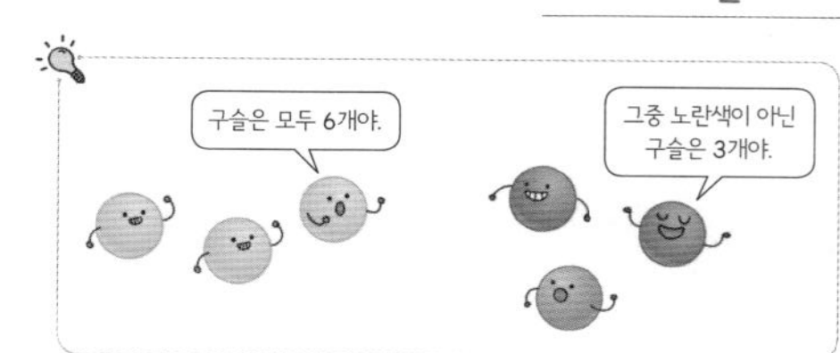

구슬은 모두 6개야.
그중 노란색이 아닌 구슬은 3개야.

6개의 구슬 중에서 노란색이 아닌 구슬은 3개이므로 꺼낸 공이 노란색이 아닐 가능성은 $\frac{1}{2}$입니다.

평균과 가능성 통과 문제 1

(보검이의 3회까지의 영어 점수의 평균)
$=\frac{82+90+86}{3}=\frac{258}{3}=86$(점)
(유정이의 3회까지의 영어 점수의 평균)
$=\frac{84+88+77}{3}=\frac{249}{3}=83$(점)

맞힌 개수 ___ / 12개

맞힌 개수 11개 이상: 통과! 틀린 문제를 확인하고 '통과 문제 2'를 푸세요!
맞힌 개수 8~10개: 30~31과를 틀린 부분 위주로 다시 공부하세요!
맞힌 개수 7개 이하: '바빠 확률과 통계'로 기본 개념부터 다시 공부하세요!

1 $\frac{19+23+16+18}{4}=\frac{76}{4}=19$(권)

오형이네 모둠이 읽은 책의 수의 평균을 구하세요.

오형이네 모둠이 읽은 책의 수

이름	오형	진수	영주	세홍
책의 수(권)	19	23	16	18

(19권)

(민호의 훌라후프 돌리기 기록의 평균)
$=\frac{20+28+25+19+23}{5}=\frac{115}{5}=23$(회)
(지현이의 훌라후프 돌리기 기록의 평균)
$=\frac{26+32+17+23+22}{5}=\frac{120}{5}=24$(회)

2

재윤이는 하루에 컴퓨터를 평균 2시간 합니다. 재윤이가 4월 한 달 동안 컴퓨터를 한 시간을 구하세요.

(60시간)

3

5장의 수 카드 중 한 장을 뽑을 때 뽑은 카드의 수가 35보다 클 가능성을 말로 표현해 보세요.

(~아닐 것 같다)

4

민호와 지현이의 훌라후프 돌리기 기록입니다. 훌라후프 돌리기 기록의 평균이 더 높은 사람은 누구인지 구하세요.

민호: 20 28 25 19 23

지현: 26 32 17 23 22

(지현)

5

화살이 빨간색에 멈출 가능성이 더 높은 회전판을 찾아 기호를 쓰고, 가능성을 말로 표현해 보세요.

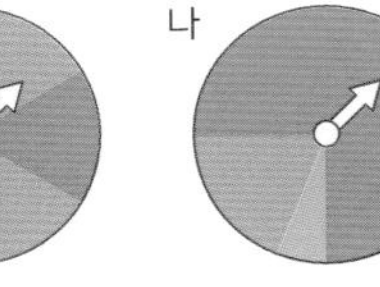

(나), (~일 것 같다)

빨간색이 칠해진 부분이 더 넓을수록 화살이 멈출 가능성이 높습니다.

6

1부터 12까지의 수가 적힌 카드가 12장 있습니다. 이 중에서 카드 1장을 뽑을 때, 12의 약수가 적힌 카드가 나올 가능성에 ↓로 나타내세요.

12의 약수: 1, 2, 3, 4, 6, 12
12장의 카드 중에서 12의 약수가 적힌 카드는 6장이므로 12의 약수가 적힌 카드가 나올 가능성을 수로 표현하면 $\frac{1}{2}$입니다.

[7~8] 보검이와 유정이의 영어 점수를 나타낸 표입니다. 물음에 답하세요.

보검이의 영어 점수

회	1회	2회	3회	4회
점수(점)	82	90	86	78

유정이의 영어 점수

회	1회	2회	3회	4회
점수(점)	84	88	77	

7

3회까지의 영어 점수의 평균이 더 높은 학생을 구하세요.

(보검)

(보검이의 4회까지의 영어 점수의 합)
$=82+90+86+78=336$(점)

8

보검이와 유정이의 4회까지의 영어 점수의 평균이 같을 때, 유정이의 4회 영어 점수는 몇 점인가요?

(87점)

➡ (유정이의 4회 영어 점수)
$=336-(84+88+77)=87$(점)

9

일이 일어날 가능성이 '확실하다'인 것은 어느 것인가요? (④)

① 동전을 던질 때 숫자 면이 나올 가능성
② 12월 32일이 있을 가능성
③ 파란색 구슬만 3개 들어 있는 주머니에서 꺼낸 구슬이 흰색일 가능성
④ 일요일 다음날이 월요일일 가능성
⑤ 주사위를 굴릴 때 눈의 수가 1이 나올 가능성

① 반반이다 ② 불가능하다 ③ 불가능하다
④ 확실하다 ⑤ ~아닐 것 같다

10

파란색 구슬 3개, 주황색 구슬 8개, 보라색 구슬 5개가 들어 있는 상자에서 구슬 1개를 꺼냈습니다. 꺼낸 구슬이 주황색이 아닐 가능성을 말로 표현해 보세요.

(반반이다)

(전체 구슬 수)$=3+8+5=16$(개)
(주황색이 아닌 구슬 수)$=16-8=8$(개)
주황색 구슬과 주황색이 아닌 구슬이 각각 8개씩 들어 있으므로 꺼낸 구슬이 주황색이 아닐 가능성을 말로 표현하면 '반반이다'입니다.

11

일이 일어날 가능성을 수로 표현했을 때 0인 것을 찾아 기호를 쓰세요.

㉠ 초록색 구슬만 3개 들어 있는 주머니에서 꺼낸 구슬이 초록색일 가능성
㉡ 빨간색 색종이 1장과 노란색 색종이 1장 중에서 고른 색종이가 빨간색일 가능성
㉢ 청바지 2벌이 들어 있는 옷장에서 치마 한 벌을 고를 가능성

(㉢)

㉠ 1 ㉡ $\frac{1}{2}$ ㉢ 0

다섯 사람의 기록의 평균은 $\frac{(다섯\ 사람의\ 기록의\ 합)}{5}$으로 구할 수 있어요.

12

지아, 영지, 현성, 민재 네 사람의 제기차기 기록의 평균은 13개이고, 호영이의 제기차기 기록은 18개입니다. 다섯 사람의 제기차기 기록의 평균을 구하세요.

(14개)

(네 사람의 제기차기 기록의 합)$=13\times4=52$(개)
➡ (다섯 사람의 제기차기 기록의 평균)
$=\frac{52+18}{5}=\frac{70}{5}=14$(개)

평균과 가능성 통과 문제 2

맞힌 개수 / 12개

맞힌 개수 11개 이상: 통과! 틀린 문제를 확인하고 초등 수학을 마무리하세요!
맞힌 개수 10개 이하: 30~31과를 틀린 부분 위주로 다시 공부하세요!

1

바나나 5개의 무게를 잰 것입니다. 바나나 1개의 무게는 평균 몇 g인가요?

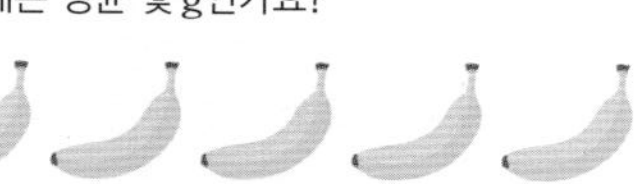

115 g　130 g　124 g　118 g　123 g

(122 g)

$\frac{115+130+124+118+123}{5}=\frac{610}{5}=122\,(g)$

2

카드 6장 중 한 장을 뽑을 때, 하트가 그려진 카드를 뽑을 가능성은 $\frac{1}{2}$입니다. 마지막 카드에 그려진 모양은 어느 것인가요? (②)

① ◆　② ♥　③ ♣
④ ★　⑤ ●

하트가 그려진 카드를 뽑을 가능성이 $\frac{1}{2}$이려면 카드 6장 중 하트가 그려진 카드가 3장이어야 합니다.

3

현주네 모둠과 규호네 모둠의 제기차기 기록을 나타낸 표입니다. 어느 모둠이 더 잘했다고 볼 수 있나요?

현주네 모둠의 제기차기 기록

이름	현주	지민	경호	민서
개수(개)	14	21	18	11

규호네 모둠의 제기차기 기록

이름	규호	석진	나연	영찬	유미
개수(개)	9	15	22	18	11

(현주네 모둠)

(현주네 모둠의 제기차기 기록의 평균)$=\frac{14+21+18+11}{4}=\frac{64}{4}=16$(개)

(규호네 모둠의 제기차기 기록의 평균)$=\frac{9+15+22+18+11}{5}=\frac{75}{5}=15$(개)

[4~6]

지선이의 수학 수행 평가 점수를 나타낸 표입니다. 물음에 답하세요.

지선이의 수학 수행 평가 점수

회	1회	2회	3회	4회	5회
점수(점)	78	83	79	88	

4

1회부터 4회까지의 수학 수행 평가 점수의 평균을 구하세요.

(82점)

$\frac{78+83+79+88}{4}=\frac{328}{4}=82$(점)

5

5회 수학 수행 평가를 치른 후 1회부터 5회까지의 점수의 평균이 4회까지의 점수의 평균보다 1점 높아졌습니다. 5회 수학 수행 평가 점수를 구하세요.

(87점)

(5회까지의 점수의 평균)$=82+1=83$(점)
(5회까지의 점수의 합)$=83\times5=415$(점)
➡ (5회 수학 수행 평가 점수)
$=415-(78+83+79+88)=87$(점)

6

1회부터 5회까지의 점수의 평균보다 더 높은 점수를 받은 회차를 모두 쓰세요.

(4회, 5회)

7

1부터 8까지의 수가 적힌 8개의 구슬이 들어 있는 주머니에서 구슬 1개를 뽑았습니다. 짝수인 수가 적힌 구슬을 뽑을 가능성을 수로 표현해 보세요.

($\frac{1}{2}$)

8개의 구슬 중 짝수인 수가 적힌 구슬은 4개입니다.

8

일이 일어날 가능성을 찾아 선으로 이어 보세요.

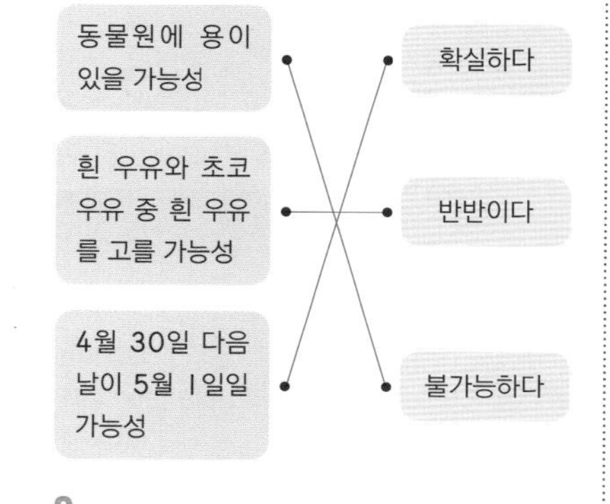

9

일이 일어날 가능성이 낮은 것부터 차례로 기호를 쓰세요.

㉠ 주사위를 굴리면 주사위 눈의 수가 4의 약수가 나올 가능성
㉡ 흰 돌만 3개 들어 있는 주머니에서 꺼낸 돌이 검은 돌일 가능성
㉢ 당첨 제비 2개를 포함한 6개의 제비 중 뽑은 제비가 당첨 제비일 가능성

(㉡, ㉢, ㉠)

㉠ 반반이다
㉡ 불가능하다
㉢ ~아닐 것 같다

10

용돈을 민우는 2주일 동안 5600원 모았고, 지혜는 20일 동안 7200원 모았습니다. 하루에 모은 용돈의 평균이 누가 얼마 더 많은지 구하세요.

(민우), (40원)

(민우가 하루에 모은 용돈의 평균)$=\frac{5600}{14}=400$(원)

(지혜가 하루에 모은 용돈의 평균)$=\frac{7200}{20}=360$(원)

➡ 하루에 모은 용돈의 평균이 민우가 $400-360=40$(원) 더 많습니다.

11

빨간색, 노란색, 초록색으로 이루어진 회전판을 40회 돌려 화살이 멈춘 횟수를 나타낸 표입니다. 일이 일어날 가능성이 가장 비슷한 회전판을 찾아 기호를 쓰세요.

색깔	빨간색	노란색	초록색
횟수(회)	14	20	6

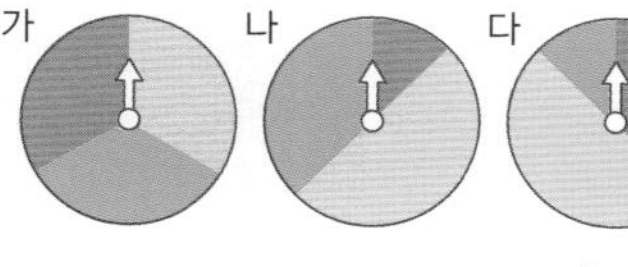

(다)

표에서 노란색에 멈출 가능성은 $\frac{1}{2}$이고, 빨간색에 멈출 가능성이 초록색에 멈출 가능성보다 큽니다.

12

연진이네 반 남학생 8명의 평균 키는 160 cm이고, 여학생 12명의 평균 키는 155 cm입니다. 연진이네 반 전체 학생의 키의 평균을 구하세요.

(157 cm)

(남학생의 키의 합)
$=160\times8=1280$ (cm)
(여학생의 키의 합)$=155\times12=1860$ (cm)
➡ (전체 학생의 키의 평균)
$=\frac{1280+1860}{8+12}=\frac{3140}{20}=157$ (cm)

바빠 시리즈
초·중등 수학 교재 한눈에 보기

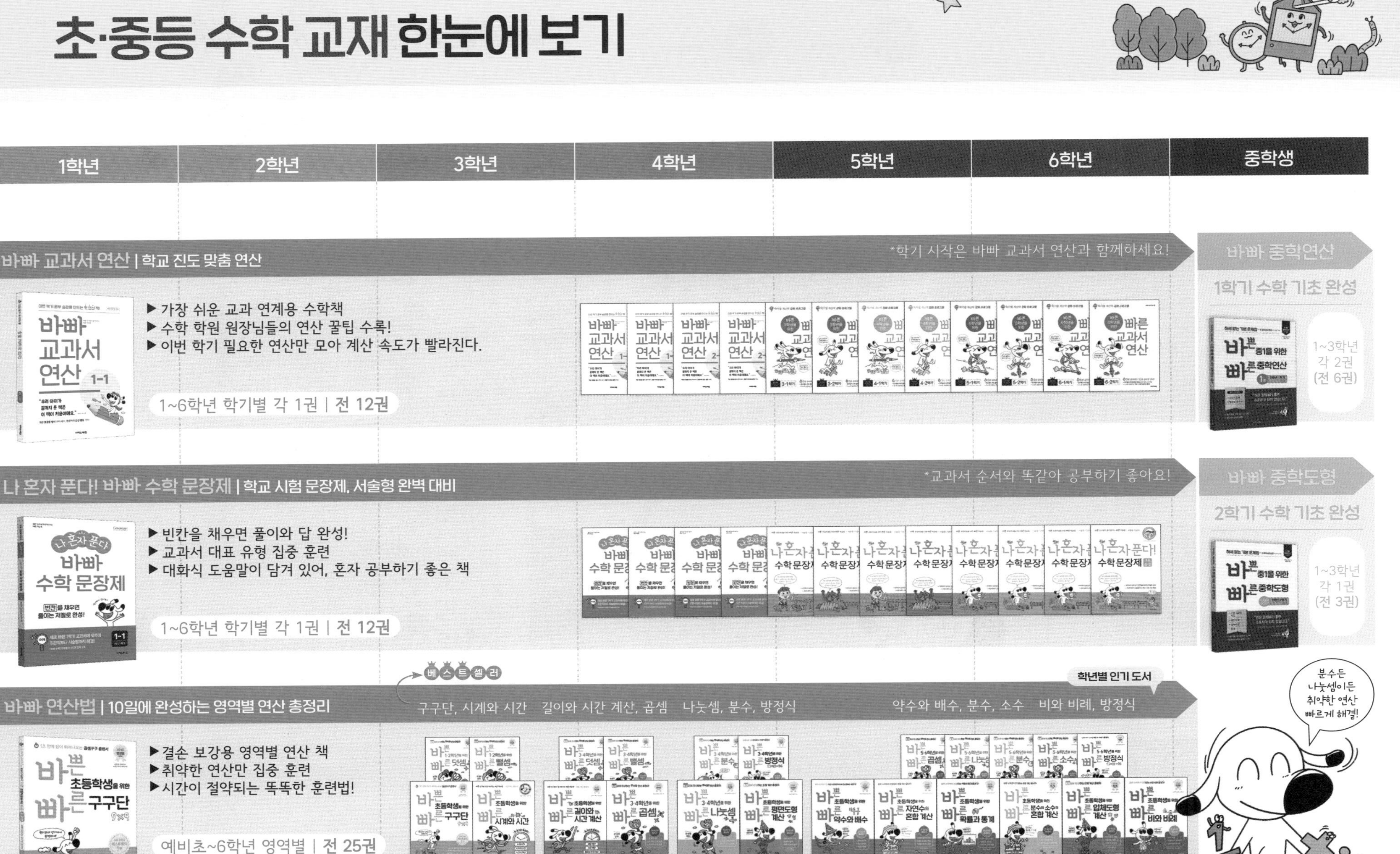

바빠 영어 로드맵

바빠 시리즈 초등 영어 교재 한눈에 보기

초등학교 입학 전후 친구들을 위한 '7살 첫 영어 시리즈'도 있어요!

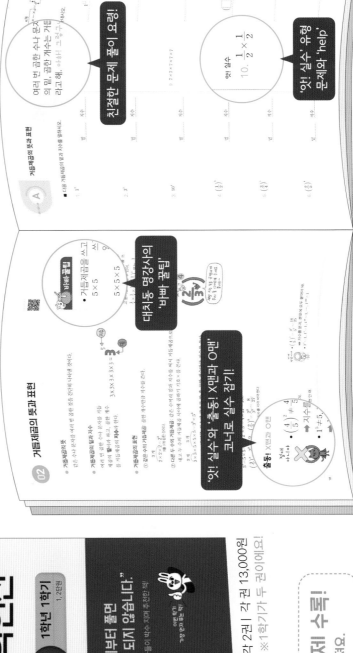

바빠 중학 수학으로 연결되는 초등 수학 총정리

알찬 교육 정보도 만나고 출판사 이벤트에도 참여하세요!

1. 바빠 공부단 카페 cafe.naver.com/easyispub

바빠 공부단 카페에서 함께 공부해요! 수학, 영어, 국어 담당 바빠쌤의 격려와 칭찬도 받을 수 있어요.

2. 인스타그램 + 카카오 채널

easys_edu

이지스 에듀 이지스에듀 친구 1,328

@easys_edu

이지스에듀 검색!

바빠 시리즈 출간 소식과 출판사 이벤트, 교육 정보를 제일 먼저 알려 드려요!

초등 수학 공부, 이렇게 하면 효과적!

"펑펑 내려야 눈이 쌓이듯 공부도 집중해야 실력이 쌓인다!"

학교 다닐 때는? 학기별 연산책 '바빠 교과서 연산'

'바빠 교과서 연산'부터 시작하세요. 학기별 진도에 딱 맞춘 쉬운 연산책이니까요! 방학 동안 다음 학기 선행을 준비할 때도 '바빠 교과서 연산'으로 시작하세요! 교과서 순서대로 빠르게 공부할 수 있어, 첫 번째 수학 책으로 추천합니다.

시험이나 서술형 대비는? '나 혼자 푼다! 수학 문장제'

학교 시험을 대비하고 싶다면 '나 혼자 푼다! 수학 문장제'로 공부하세요. 너무 어렵지도 쉽지도 않은 딱 적당한 난이도로, 빈칸을 채우면 풀이 과정이 완성됩니다! 막막하지 않아요~ 요즘 학교 시험 풀이 과정을 손쉽게 연습할 수 있습니다.

방학 때는? 10일 완성 영역별 연산책 '바빠 연산법'

내가 부족한 영역만 골라 보충할 수 있어요! 예를 들어 5학년인데 나눗셈이 어렵다면 나눗셈만, 분수가 어렵다면 분수만 골라 훈련하세요. 방학 때나 학습 결손이 생겼을 때, 취약한 연산 구멍을 빠르게 메꿀 수 있어요!

바빠 연산 영역 :
덧셈, 뺄셈, 구구단, 시계와 시간, 길이와 시간 계산, 곱셈, 나눗셈, 약수와 배수, 분수, 소수, 자연수의 혼합 계산, 분수와 소수의 혼합 계산, 평면도형 계산, 입체도형 계산, 비와 비례, 방정식, 확률과 통계